Fröse, Elektrische Heizsysteme

Weitere Bücher in dieser Reihe:

Fehlersuche in elektrischen Anlagen und Geräten,
Josef Eiselt

Elektrotechnik in Gebäuden,
Alfred R. Kraner

Instandhaltung von elektrischen Anlagen,
Heinz Lapp

Photovoltaik,
Siegfried Schoedel

ElektroMeßpraxis,
Martin Voigt

Meßpraxis Schutzmaßnahmen DIN VDE 0100,
Martin Voigt

Alarmanlagen,
Bodo Wollny

Die bestimmungsgerechte Elektroistallations-Praxis,
Winfried Hoppmann

Elektro-Praxis

Heinz-Dieter Fröse

Elektrische Heizsysteme

Mit 120 Abbildungen und 44 Tabellen

Pflaum Verlag München

Die Deutsche Bibliothek – CIP-Einheitsaufnahme

Fröse, Heinz-Dieter
Elektrische Heizsysteme / Heinz-Dieter Fröse. – München; Bad Kissingen; Berlin; Düsseldorf; Heidelberg: Pflaum 1995
(Elektro-Praxis)
ISBN 3-7905-0698-2

ISBN 3-7905-0698-2

Druck: Offsetdruck Heinzelmann GmbH, München
Buchbinderische Verarbeitung: VSB München

Vorwort

In einer Zeit, in der über die ökologischen Konsequenzen der Energieverteilung intensiv und kontrovers diskutiert wird, ist es nicht einfach, elektrische Beheizungssysteme vorzustellen und zu empfehlen. Diese Diskussionen enden oft in der Verteufelung der elektrischen Energie als Basis für eine Beheizung. Dabei werden viele Gesichtspunkte, unter denen elektrische Heizungssysteme gesehen werden sollten, nicht oder nur unzureichend berücksichtigt. In diesem Buch soll gerade deshalb nicht nur der Versuch unternommen werden, diese Systeme anzusprechen, sondern auch das Bestreben verfolgt werden, Verständnis für den sinnvollen Einsatz der elektrischen Energie zu Heizzwecken zu erlangen. Eine Vielzahl von Anwendungsmöglichkeiten, die in diesem Buch nicht aufgeführt sind, warten darauf, gelöst zu werden. Dem Leser sollen die grundsätzlichen Möglichkeiten aufgezeigt werden, die die elektrischen Heizungssysteme bieten. Ihm bleibt letztlich die Entscheidung, ob der Einsatz bei der Lösung seines Problems sinnvoll ist. Die erforderliche Hilfestellung kann er aus den folgenden Kapiteln erwarten.

Dieses Ziel wird mit Hilfe ausführlicher Beschreibungen von Anwendungsbeispielen aus der täglichen Praxis erreicht.

Dazu sind die Berechnungsbeispiele in den jeweiligen Kapiteln gedacht, die dem Anwender die erforderliche Praxisnähe erschließen. Der Aufbau der einzelnen Bereiche ist derart gestaltet, daß auch der im Umgang mit elektrischen Beheizungen unerfahrene Anwender als Planer oder Installateur in den Gedankengang, der der Planung und Ausführung zugrundeliegt, eindringen kann und mit diesem Buch einen ständigen Wegbegleiter erhält. Wichtig hierbei ist, daß die Auslegung der einzelnen Systeme, beginnend bei der Wärmebedarfsberechnung bis zur Dimensionierung der einzelnen Komponenten, erfolgt. Damit wird der Werdegang einer elektrischen Beheizung im jeweiligen Anwendungsfall durchsichtig und beurteilbar. Unterstützt werden die Berechnungen und Erläuterungen durch beispielhafte Aufbauten von elektrischen Beheizungen, angefangen bei den möglichen Varianten zur Beheizung im Hochbau bis hin zu den technischen Einsatzbereichen in der Industrie und der Fertigung. Diese Darstellung ist besonders wichtig, um auch alternative Möglichkeiten hinsichtlich der Funktionsfähigkeit und Betriebssicherheit sowie der Wirtschaftlichkeit beurteilen zu können. Nicht immer ist die elektrische Beheizung das einzige System, das bei der Lösung von Beheizungsproblemen in Frage kommt. So muß auf die Beurteilungen der Umfelder der einzelnen Aufgabenstellungen genau so viel Wert gelegt werden wie auf die Aufgabenstellung selbst. Das Beispiel eines Industriebetriebes, der zum Eisfreihalten seiner LKW-Anlieferung eine elektrische Beheizung wünschte, möge dies belegen. Die Heizung hätte sich leicht in die vorhandene Struktur einbauen lassen, jedoch besaß dieser Betrieb eine recht hohe Abwärmeleistung, die kontinuierlich aufgrund der Fertigungsprozesse anfiel. Nach Bekanntwerden dieses Umstands wurde die Empfehlung ausgesprochen, diese Energiequelle zur Beheizung der Rampen zu nutzen und auf die elektrische Beheizung zu verzichten. Damit konnte dem Betrieb eine wirtschaftlich vorzügliche Lösung angeboten werden, die über viele Jahre ausgezeichnet arbeitete.

Das Beispiel belegt aber auch, daß der Berater über die Kenntnisse der Elektrotechnik hinaus über wesentliche Erfahrungen aus dem Bereich der Heizungs- und Klimatechnik sowie aus dem Bereich Maschinenbau verfügen muß, um diese Aufgabenstellungen bewältigen zu können.

Damit kann das vorliegende Buch eine eventuell vorhandene Lücke füllen oder dem Fachkundigen ein Nachschlagewerk und eine Sammlung von Anregungen sein und zu seinem Wegbegleiter werden. Dem ausführenden Meister werden die Beschreibungen und Berechnungsbeispiele sicherlich eine willkommene Ergänzung zu seiner Ausbildung sein, wenn er die praktischen Probleme der elektrischen Beheizung angeht. Er sollte sich nicht durch die Theorie abschrecken lassen, sondern erkennen, daß eine wohldosierte Kombination zwischen Theorie und Praxis erst zum rechten Erfolg führt.

Inhalt

1 Grundlagen

1.1 Physik

Bei der Behandlung elektrischer Heizungssysteme werden zwei umfangreiche und klassische Gebiete der Physik angesprochen: die Wärmelehre und die Elektrotechnik. Da hier kein Physikbuch vorliegt, sondern ein Buch über die Technik der elektrischen Beheizung, ist dieser Teil auf das Minimum reduziert, welches zum Verständnis der mathematischen Behandlung der nachfolgenden Kapitel notwendig ist.

1.1.1 Temperatur

Sprechen wir von Wärme im physikalischen Sinn, so meinen wir damit eine Energieform, die auf die Molekularbewegung in einem Körper zurückzuführen ist. Die beschriebene Bewegung beginnt beim absoluten Nullpunkt. Mit diesem Punkt der absoluten Bewegungslosigkeit ist auch die Beschreibung der Temperatur exakt möglich. Während früher die Temperatur des schmelzenden Eises mit 0 °C und der Siedepunkt mit 100 °C bei 760 Torr beschrieben wurde, ist heute die SI-Grundeinheit »Temperatur« das Kelvin (K). Die weiterhin gebräuchliche Temperatureinteilung nach Celsius ist damit neu definiert als:

Gleichung 1.1.1-1:

$$t\ (°C) = T - T_0 = 273{,}15\ K$$

In der Praxis wird der Wert von T_0 auf 273 K mit hinreichender Genauigkeit gerundet. Das bedeutet zum Beispiel, daß die Raumtemperatur von 20 °C einer absoluten Temperatur von

Gleichung 1.1.1-2

$$T = t\,(°C) + T_0 = 20 + 273\ K = 293\ K$$

entspricht. Die Notwendigkeit der Umrechnung in absolute Temperaturen ist in einigen Bereichen, z. B. bei der Berechnung der Wärmestrahlung, erforderlich.

Bei der Angabe von Temperaturdifferenzen kann auf Kelvin (K) oder auch auf Grad Celsius (°C) unterschiedslos zurückgegriffen werden.

In Großbritannien und den Vereinigten Staaten wird die Temperatur in Grad Fahrenheit (°F) angegeben. Die dabei verwendete Skala ist zwischen dem Schmelzen des Eises und dem Sieden des Wassers in 180 gleiche Teile aufgeteilt;damit ergeben sich die in *Tabelle 1.1.1–1* dargestellten Zusammenhänge.

Tabelle 1.1.1-1: Vergleich diverser Temperaturpunkte nach °C und °F

	°C	°F
Eispunkt	0	32
Siedepunkt	100	212
absoluter Nullpunkt	-273	-459,67

Die Umrechnung von Grad Celsius in Grad Fahrenheit und umgekehrt erfolgt nach folgenden Gleichungen:

Gleichung 1.1.1-3

$$t_F = 32 + 1{,}8\ t_C$$

$$t_C = \frac{5}{9}\,(t_F - 32)$$

Darin bedeuten:
t_F = Temperatur in Grad Fahrenheit
t_C = Temperatur in Grad Celsius

Die nachfolgende Tabelle gibt die Umrechnung einiger in der Technik wichtiger Temperaturen wieder.

Tabelle 1.1.1–2:
Temperaturen in Kelvin / Grad Celsius / Grad Fahrenheit

Kelvin K	Grad Celsius °C	Grad Fahrenheit °F
0	-273	-459
255	-18	0
263	-10	14
273	0	32
283	10	50
288	15	59
291	18	64
293	20	68
295	22	72
297	24	75
299	26	79
303	30	86
313	40	104
323	50	122
333	60	140
343	70	158
353	80	176
363	90	194
373	100	212

1.1.2 Wärmemenge

Die Temperaturerhöhung eines Körpers ist nur durch Zuführen von Energie möglich. Die Größe der Temperaturänderung hängt dabei von der Art des zu erwärmenden Stoffes, also von der spezifischen Wärmekapazität und von seiner Menge (Masse) ab.

Gleichung 1.1.2-1:

$$Q = m \cdot c \cdot (t_2 - t_1)$$

Darin bedeuten:

Q	= die zur Temperaturerhöhung erforderliche Energie	in J
m	= die zu erwärmende Masse	in g
c	= die spezifische Wärmekapazität der Masse	in J/g K
t_1	= die Anfangstemperatur	in °C
t_2	= die Endtemperatur	in °C

Dieser Zusammenhang sei an folgendem Beispiel verdeutlicht: Welche Energiemenge ist erforderlich, um die 80 kg Schamottsteine eines kleinen Nachtspeicherofens von 60 °C auf 250 °C aufzuheizen?

$$Q = m \cdot c \cdot (t_2 - t_1)$$

$$Q = 80\ kg \cdot 0{,}84\ kJ/kg\ K \cdot (250 - 60)\ K = 12.768\ kJ$$

Das entspricht in der etwas handlicheren Einheit kWh

$$Q = 12.768\ kJ = 12.768\ kWs = 3{,}55\ kWh.$$

Wird die Anfangstemperatur mit einem größeren Wert angegeben als die Endtemperatur, sinkt also die Temperatur, so wird die Leistung »negativ«, was nichts anderes bedeutet, als daß die Wärmemenge von der Masse abgegeben wurde.

Tabelle 1.1.2-1: Dichte und spez. Wärmekapazität fester Stoffe

Stoff	Dichte kg/dm³	spez. Wärmekapazität kJ/kgK
Aluminium	2,70	0,942
Blei	11,34	0,130
Eis < 0 °C	0,92	2,091
Eisen	7,87	0,466
Glas	2,50	0,850
Gold	19,30	0,130
Kupfer	8,93	0,390
Natrium	0,97	1,260
Nickel	8,90	0,441
PVC	1,35	1,500
Zinn	7,29	0,228

Tabelle 1.1.2-2: Dichte und spez. Wärmekapazität flüssiger Stoffe

Stoff	Dichte kg/dm³	spez. Wärmekapazität kJ/kgK
Benzin	0,70	2,020
Heizöl	0,82	2,070
Wasser dest.	1,00	4,182
Tuluol	0,54	1,672

Tabelle 1.1.2-3: Dichte und spez. Wärmekapazität gasförmiger Stoffe

Stoff	Dichte mg/cm^3	spez. Wärmekapazität kJ/kgK
Ammoniak	0,771	1,667
Luft trocken	1,29	0,716
Stickstoff	1,25	0,753

1.1.3 Wärmeübertragung

Zwischen zwei Körpern mit unterschiedlichen Temperaturen findet bei Berührung der beiden ein Wärmeaustausch statt. Der Körper mit der höheren Temperatur gibt an den Körper mit der geringeren Temperatur einen Teil seiner Wärmeenergie ab. Das hat zur Folge, daß der Körper mit der geringeren Temperatur erwärmt wird, der andere jedoch abkühlt.

Der Vorgang der Wärmeübertragung geschieht in der Praxis unter unterschiedlichen Bedingungen, die die Art der Wärmeübertragung bezeichnen.

So heißt die Wärmeübertragung zwischen zwei festen Körpern Wärmeleitung, die zwischen einem festen Körper und einem Gas (z.B. Luft) Konvektion, und die Wärmeübertragung ohne materiellen Träger, nur durch die Strahlungsenergie, Wärmestrahlung. Diese unterschiedlichen Wärmeübertragungsarten sollen nachfolgend näher betrachtet werden.

1.1.3.1 Wärmeleitung

Reine Wärmeleitung kommt bei genauer Betrachtung nur in Festkörpern und homogenen Materialien vor. In allen anderen porigen oder gelochten Werkstoffen treten zusätzlich Strahlungs- und Konvektionsanteile auf, die mit größer werdenden Poren oder Löchern ansteigen und die Ergebnisse verfälschen. Bei der Betrachtung einer einschichtigen Wand, wie sie in *Bild 1.1.3.1-1* dargestellt ist, herrschen auf den beiden Seiten unterschiedliche Temperaturen. Die Temperaturdifferenz bewirkt, daß pro Zeiteinheit eine bestimmte Wärmemenge von der höheren zur niedrigeren Temperatur übergeht. Diese Wärmemenge wird als Wärmestrom bezeichnet und stellt eine Leistung dar, die in Watt gemessen wird. Dieser Wärmestrom ist abhängig von dem Wandmaterial und von der Größe der Fläche sowie von der Höhe der Temperaturdifferenz.

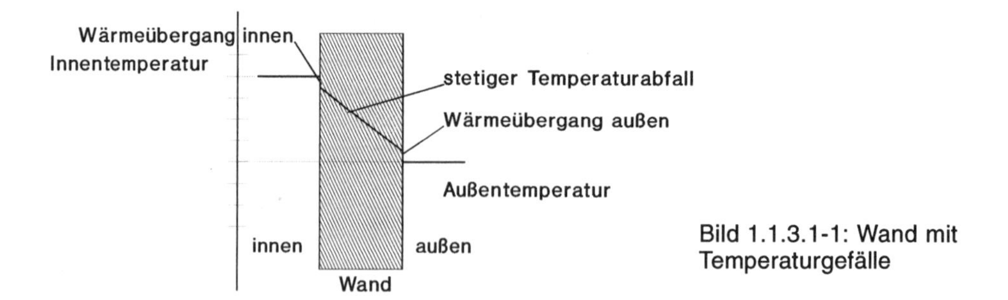

Bild 1.1.3.1-1: Wand mit Temperaturgefälle

Die mathematische Beschreibung des übertragenen Wärmestroms erfolgt nach der folgenden Gleichung

Gleichung 1.1.3.1-1

$$\Phi = A \frac{\lambda}{d} (t_1 - t_2)$$

Darin bedeuten:

Φ	= Wärmestrom	in W
d	= Dicke der Wand	in m
A	= Fläche	in m^2
λ	= Wärmeleitfähigkeit	in W/K m
t_1	= Temp. d. wärmeren Fläche	in °C
t_2	= Temp. d. kälteren Fläche	in °C

Dieser Zusammenhang sei an folgendem Beispiel verdeutlicht: Welche Leistung muß aufgebracht werden, um an der Innenseite einer einschaligen, 24 cm dicken Kalksandsteinwand von 15 m^2 eine Oberflächentemperatur von 20 °C aufrechtzuerhalten, wenn sich an der Außenseite eine Oberflächentemperatur von 5 °C eingestellt hat?

$$\Phi = A \frac{\lambda}{d} (t_1 - t_2)$$

$$\Phi = 15\ m^2\ \frac{0{,}81\ W/Km}{0{,}24\ m} \cdot (20 - 5)\ K = 759\ W$$

Damit sind 759 W erforderlich, um die innere Oberflächentemperatur aufrechtzuerhalten.

Der Ausdruck $\frac{d}{\lambda} = R_\lambda$ wird auch separat angegeben und als Wärmeleitwiderstand bezeichnet. Die Einheit hierzu lautet m^2 K / W.

Die Wärmeleitfähigkeit λ ist eine Materialkonstante, die aus der *Tabelle 1.1.3.1-1* entnommen werden kann. Wesentlich ist hierbei, daß sie nur in bestimmten Temperaturbereichen Gültigkeit hat. Weiterhin ist zu beachten, daß die Materialfeuchtigkeit einen ganz wesentlichen Einfluß auf die Wärmeleitfähigkeit hat.

Die sich an der Kontaktfläche der beiden berührenden Körper mit unterschiedlicher Temperatur einstellende Kontakttemperatur ist zusätzlich abhängig von der Wärmeeindringzahl. Diese ergibt sich aus der nachfolgenden Gleichung:

Gleichung 1.1.3.1-2

$$b = \sqrt{\lambda \cdot c \cdot \rho}$$

Darin bedeuten:

b	= Wärmeeindringzahl	in $kJ/m^2Ks^{0,5}$
c	= spez. Wärmekapazität	in J/kgK
l	= Wärmeleitfähigkeit	in W/mk
r	= Dichte	in kg/m^3

Je geringer die Wärmeeindringzahl, desto geringer ist die Änderung der Kontakttemperatur. Am deutlichsten wird dies durch den Versuch, die Temperaturänderung der nackten Füße beim Laufen auf Kork, auf Beton oder auf einer Stahlplatte zu registrieren.

Tabelle 1.1.3.1-1: Wärmeeindringzahl b

Stoff	b $kJ/m^2Ks^{0,5}$	Stoff	b $kJ/m^2Ks^{0,5}$
Beton	1,600	Kork	0,100
Kupfer	36,000	Estrich	1,500
Fichte	0,140	Stahl	14,000
Glaswolle	0,055	Marmor	2,500
menschl. Haut	1,200	Gummi	0,500

Die Kontakttemperatur ergibt sich aus der nachfolgenden Gleichung.

Gleichung 1.1.3.1-3

$$t_a = \frac{b_1 \cdot t_1 + b_2 \cdot t_2}{b_1 + b_2}$$

Darin bedeuten:

t_a	=	Kontakttemperatur zwischen zwei Flächen	in °C
b_1	=	Wärmeeindringzahl der Fläche 1	in $kJ/m^2Ks^{0,5}$
t_1	=	Temperatur der Fläche 1	in °C
b_2	=	Wärmeeindringzahl der Fläche 2	in $kJ/m^2Ks^{0,5}$
t_2	=	Temperatur der Fläche 2	in °C

Für die Beurteilung der Fußwärme unterschiedlicher Materialien können folgende Grenzwerte angenommen werden:

fußwarmer Boden $b < 0{,}3$ $kJ/m^2Ks^{0,5}$

fußkalter Boden $b > 1{,}4$ $kJ/m^2Ks^{0,5}$

Als Anhaltswert für eine Berechnung kann eine Temperaturverringerung der Fußsohle von mehr als ca. 4 °C als fußkalt angesehen werden.

1.1.3.2 Konvektion

Der Übergang von Wärme von einem festen Werkstoff in ein gasförmiges oder flüssiges Medium wird als Konvektion bezeichnet.

Man unterscheidet zwischen einer erzwungenen und einer freien Strömung. Der übertragene Wärmestrom wird dabei mathematisch mit der Wärmeübergangszahl beschrieben. Die Wärmeübergangszahl ist dabei die Funktion einer Reihe von Veränderungen wie Temperatur, Strömungsgeschwindigkeit, Oberflächenform usw. Sie wird in der Technik für genau beschriebene Fälle angegeben.

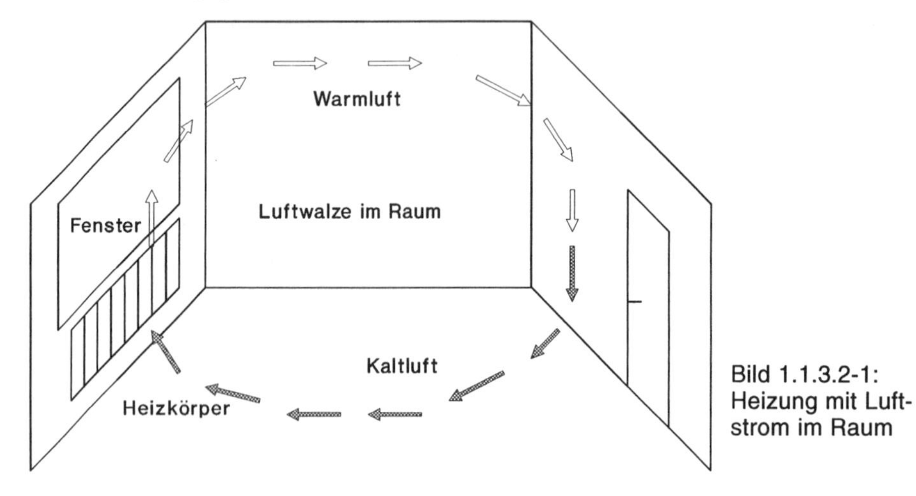

Bild 1.1.3.2-1: Heizung mit Luftstrom im Raum

Die mathematische Beschreibung des übertragenen Wärmestroms geschieht nach der folgenden Gleichung:

Gleichung 1.1.3.2-1

$$\Phi = a \cdot A \cdot (t_1 - t_2)$$

Darin bedeuten:

Φ	= Wärmestrom	in W
d	= Dicke der Wand	in m
A	= Fläche	in m^2
t_1	= Temp. d. festen Körpers	in °C
t_2	= Temp. d. Mediums	in °C
a	= Wärmeübergangszahl	in W/m^2 K

Der Kehrwert der Wärmeübergangszahl 1/a wird als Wärmeübergangswiderstand bezeichnet. Die Einheit hierzu lautet m^2 K/W.

Nachfolgend sind einige in der Technik wichtige Formeln für die Ermittlung der Wärmeübergangszahl angegeben.

Gleichung 1.1.3.2-2

Strömung von Luft gegen ein einzelnes Rohr, nach Schrack.

$$a = 4{,}8 \frac{w_0^{0{,}61}}{d^{0{,}39}} \quad \text{in W/m}^2\text{ K}$$

Darin bedeuten:

$$w_0 = w \cdot \frac{T_0}{T} \quad \text{in m/s}$$

d	= Rohrdurchmesser	in m
w	= umströmende Luftgeschwindigkeit	in m/s
T	= Temperatur der umströmenden Luft	in K

Gleichung 1.1.3.2-3

Senkrechte Wände in turbulenter Strömung in Luft; nach Jakob.

$$a_k = 9{,}7 \sqrt[3]{\frac{t_1 - t_2}{T_0}} \quad \text{in W/m}^2\text{ K}$$

Darin bedeuten:

t_1	= Oberflächentemperatur	in °C
t_2	= Medientemperatur	in °C

Mit diesem Wert läßt sich der Leistungsanteil eines Heizkörpers ermitteln, der durch die Wärmeabgabe der senkrechten Flächen durch Konvektion entsteht. Im Bedarfsfall sind hierzu die Anteile der Strahlung und der evtl. vorhandenen waagerechten Fläche hinzuzuaddieren.

Dieser Zusammenhang sei an folgendem Beispiel verdeutlicht: Ein Konvektor aus der Heizungstechnik besitzt eine Heizfläche mit 1,20 m Höhe und 0,80 m Breite und hat eine Oberflächentemperatur von 60°C. Wie groß ist die in den Raum abgegebene Wärmeleistung durch Konvektion, wenn die Raumtemperatur 20°C beträgt?

$$\Phi = a_k \cdot A \cdot (t_1 - t_2) \qquad a_k = 9{,}7 \sqrt[3]{\frac{t_1 - t_2}{T_0}}$$

$$\Phi = 9{,}7 \sqrt[3]{\frac{t_1 - t_2}{T_0}} \cdot A \cdot (t_1 - t_2)$$

$$\Phi = 9{,}7 \sqrt[3]{\frac{40}{273}} \cdot 1{,}2 \cdot 0{,}8 \cdot 40 = 194 \text{ W}$$

Der Konvektionsanteil der Heizfläche beträgt dabei 194 W, wobei man berücksichtigen muß, daß dieser Wert ausschließlich für die vorgegebenen Temperaturen richtig ist. Bei Änderung der Raum- oder Oberflächentemperatur ändert sich auch die Heizleistung durch Konvektion.

Im speziellen Fall für Konvektion im Wasser mit turbulenter Strömung gilt:

Gleichung 1.1.3.2-4
Wärmeübergang bei turbulenter Strömung in Wasser nach *M. Jakob.*

$$a_k = (110 + 3{,}1\, t_m) \cdot \sqrt[3]{(t_1 - t_2)} \text{ in W/m}^2\text{K}$$

Darin bedeuten:

$t_m = \frac{t_1 - t_2}{2}$, die mittlere Temperatur < 100 °C.

Gleichung 1.1.3.2-5
Waagerechte Wände ohne Strahlung an die Luft; nach *Nusselt-Hencky*, von unten nach oben.

$$a_k = 2{,}7 \ldots 3{,}3 \sqrt[4]{(t_1 - t_2)} \quad \text{in W/m}^2\,\text{K}$$

Mit diesem Wert läßt sich der Anteil der Wärmeabgabe durch Konvektion eines Heizgerätes über seine waagerechte Oberfläche ermitteln. Hinzu kommt der Anteil aus den senkrechten Wänden.

Gleichung 1.1.3.2-6
Waagerechte Wände ohne Strahlung an die Luft; nach *Nusselt-Hencky*, von oben nach unten.

$$a_k = 0{,}6 \ldots 1{,}3 \sqrt[4]{(t_1 - t_2)} \quad \text{in W/m}^2\,\text{K}$$

Bei der Übertragungsrichtung von unten nach oben kann es sich z. B. um die Betrachtung der Auswirkung einer Decke auf den darunter befindlichen Raum handeln.

Die hier angegebenen Faktoren hängen stark von der Größe der Fläche sowie von der Luftbewegung ab und sind für den technischen Einsatz von Fall zu Fall zu ermitteln. Im Bereich der Wärmebedarfsberechnung kann auf die Werte, die in der DIN 4108 (Wärmeschutz im Hochbau) angegeben sind, zurückgegriffen werden.

Gleichung 1.1.3.2-7
Rohr im Wasser bei laminarer Strömung; nach *McAdams*.

$$a_k = (18{,}6 + 20 \sqrt[4]{t_m}) \sqrt[4]{\frac{t_1 - t_2}{d}} \quad \text{in W/m}^2\,\text{K}$$

Mit diesem Wert von a_k lassen sich Brauchwassererwärmer mit waagerechten Rohren berechnen, wie sie z. B. in Standspeichern Verwendung finden.

1.1.3.3 Wärmestrahlung

Wärmeübertragung ohne Nutzung eines Mediums geschieht durch Wärmestrahlung. Dabei geht von dem warmen Körper eine elektromagnetische Wellenstrahlung durch den Raum. Bei Auftreffen der Strahlung auf einen Körper erzeugt diese eine Molekularbewegung, die sich in Form einer Temperaturerhöhung an der Oberfläche bemerkbar macht. Die Strahlung wird in Wärme umgesetzt. Welche Energiemenge so umgesetzt werden kann, hängt im wesentlichen von der Art und Oberfläche des bestrahlten Materials ab. Zunächst sollen jedoch die Bedingungen für die Abgabe der Wärmestrahlung näher betrachtet werden.

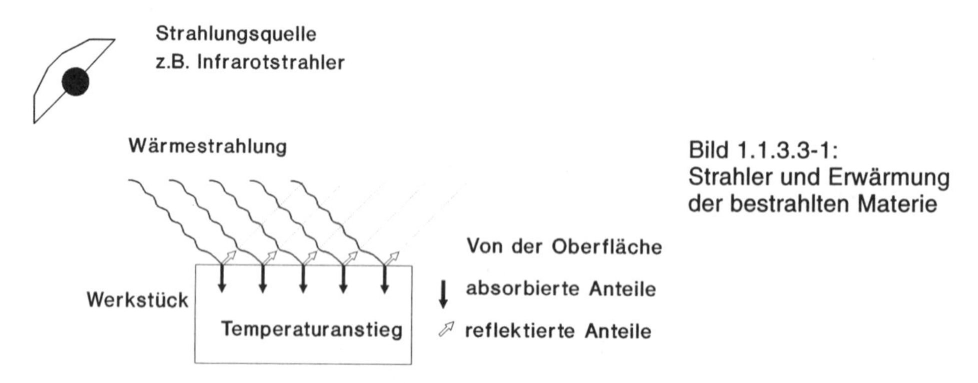

Bild 1.1.3.3-1:
Strahler und Erwärmung der bestrahlten Materie

Grundsätzlich ist bei jedem Körper, der eine Oberflächentemperatur > T_0 besitzt, eine Wärmestrahlung zu beobachten. Diese von einem Körper ausgesandte Strahlungsenergie oder Emission ist nach dem Gesetz von *Stefan* und *Boltzmann* proportional der 4. Potenz seiner absoluten Temperatur.

Gleichung 1.1.3.3-1

$$E = C \left(\frac{T}{100} \right)^4$$

Darin bedeuten:

E	= Strahlungsenergie des Körpers	in W / m^2
C	= Strahlungskonstante	in $W / m^2 K^4$
T	= absolute Temperatur	in K

Diese Gleichung gilt nur für einen absolut schwarzen Körper. Der Wert für C ist bei diesem absolut schwarzen Körper mit

$$C_s = 5{,}67 \; W/m^2 K^4$$

am höchsten. Für alle übrigen Körper gilt:

Gleichung 1.1.3.3-2

$$C = \varepsilon \cdot C_s$$

worin ε der Emissionsgrad der Körperoberfläche ist.

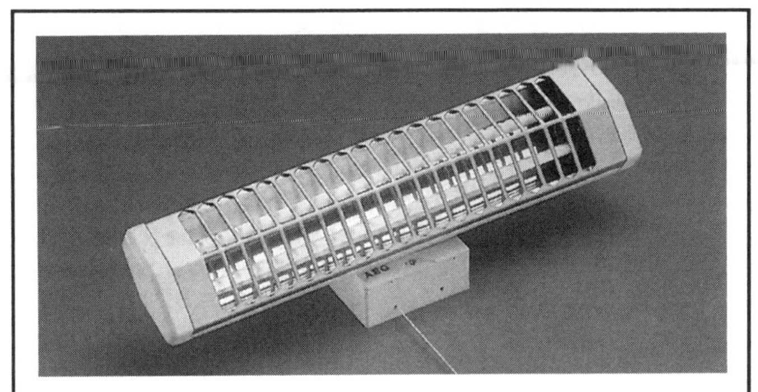

Infra-Wandstrahler IWQ 12

- Edelstahlreflektor mit großem Schwenkbereich zur optimalen Anpassung der Strahlungsrichtung
- Heizstufen 300/600/1200 W mit Zugschalter bequem zu bedienen, optische Anzeige der Heizstufen
- Schnelle Strahlungswirkung durch Infrarot-Quarz-Heizkörper
- Geringer Platzbedarf, auch im kleinsten Bad zu installieren

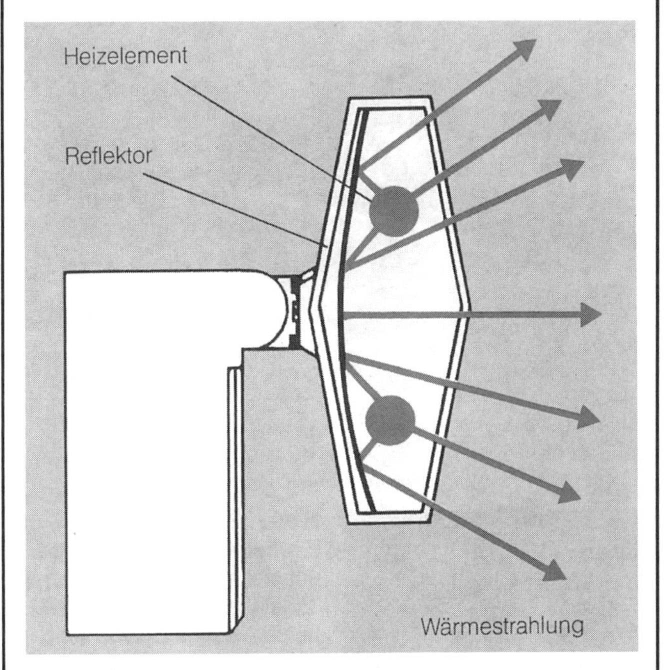

Geräte dieser Bauart (Infrarotstrahler) sind dadurch gekennzeichnet, daß die Wärme überwiegend durch Temperaturstrahlung abgegeben wird. Sekunden nach dem Einschalten wird durch die Infrarotstrahlung beim Benutzer ein Wärmegefühl erzeugt, wie es sonst nur bei höheren Raumlufttemperaturen möglich ist. Diese Art der Direktheizung, die nur gezielt bestimmte Zonen beheizt, ist besonders energiesparend.

Bild 1.1.3.3-2: Infrarotstrahler (Werkbild: AEG)

Die Strahlungsintensität einer Oberfläche ist unabhängig von der Farbe – über das Spektrum gesehen – unterschiedlich groß. Das Maximum verschiebt sich dabei mit zunehmender Temperatur zu niedrigeren Wellenlängen gemäß dem Wienschen Verschiebungsgesetz. Dies ist bei der Verwendung von Strahlungszahlen aus Tabellen zu berücksichtigen. Die *Tabelle 1.1.3.3-1* gilt von 0–200 °C. Wichtig für den technischen Einsatz ist, daß die Oberflächenfarbe die Strahlungsintensität nicht beeinflußt. Lediglich die Struktur der Oberfläche hat eine Auswirkung. Das bedeutet, daß auch eine weiße Oberfläche stark strahlen kann, wenn z. B. Ölfarbe verwendet wird.

Tabelle 1.1.3.3-1: Strahlungszahl verschiedener Oberflächen

Stoff / Oberfläche	C $W/m^2 K^4$
schwarzer Körper	5,67
Edelmetalle, hochglanzpoliert	0,20 – 0,30
Unedle Metalle, hochglanzpoliert	0,15 – 0,40
Aluminium, roh	0,40 – 0,50
Aluminium, poliert	0,29
Eisen, roh mit Walzhaut	4,30 – 4,70
Eisen, frisch geschmirgelt	1,40 – 2,60
Eisen, verzinkt	1,30 – 1,60
Kupfer, geschabt	0,50
Kupfer, schwarz eloxiert	4,50
Messing, poliert	0,30
Messing, frisch geschmirgelt	1,20
Messing, brüniert	2,40
Aluminiumbronze	2,00 – 2,50
Emaillelack, schneeweiß	5,20
Heizkörperlack, beliebiger Farbe	5,20
Ölfarbe, auch weiß	5,10 – 5,60
Schamotte (ca. 1000 °C)	3,50 – 4,10
Putz, Mörtel	5,20 – 5,40
Beton	5,40 – 5,60
Eis, Wasser	5,40 – 5,50

Die Absorption von Wärmestrahlung durch einen Körper verhält sich nur für bestimmte Wellenlängen wie die Emission. Grundsätzlich kann man jedoch sagen, daß ein Körper mit einer polierten Metalloberfläche wenig absorbiert, ein schwarzer Körper jedoch eine hohe Absorption besitzt. Die Tatsache, daß Emission und Absorption unterschiedliche Werte bei verschiedenen Wellenbereichen annehmen, findet z. B. bei der Herstellung von Sonnenkollektoren Anwendung.

Die Wärmeübertragung durch Wärmestrahlung berücksichtigt neben den beiden Strahlungszahlen des strahlenden und des bestrahlten Körpers noch weitere Faktoren, um die Wärmeleistung auf dem bestrahlten Körper zu erfassen. Das Verfahren dieser Berechnung ähnelt dem der Beleuchtungsberechnung nach dem Raumwirkungsgradverfahren. Auch hier wird auf eine nach den Raumabmessungen ermittelten »mittleren Einstrahlungszahl« zurückgegriffen. Die Winkellage der beiden Flächen zueinander spielt ebenfalls eine entscheidende Rolle. Dabei stellt die parallel zueinander stehende Anordnung den einfachsten Rechenweg dar.

1.1.4 Wärmeausdehnung

Wie eingangs beschrieben, führt die Erwärmung eines Körpers zu einer erhöhten Bewegung seiner Moleküle.

Dabei gilt für eine Menschenmenge, die beieinandersteht und sich danach in Bewegung setzt, das gleiche wie für einen Stoff, der erwärmt wird: Es wird mehr Platz benötigt. Für den Stoff bedeutet dies, daß sich seine Abmessungen ändern. Diese Änderung ist proportional zur Temperaturänderung und wird auf die jeweilige Grundgröße, Länge oder Volumen, bezogen.

1.1.4.1 Längenänderung durch Wärmeeinfluß

Der Zusammenhang der Längenausdehnung durch Wärmeeinwirkung wird durch nachstehende Gleichung beschrieben:

Gleichung 1.1.4.1

$$l' = l_0 \cdot \alpha \cdot (t_2 - t_2)$$

Darin bedeuten:

l' = Längenänderung nach Temperaturänderung in m
l_0 = Länge vor der Temperaturänderung in m
t_1 = Anfangstemperatur
t_2 = Endtemperatur
α = Längenausdehnungskoeffizient in 1/K

Zu beachten ist, daß der Ausdruck l' auch negativ werden kann, wenn z. B. die Endtemperatur kleiner ist als die Anfangstemperatur.

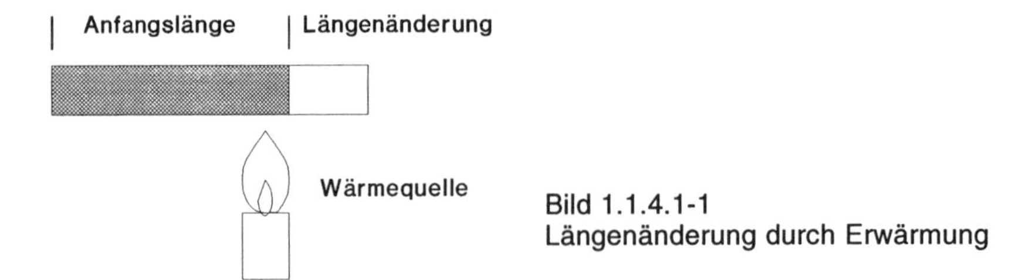

Bild 1.1.4.1-1
Längenänderung durch Erwärmung

Die Längenausdehnung von Stoffen soll am Beispiel eines Heizleitermaterials dargestellt werden.

Ein Heizleiter aus CuNi 44 mit einem Wärmeausdehnungs-Koeffizienten $\alpha = 13 \cdot 10^{-6}$ 1/K hat bei einer Raumtemperatur (20 °C) eine Länge von 125 m. Wie lang ist er nach dem Erreichen seiner Betriebstemperatur von 850 °C ?

$$l' = l_0 \cdot \alpha \cdot (t_2 - t_1)$$

$$l' = 125 \cdot 13 \cdot 10^{-6} (850 - 25) = 1{,}34 \text{ m}$$

$$l = l_0 + l'$$

$$l = 250 + 1{,}34 = 251{,}34 \text{ m}$$

Der Heizleiter hat sich um 1,34 m auf 251,34 m verlängert.

1.1.4.2 Volumenänderung durch Wärmeeinfluß

Betrachtet man die Längenausdehnung bei einem Kubus, so kann festgestellt werden, daß eine Änderung gleichmäßig auf allen Achsen stattfindet. Das bedeutet für die Volumenänderung eines Stoffes

Gleichung 1.1.4.2-1

$$V' = V_0 \cdot 3 \cdot \alpha \cdot (t_2 - t_1)$$

Darin bedeuten:

V'	= Volumenänderung nach Temperaturänderung	in m^3
V_0	= Länge vor der Temperaturänderung	in m^3
t_1	= Anfangstemperatur	
t_2	= Endtemperatur	
α	= Längenausdehnungskoeffizient	in 1/K

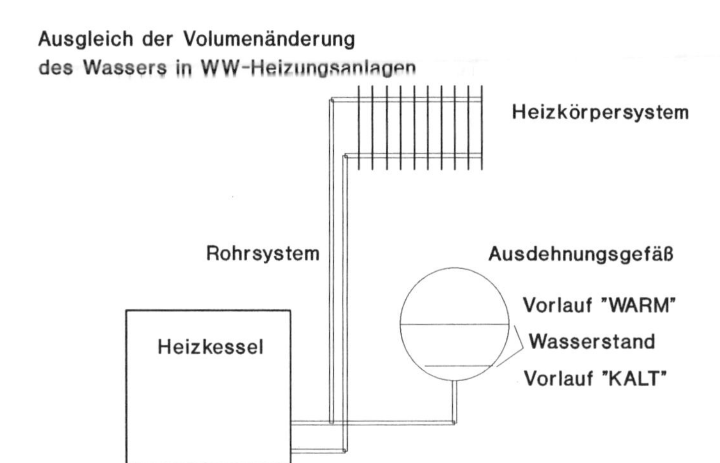

Bild 1.1.4.2-1
Volumenänderung
durch Erwärmung

Die Berücksichtigung der Volumenänderung bei Erwärmung ist besonders bei der Erwärmung von Wasser, z. B. in geschlossenen Warmwasser-Heizungen oder auch bei der Erwärmung von Brauchwasser wichtig.

Ein Beispiel soll dies zeigen: Ausgehend von der mittleren Zulauftemperatur von 9 °C soll Wasser in einem Brauchwasserbereiter bis 100 °C erwärmt werden. Wie groß ist die Volumenänderung bezogen auf das Grundvolumen?

$$V' = V_0 \cdot 3 \cdot \alpha \cdot (t_2 - t_1)$$

$$V'/V_0 = 3 \cdot 0{,}06 \cdot 10^{-3} \cdot (100 - 9) = 0{,}016$$

Das bedeutet, daß das Wasservolumen bei dieser Erwärmung um 1,6 % zunimmt. Daraus folgt, daß Maßnahmen zu treffen sind, die das Bersten eines geschlossenen Systems, z. B. durch Überdruckventile, oder bei offenen Anlagen durch einen Überlauf sicher verhindern.

1.1.5 Mischungsvorgänge

Im Bereich der Mischungsvorgänge sind besonders die der Mischung von Wasser unterschiedlicher Temperaturen und die Mischung von Luft unterschiedlicher Temperaturen wichtig. Der Berechnung dieser Vorgänge liegt folgende Gleichung zugrunde:

Gleichung 1.1.5-1:

aufgenommene Wärmemenge = abgegebene Wärmemenge.

Daraus folgt für die Mischtemperatur bei Mischung von Stoffen mit unterschiedlichem Temperaturkoeffizienten:

$$Q_{ab} = Q_{zu}$$

$$m_1 \cdot c_1 \cdot (t_1 - t_m) = m_2 \cdot c_2 \cdot (t_m - t_2)$$

$$t_m = \frac{m_1 \cdot c_1 \cdot t_1 + m_2 \cdot c_2 \cdot t_2}{m_1 \cdot c_1 + m_2 \cdot c_2}$$

Darin bedeutet:
t_m = Mischungstemperatur
t_1 = Temperatur der Masse m_1 mit c_1
t_2 = Temperatur der Masse m_2 mit c_2

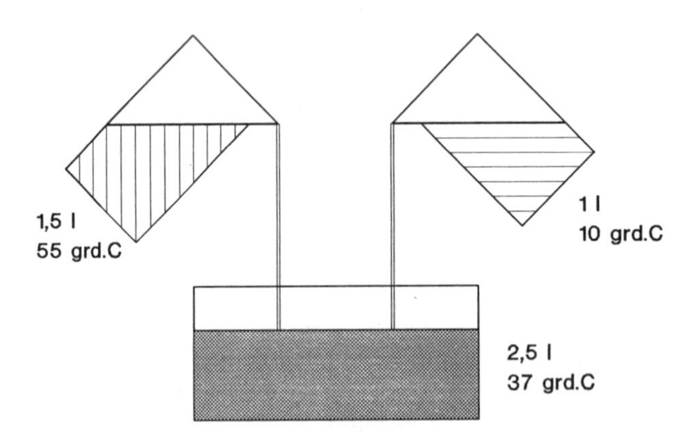

Bild 1.1.5-1 Mischung von Flüssigkeiten

Für die Mischung von Stoffen mit gleichen Temperaturkoeffizienten reduziert sich die vorgenannte Gleichung auf:

Gleichung 1.1.5-2:

$$t_m = \frac{m_1 \cdot t_1 + m_2 \cdot t_2}{m_1 + m_2}$$

Die Mischung von Wasser soll an einem Beispiel verdeutlicht werden:
Welche Menge Kaltwasser von 9 °C muß einer Badewannenfüllung von 120 l mit 55 °C warmem Wasser beigegeben werden, um eine Mischtemperatur von 39 °C zu erhalten?

Aus der oben genannten Grundgleichung folgt durch Umstellen:

$$m_1 \cdot t_m + m_2 \cdot t_m = m_1 \cdot t_1 + m_2 \cdot t_2$$

$$m_1 \cdot (t_m - t_1) = m_2 \cdot t_2 - m_2 \cdot t_m$$

$$m_1 = \frac{m_2 \cdot (t_2 - t_m)}{(t_m - t_1)}$$

$$m_1 = \frac{120\ l \cdot (55 - 39)}{(39 - 9)} = 64\ l$$

Um die vorgegebene Mischtemperatur zu erreichen, müssen 64 l Kaltwasser zugeführt werden.

1.1.6 Wirkungsgrad

Vergleicht man die zur Erwärmung eines Stoffes aufgewendete Wärmemenge mit der tatsächlich im Stoff wirksam werdenden, so stellt man fest, daß eine bestimmte Menge nicht übertragen werden konnte.

Da die Umwandlung von elektrischer Energie in Wärme verlustfrei geschieht, ist der Wirkungsgrad einer elektrischen Heizung nur abhängig von der Art und Anordnung der Heizelemente zu dem zu beheizenden Objekt und von der Wärmeleitung oder Strahlung nach außen.

Eine Kilowattstunde elektrischer Strom ergibt eine Kilowattstunde Wärmeenergie. Die Frage ist nur, kann diese Energie auch ohne Verluste, d. h. ohne die Umgebung aufzuheizen, der Erwärmung des auf der Heizplatte stehenden Topfes und des darin befindlichen Wassers zugeführt werden. Das bedeutet mathematisch:

Gleichung 1.1.6-1:

$$Q_{wirk} = \eta \cdot Q_{zu}$$

Darin bedeuten:

η = der Wirkungsgrad
Q_{zu} = die zugeführte Wärmeenergie
Q_{wirk} = die zur Temperaturänderung wirkende Wärmeenergie

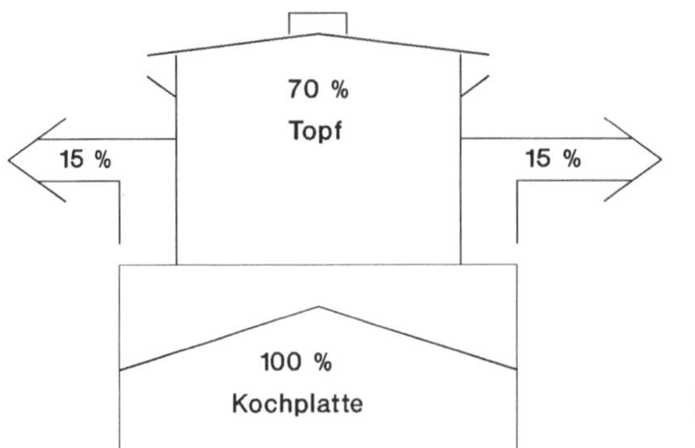

Bild 1.1.6-1 Wirkungsgrad

Die Einbeziehung des Wirkungsgrades sei an einem Beispiel dargestellt: Ein auf einer Kochplatte stehender Topf benötigt zum Erwärmen der eingefüllten Wassermenge 1,5 kWh. Wie groß muß die zugeführte elektrische Energiemenge sein, um dies zu erreichen?

$$Q_{wirk} = Q_{zu}$$

$$Q_{zu} = 1{,}5 / 0{,}5 = 3{,}0 \text{ kWh}$$

Es sind 3 kWh elektrischer Energie zur Aufheizung nötig.

1.1.7 Wärmebedarf im Hochbau

Zur Ermittlung des Wärmebedarfs im Hochbau sind die Rechenverfahren der DIN 4701 anzuwenden. Die manuelle Berechnung des Wärmebedarfs stellt an die Anwender nicht unwesentliche Anforderungen hinsichtlich der Ausdauer und Schreibfertigkeit. Aus diesem Grund werden diese Arbeiten in den Fachplanungsbüros für Haustechnik hauptsächlich mit Hilfe von EDV-Programmen ausgeführt. Insbesondere die zweifache Berechnung unter Berücksichtigung des eingeschränkten Betriebs fällt durch die automatisierten Ergebnisermittlungen erheblich leichter als ein zweites Durchrechnen des gesamten Wärmebedarfs per Hand. Um diese Programme jedoch sicher anwenden zu können, ist es in der Regel erforderlich, die in der DIN vorgegebenen Rechenverfahren manuell erlernt und ausgeführt zu haben. Aus diesem Grund soll das folgende Kapitel einen Überblick über die DIN 4701 und die angrenzenden Normen geben, soweit diese für die Thematik wesentlich sind.

Im einzelnen besteht diese deutsche Norm, die vom Normenausschuß für Heiz- und Raumlufttechnik (NHR) im DIN *Deutsches Institut für Normung e.V.* ausgearbeitet wurde, aus drei Teilen:

DIN 4701-Regeln für die Berechnung des Wärmebedarfs von Gebäuden

Teil 1 – Grundlagen der Berechnung
Teil 2 – Tabellen, Bilder, Algorithmen
Teil 3 – Auslegung der Raumheizeinrichtungen

Die Untergliederung zeigt zunächst den »Anwendungsbereich« der Norm. Dann folgen die verwendeten »Formelzeichen« und die »Umrechnung wichtiger Einheiten« sowie eine »Übersicht über die Berechnungsverfahren und ihre Grundlagen«. Der Hauptteil beschreibt die »Berechnung des Norm-Wärmebedarfs für übliche Fälle«. Danach folgen die »Berechnung des Wärmedurchgangswiderstandes« und »Hinweise für die Berechnung des Wärmebedarfs in besonderen Fällen« sowie der Anhang A mit einem Formblatt für die »Berechnung des Norm-Wärmebedarfs nach DIN 4701«.

Der Teil 2 beinhaltet die für die Berechnung notwendigen Kenngrößen in Form von »Tabellen« und verschiedenen »Bildern« sowie die »Algorithmen«, die den Tabellen und Diagrammen zugrundeliegen.

Im Teil 3 wird auf die mögliche Abweichung vom Norm-Wärmebedarf nach oben eingegangen. Damit können verschiedene Einflüsse durch Abweichen im System kompensiert werden. Es wird eine Auslegungsleistung definiert, die um den Auslegungszuschlag von 15 % höher ist als der Norm-Wärmebedarf des Raumes. Dadurch können auch die Rauminnentemperaturen angeglichen werden, die durch die Berücksichtigung des Zuschlags Abweichungen des Heizungssystems kompensieren.

Wesentlich bei der Arbeit ist, wie bei allen anderen Anwendungen der DIN, daß im Zweifelsfall ausschließlich der Wortlaut der DIN und nicht seine Interpretation Gültigkeit hat. Dieser Tatsache Rechnung tragend, ist es das Ziel, im Folgenden durch die gewählten Beispiele so nah wie möglich an der DIN 4701 zu bleiben, die erforderlichen Schritte zur Berechnung darzulegen und somit dem Anwender eine Möglichkeit zu geben, die ihm vorgelegten Berechnungen zu prüfen oder selbst kleinere Berechnungen des Normwärmebedarfs auszuführen. Bei eigenen Berechnungen in größerem Umfang ist das Original der DIN unerläßlich. Die in dieser DIN angegebenen Berechnungsverfahren können darüber hinaus auch auf andere Wärmebedarfsberechnungen als für die von Gebäuden Anwendung finden. Das gilt insbesondere für die verschiedenen Tabellen aus dem Teil 2. Der Wärmebedarf z. B. für Tankanlagen oder andere technische Anlagen und Behälter sei hier nur als Beispiel genannt und in den entsprechenden Kapiteln näher erläutert. Gleichzeitig sei auf die DIN 4108 »Wärmeschutz im Hochbau« hingewiesen, deren Teil 4 die für die Berechnung erforderlichen Materialkonstanten für die Wärmeleitfähigkeit beinhaltet. Diese Norm, auf deren Basis auch der von den Bauordnungen geforderte Wärmeschutznachweis basiert, ist wie folgt unterteilt:

DIN 4108 »Wärmeschutz im Hochbau«

Teil 1 – Größen und Einheiten.
Teil 2 – Wärmedämmung und Wärmespeicherung, Anforderungen und Hinweise für Planung und Ausführung.
Teil 3 – Klimabedingter Feuchteschutz, Anforderungen und Hinweise für Planung und Ausführung.
Teil 4 – Wärme- und feuchteschutztechnische Kennwerte.
Teil 5 – Berechnungsverfahren.

1.1.7.1 Prinzipieller Aufbau der Berechnung

Grundsätzlich ist zur Aufrechterhaltung einer festgelegten Raumtemperatur die Zufuhr derjenigen Wärmemenge erforderlich, die

1. über die Wärmeleitung der Raumabgrenzung wie Mauerwerk, Fenster, Türen, Decke und Fußboden an die Umgebung des Raumes abgegeben wird. Diese Wärmemenge wird als Transmissionswärmebedarf bezeichnet.
2. zur Aufwärmung der in den Raum gelangenden Frischluftmenge, die zur Aufrechterhaltung eines angenehmen Raumklimas erforderlich ist. Diese Wärmemenge wird als Lüftungswärmebedarf bezeichnet.

Der Norm-Wärmebedarf setzt sich also wie folgt zusammen:

Gleichung 1.1.7.1-1:

$$Q_N = Q_T + Q_L$$

Darin bedeuten:
Q_N = Norm-Wärmebedarf
Q_T = Norm-Transmissionswärmebedarf
Q_L = Norm-Lüftungswärmebedarf

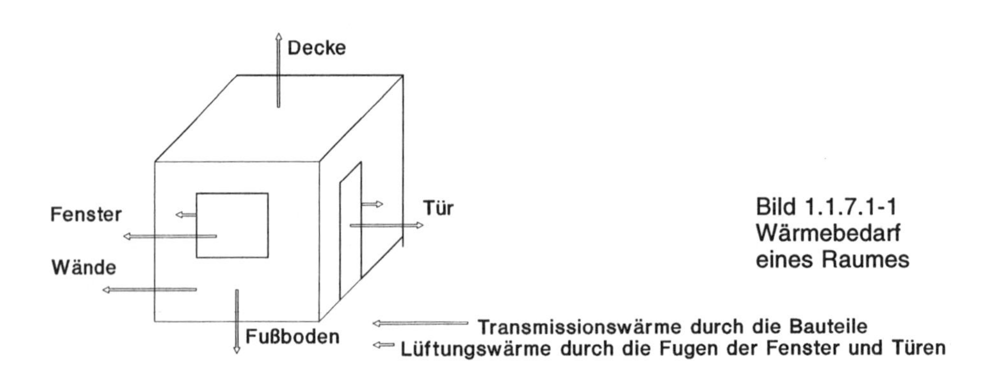

Bild 1.1.7.1-1
Wärmebedarf eines Raumes

1.1.7.2 Transmissionswärmebedarf

Betrachten wir zunächst einmal den Transmissionswärmebedarf. Dieser setzt sich für eine Schicht der Wand, unter Verwendung des Wärmedurchgangskoffizienten, wie folgt zusammen

Gleichung 1.1.7.2-1:

$$Q_T = \frac{\lambda}{d} \cdot A \cdot (t_i - t_a)$$

Darin bedeuten:

Q_T	=	Norm-Transmissionswärmebedarf	in W
d	=	Schichtdicke	in m
A	=	Bauteilfläche	in m^2
t_i	=	Innentemperatur	in °C
t_a	=	Außentemperatur	in °C
λ	=	Wärmeleitfähigkeit der Schicht	in W/mK.

Für den Wert λ/d kann auch der Wärmedurchgangskoeffizient eingesetzt werden.

Gleichung 1.1.7.2-2:

$$R_\lambda = \frac{d}{\lambda}$$

Darin bedeuten:

R_λ	=	Wärmeleitwiderstand der Schicht	in m^2 K/W
λ	=	Wärmeleitfähigkeit der Schicht	in W/mK
d	=	Schichtdicke	in m.

Mit den Wärmeübergängen vom Raum in die Wand und aus der Wand in die Umgebung nimmt der Wärmedurchgangskoeffizient durch ein einschichtiges Bauteil folgende Form an:

Gleichung 1.1.7.2-3:

$$R_k = R_i + R_\lambda + R_a$$

Darin bedeuten:

R_k	=	Wärmeleitwiderstand durch das Bauteil	in m^2 K/W
R_i	=	innerer Wärmeübergangswiderstand	in m^2 K/W
R_λ	=	Wärmeleitwiderstand	in m^2 K/W
R_a	=	äußerer Wärmeübergangswiderstand	in m^2 K/W.

Die für die Wärmebedarfsberechnung im Hochbau relevanten Werte von R_i und R_a sind in der DIN 4701 Teil 2, Tabelle 16 ff, angegeben. Einen Auszug aus dieser Tabelle zeigt die nachfolgende Aufstellung.

Tabelle 1.1.7.2-1: Wärmeübergangswiderstand R_i und R_a

Wärmeübergang	R_i m^2 K/W	R_a m^2 K/W
auf der Innenseite geschlossener Räume bei natürlicher Luftbewegung an Wandflächen und Fenstern	0,130	—
Fußboden und Decken bei einem Wärmestrom von unten nach oben	0,130	—
bei einem Wärmestrom von oben nach unten	0,170	—
an der Außenseite von Gebäuden bei mittlerer Windgeschwindigkeit	—	0,040
in durchlüfteten Hohlräumen bei vorgehängten Fassaden oder in Flachdächern	—	0,090
(der Wärmeleitwiderstand der vorgehängten Fassade wird dabei nicht zusätzlich berücksichtigt).		

Die Bestimmung des Wärmedurchgangskoeffizienten, der sogenannten k-Zahl, erfolgt nun aus dem Wärmedurchgangswiderstand durch Kehrwertbildung.

Gleichung 1.1.7.2-4:

$$k = \frac{1}{R_k}$$

Die Einheit des Wärmedurchgangskoeffizienten ist W/m^2K. Damit läßt sich direkt die durch dieses Bauteil führende Wärmeleistung ermitteln, wenn die entsprechende Temperaturdifferenz sowie die Bauteilfläche bekannt sind.

Gleichung 1.1.7.2-5

$$Q_T = k \cdot A \cdot (t_i - t_a)$$

Darin bedeuten:

Q_T	=	Transmissionswärmebedarf durch ein Bauteil	in W
k	=	Wärmedurchgangskoeffizient des Bauteils (k-Zahl)	in $W/m^2 K$
A	=	Fläche des Bauteils	in m^2
t_i	=	Innentemperatur	in °C
t_a	=	Außentemperatur	in °C

Transmissionswärmebedarf einer einschichtigen Wand

Bei einer einschichtigen Wand stellt sich dieses Berechnungsverfahren wie folgt dar:

Für eine Wand aus Kalksandstein von 10 m_2 mit einer Wanddicke von 24 cm soll die k-Zahl ermittelt werden. Beide Wandseiten grenzen an einen Innenraum, so daß der innere Wärmeübergangswiderstand aus *Tabelle 1.1.7.2-1* für beide Wandseiten Verwendung findet. Der Temperaturunterschied zwischen beiden Seiten beträgt 5 K. Zunächst gilt für den Ansatz *Gleichung 1.1.7.3-1*, in die der Wert für den Wärmeleitwiderstand eingesetzt wie folgt aussieht:

$$k = \frac{1}{R_i + R_\lambda + R_a} \quad \text{mit } R_\lambda = \frac{d}{\lambda}$$

$$k = \frac{1}{0{,}13\ m^2\ K/W + \dfrac{0{,}24\ m}{0{,}56\ W/\ m\ K} + 0{,}13\ m^2\ K/W}$$

$$k = \frac{1}{0{,}689\ m^2\ K/W}$$

$$k = 1{,}451\ W/m^2\,K$$

$$Q_T = k \cdot A \cdot (t_i - t_a)$$

$$Q_T = 1{,}451\ W/m^2\,K \cdot 10\ m^2 \cdot 5\ K$$

$$Q_T = 73\ W.$$

Das bedeutet, daß durch die vorbeschriebene Wand je Quadratmeter Wandfläche und je Kelvin Temperaturdifferenz zwischen den beiden Wandseiten eine Leistung von 1,451 Watt ausgetauscht wird, insgesamt also 73W. Das bedeutet ferner für den Raum mit der höheren Raumtemperatur eine Verlustleistung, die durch Wärmezufuhr ausgeglichen ist, und für den Raum mit der geringeren Raumtemperatur, daß der Raum durch den vorhandenen Wärmedurchgang vom Nebenraum mitgeheizt wird.

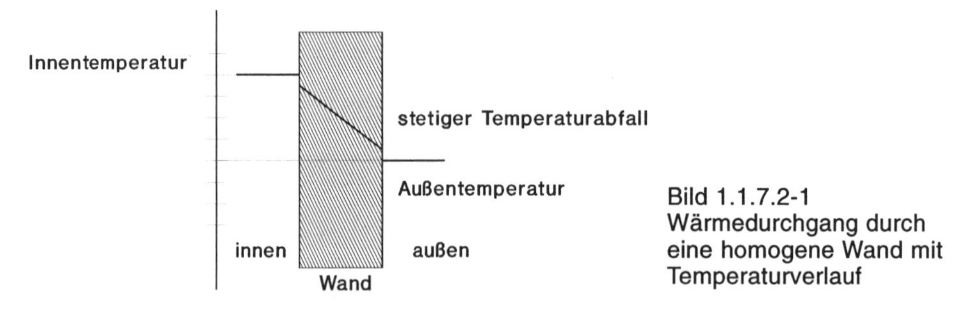

Bild 1.1.7.2-1
Wärmedurchgang durch eine homogene Wand mit Temperaturverlauf

Transmissionswärmebedarf einer mehrschichtigen Wand

Besitzt die zu berechnende Wand mehrere Schichten, so wie im nachfolgenden Bild dargestellt, ändert sich die Berechnung der k-Zahl wie folgt:

Gleichung 1.1.7.2-6:

$$R_k = R_i + R_{\lambda 1} + R_{\lambda 2} + \ldots\ldots + R_{\lambda n} + R_a$$

$$k = \frac{1}{R_k}$$

Der Wärmeübergangswiderstand von der Innenfläche in die Wand bleibt erhalten. Dazu kommt nun die Reihenschaltung der im Bauteil vorhandenen Wärmeleitwiderstände. Zum Schluß addiert sich der Wärmeübergangswiderstand von der Wand nach außen, wie bei der einschichtigen Wand. Der Kehrwert des so berechneten Wärmedurchgangswiderstandes ist dann die gesuchte k-Zahl. Ein Beispiel soll auch dies verdeutlichen:

Die Außenwand eines Gebäudes soll von innen nach außen folgenden Wandaufbau besitzen:

Innenputz
Dicke d = 0,02 m Wärmeleitwert $\lambda_{IP} = 0{,}87$ W/m² K
Kalksandstein
Dicke d = 0,24 m Wärmeleitwert $\lambda_{KS} = 0{,}56$ W/m² K
Dämmung
Dicke d = 0,06 m Wärmeleitwert $\lambda_{DÄ} = 0{,}04$ W/m² K
Klinker
Dicke d = 0,115 m Wärmeleitwert $\lambda_{KL} = 0{,}56$ W/m² K

Für die Ermittlung der k-Zahl gilt die *Gleichung 1.1.7.2-6*, die in *Gleichung 1.1.7.2-7* eingesetzt werden kann. Die Werte für $R_i = 0.130\ m^2\ K/W$ und $R_a = 0.040\ m^2\ K/W$ sind aus der *Tabelle 1.1.7.2-2* entnommen.

$$R_k = R_i + R_{\lambda 1} + R_{\lambda 2} + ... + R_{\lambda n} + R_a \quad \text{und } k = \frac{1}{R_k}$$

Zuerst die Ermittlung der einzelnen Wärmedurchgangskoeffizienten:

Innenputz: $$R_{IP} = \frac{0{,}02\ m}{0{,}87\ W/mK} = 0{,}023\ m^2\ K/W$$

Kalksandstein: $$R_{Ks} = \frac{0{,}24\ m}{0{,}56\ W/mK} = 0{,}429\ m^2\ K/W$$

Dämmung: $$R_{Dä} = \frac{0{,}06\ m}{0{,}04\ W/mK} = 1{,}500\ m^2\ K/W$$

Klinker: $$R_{Kl} = \frac{0{,}115\ m}{0{,}56\ W/mK} = 0{,}205\ m^2\ K/W$$

$$k = \frac{1}{(0{,}130 + 0{,}023 + 0{,}429 + 1{,}500 + 0{,}205 + 0{,}040)\ m^2 K/W}$$

$$k = \frac{1}{2{,}327\ m^2\ K/W} \qquad k = 0{,}430\ W/m^{2\ K}$$

Das bedeutet, daß je Quadratmeter Wandfläche und je Kelvin Temperaturdifferenz eine Leistung von 0,43 Watt durch die beschriebene Außenwand strömt.

Hieraus läßt sich auf einfache Weise die Leistung ermitteln, die durch diese Wand geht und ersetzt werden muß.

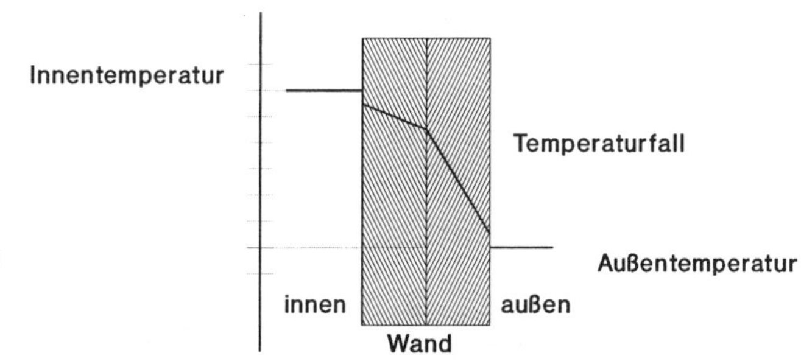

Bild 1.1.7.2-2
Wärmedurchgang durch eine mehrschichtige Wand mit Temperaturverlauf

Korrekturfaktoren der k-Zahl

Für den Wärmebedarf nach DIN 4701 ist der so ermittelte Wert jedoch zunächst mit einigen Korrekturfaktoren zu belegen. Diese entstehen durch die Tatsache, daß ein Bauteil, welches an eine Außenfläche angrenzt, eine auf der Innenseite geringere Temperatur als die gewünschte Raumtemperatur annimmt. Dies führt dazu, daß in der Nähe einer solchen Außenwand durch die niedrigere Oberflächentemperatur eine Unbehaglichkeit gegenüber einer auf Raumtemperatur aufgeheizten Außenwand eintritt. Das gleiche gilt für die Sonneneinstrahlung, die eine Temperaturveränderung bewirkt und die ermittelte k-Zahl ebenfalls mit einem Korrekturfaktor behaftet. Die Größe der genannten Faktoren ist in den Tabellen 3 und 4 der DIN 4701 Teil 2 angegeben. Mit diesen Faktoren ermittelt sich die für den Normwärmebedarf zu verwendende k-Zahl wie folgt:

Gleichung 1.1.7.2-7

$$k_n = k + dk_A + dk_S$$

Darin bedeuten:

k_N = Norm-Wärmedurchgangskoeffizient in $W/m^2 K$

k = Wärmedurchgangskoeffizient

dk_A = Außenflächenkorrektur für den Wärmedurchgangskoeffizienten

dk_S = Sonnenkorrektur für den Wärmedurchgangskoeffizienten.

Für dk_A gilt das Berechnungsverfahren nach DIN 4701 Teil 2, Tabelle 3, in Abhängigkeit von dem ermittelten Wärmedurchgangskoeffizienten k.

Tabelle 1.1.7.2-2
Korrekturfaktoren für die k-Zahlen - Außenflächenkorrektur

Wärmedurchgangskoeffizient der Außenflächen nach DIN 4108 Teil 4 in $W/m^2 K$	0,0 bis 1,5	1,6 bis 2,5	2,6 bis 3,1	3,2 bis 3,5
Außenflächenkorrektur dk_A in W/m^2K	0,0	0,1	0,2	0,3
Sonnenkorrektur dkS				
Verglasungsart	Sonnenkorrektur dk_S in W/m^2			
Klarglas (Normalglas)		–0,3		
Spezialglas (Sonderglas)		–0,35 g_F		

gF = Gesamtenergiedurchlaßgrad nach DIN 4108 Teil 2

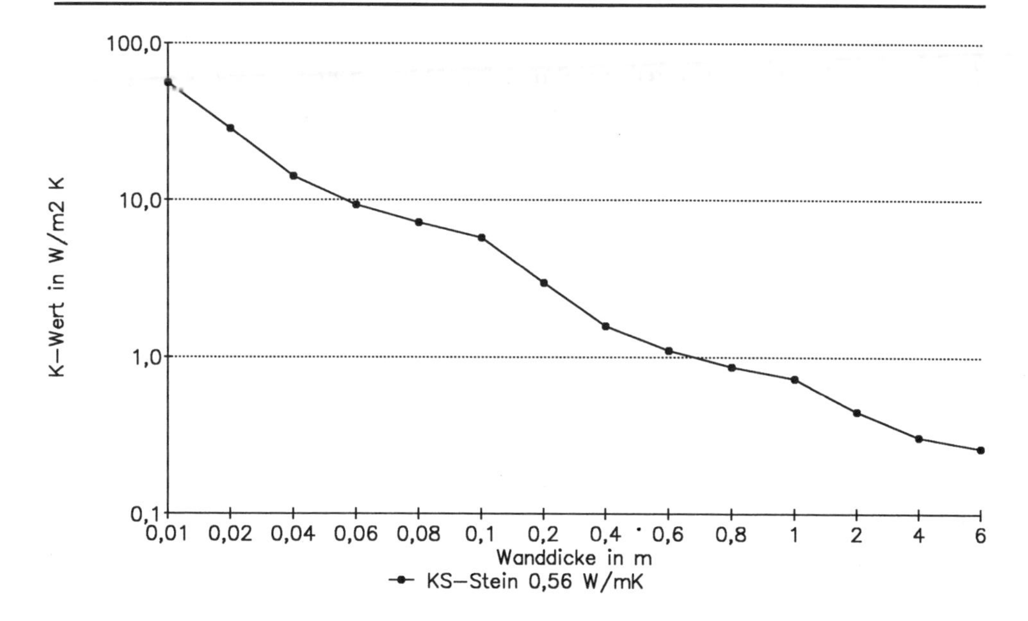

Bild 1.1.7.2-3 k-Zahl in Abhängigkeit von der Materialdicke einer einschichtigen Wand unter Berücksichtigung des inneren und äußeren Wärmeübergangs

1.1.7.3 Lüftungswärmebedarf

Die innerhalb eines Gebäudes oder Raumes zur Erzeugung der Behaglichkeit erforderliche Luftmenge oder die Luftmenge, die durch Fenster- und Türritzen hindurchströmt, muß auch erwärmt werden. In der Regel kann davon ausgegangen werden, daß es sich dabei um Außenluft handelt. Diese ist in jedem Fall zu erwärmen, und der dazu erforderliche Wärmebedarf ist dem Gesamtwärmebedarf hinzuzurechnen, wie die Gleichung 1.1.7.1-1 beschreibt.

Zum Ansatz kommen nach DIN 4701 folgende Lüftungsursachen:

Freie Lüftung

Jedes Fenster und jede Tür besitzt Fugen, die eine gewisse Durchlässigkeit an Luft haben. Dies gilt insbesondere für Türen und Fenster, die auf der windangeströmten Seite eines Gebäudes liegen. Beschränkt man sich bei der Betrachtung auf Gebäude mit 4 beheizten Geschossen über dem Erdboden, so schreibt die DIN 4701 folgendes Rechenverfahren vor:

Gleichung 1.1.7.3-1

$$Q_{FL} = \Sigma\,(a \cdot l)_A \cdot H \cdot r\,(t_i - t_a)$$

Darin bedeuten:

Q_{FL} = Norm Lüftungswärmebedarf FREIE LÜFTUNG in W
a = Fugendurchlaßkoeffizient in $m^3/(mhPa^{2/3})$
l = Fugenlänge in m
$\Sigma(a \cdot l)_A$ = Luftdurchlässigkeit aller Fugen der windangeströmten Seite in $m^4/(mhPa^{2/3})$

H = Hauskenngröße in $Wh\ Pa^{2/3}/m^3K$
r = Raumkenngröße
t_i = Norm-Innentemperatur in °C
t_a = Norm-Außentemperatur in °C

Die damit errechneten Werte bilden jedoch nur ein Beurteilungskriterium für Häuser bis 10 m Höhe bzw. für 4 beheizte Geschosse. Darüber hinaus ist ein weiterer Faktor, der Korrekturfaktor für Geschoßhaustypen an einer windangeströmten Seite, anzuwenden. Dieser liegt darin begründet, daß der Wind in größeren Höhen stärker weht und es damit zu einem größern Druck auf die Fugen kommt, der die durchgelassene Luftmenge erhöht.

Mindestlüftungswärmebedarf

Für die Behaglichkeit in einem Daueraufenthaltsraum ist es wichtig, daß ein Mindestluftwechsel stattfindet. Dieser dient in erster Linie dazu, die in der Luft befindliche Wassermenge aus dem Raum zu entfernen, die z. B. durch die im Raum anwesenden Personen eingebracht wird. Darüber hinaus werden auch Schadstoffe und Geruchstoffe aus dem Raum transportiert und gegen Frischluft mit Sauerstoff ausgetauscht. Die dazu erforderliche Mindestluftmenge wird mit Hilfe der Luftwechselzahl bestimmt. Diese gibt den erforderlichen Luftwechsel der gesamten Raumluft je Stunde an. Das bedeutet, daß bei der Luftwechselzahl = 0,5 1/h die Hälfte des gesamten Raumvolumen je Stunde ausgetauscht werden muß. Dieser Wert gilt z. B. für Wohnräume. Die *Tabelle 1.1.7.3-1* gibt die Luftwechselzahlen für verschiede Räume an.

Die zur Erwärmung dieser Luft erforderliche Wärmemenge kann mittels der auf diesen Fall angewendeten Gleichung 1.1.2-1 berechnet werden.

Gleichung 1.1.7.3-2:

$$Q_{L\,min} = \beta_{min} \cdot V_R \cdot c \cdot (t_i - t_a)$$

Darin bedeuten:

$Q_{L\,min}$ = Norm Lüftungswärmebedarf Mindestwert in W
β_{min} = Mindestluftwechselzahl in 1/h

V_R = Raumvolumen in m^3
c = spezifische Wärmekapazität der Luft in 0,36 $Wh/m^3 K$
t_i = Norm-Innentemperatur in °C
t_a = Norm-Außentemperatur in °C

Mit Hilfe dieser Gleichung läßt sich natürlich auch der Wärmebedarf derjenigen Luftmenge ermitteln, die aufgrund einer Zwangslüftung erforderlich ist. Anstelle von $\beta_{min} \cdot V_R$ kann dann auch die gewünschte Luftmenge je Stunde eingesetzt werden. Das führt zu

Gleichung 1.1.7.3-3:

$$Q_{ZL} = V_{ZL} \cdot c\ (t_i - t_a)$$

Darin bedeuten:

Q_{ZL} = Wärmebedarf bei Zwangslüftung in W
V_{ZL} = Luftvolumen durch mechanische Lüftung in m^3
c = spezifische Wärmekapazität der Luft = 0,36 Wh/m^3K
t_i = Norm-Innentemperatur in °C
t_a = Norm-Außentemperatur in °C

Tabelle: 1.1.7.3-1: Luftwechselzahl von Wohn- und Arbeitsräumen

Raum	Luftwechselzahl 1/h
Arbeitsräume	3 – 7
Akkumulatorenräume	4 – 8
Baderäume	5 – 10
Bügelräume	8 – 12
Büroräume	4 – 8
Gaststätten für:	
Raucher	6 – 12
Nichtraucher	4 – 8
Kantinen	6 – 8
Küchen in:	
Wohnungen	8 – 20
Gaststätten	10 – 25
Schulen	3 – 7

Raum	Luftwechsel 1/h
WC-Anlagen in:	
Wohnungen	2 – 3
Bürogebäuden	3 – 5
Schulen	5 – 8
Gewerbebetrieben	8 – 10
Trockenräumen	20 – 40
Werkstätten normal	3 – 6

1.2 Wärmeerzeugung

Bei der Erzeugung von Wärme aus elektrischem Strom kann mit hinreichender Genauigkeit davon ausgegangen werden, daß alle zur Verfügung gestellte Energie restlos in Wärme umgewandelt wird. Das Problem ist dabei ausschließlich, welcher Anteil der so erzeugten Wärmemenge auch tatsächlich dem zu beheizenden Objekt zugute kommt.

In diesem Kapitel soll zunächst der Teilaspekt der direkten Umwandlung von elektrischer in thermische Energie betrachtet werden. Die hierzu verwendeten Materialien sind einer näheren Betrachtung zu unterziehen, ebenso die sich dabei abspielenden Vorgänge. Dabei muß man verschiedene Faktoren beachten, die für die Auswahl der Materialien von Bedeutung sind und wesentlichen Einfluß auf die Verwendung haben.

1.2.1 Energieumwandlung

Grundsätzlich setzt ein beliebiger elektrischer Leiter bei Temperaturen, die wesentlich über dem absoluten Nullpunkt liegen, dem fließenden elektrischen Strom einen Widerstand entgegen. Sonderlegierungen, die dazu hergestellt sind, die Supraleitfähigkeit auch bei größeren Temperaturen zu erreichen, seien hiervon einmal ausgenommen. Diese Stoffe werden in der Regel nicht für Heizzwecke hergestellt, sondern zur Verringerung der als Nebeneffekt bei der Stromübertragung entstehenden Wärme, die in diesem Fall, da sie ungewollt entsteht, als Verlustenergie betrachtet werden muß.

Die Leistung, die in einem Leiter in Wärme umgewandelt wird, läßt sich demzufolge mathematisch wie folgt beschreiben:

Gleichung 1.2.1-1:

$$P = U_Q \cdot I$$

Darin bedeuten:

P	–	umgewandelte elektrische Leistung in Wärme	in W
U_Q	=	Spannungsfall am Leiter im Bereich der Wärmeabgabe	in V
I	=	Strom durch den Leiter	in A

Diese Gleichung gilt für Gleichspannung ebenso wie für die Effektivwerte der Wechselspannung.

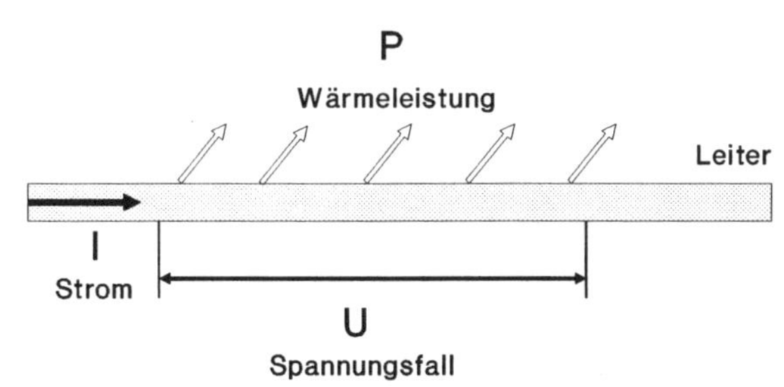

Bild 1.2.1-1 Wärmeleistung an einem Leiter

1.2.1.1 Belastbarkeit von Heizleitern

Bei der Betrachtung der Eigenschaften fällt bei der Dimensionierung zunächst der Begriff des spezifischen elektrischen Widerstandes auf.

Mit diesem Wert gilt es, die Abmessungen des Heizelementes zu bestimmen. Dabei ist jedoch nicht nur das Verhältnis von der Länge zum Durchmesser wichtig. Es gilt ebenso, die Probleme der Wärmeabgabe des Heizleiters zu berücksichtigen. Ein Leiter hat bei einem gegebenen Durchmesser eine festgelegte Oberfläche, und diese kann in Abhängigkeit von der Oberflächenstruktur und der Oberflächentemperatur nur eine bestimmte Wärmemenge abgeben. Übersteigt die dem Heizleiter zugeführte Energie diese abgegebene Wärmemenge, so steigt die Temperatur weiter an. Mit dem Schmelzpunkt bzw. der höchsten Betriebstemperatur ist damit für den Heizleiter die Grenze der Einsetzbarkeit erreicht. Es ist also immer eine doppelte Berechnung auszuführen.

Die erste Frage, die es in diesem Zusammenhang zu beantworten gilt, ist die nach der möglichen maximalen Oberflächentemperatur. Für diesen Fall haben die Hersteller Werte bereit, die auf entsprechenden Messungen beruhen und in der Regel als Funktion der Oberflächentemperatur über der Oberflächenbelastung dargestellt werden. Dazu ist es erforderlich, die in dem Leiter entstehende Wärmeleistung, bezogen auf die Oberfläche, zu ermitteln. Dies geschieht am einfachsten auch für weitere Anwendungen, wenn eine Normierung auf die Oberfläche durchgeführt wird. Dabei erhält man die Oberflächen-Heizleistung.

Die in einem Leiterstück umgesetzte Wärme wurde unter 1.2.1 beschrieben.

Wird für

$$U_Q = I^2 \cdot R$$

gesetzt, so lautet die Gleichung:

$$P = I^2 \cdot R.$$

Werden in diese Gleichung die Materialkonstanten eingesetzt,

$$R = \rho \cdot \frac{1}{A} \qquad A = \frac{d^2 \cdot \pi}{4}$$

folgt daraus

Gleichung 1.2.1.1-1:

$$P = \frac{I^2 \cdot \rho \cdot l \cdot 4}{\pi \cdot d^2}$$

Unter Einsetzung der für die Normierung auf cm^2 erforderlichen Umrechnungsfaktoren läßt sich diese Gleichung wie folgt schreiben.

Gleichung 1.2.1.1-2:

$$P_A = \frac{I^2 \cdot \rho_t \cdot 0{,}04053}{d^3}$$

Darin bedeuten:

P_A	=	Oberflächen-Heizleistung	in W / cm^2
I^2	=	Strom durch den Heizleiter	in A
ρ_t	=	spez. Widerstand bei Betriebstemperatur	in Ω cm
d	=	Durchmesser des Heizleiters	in mm

Diese spezifische und die daraus resultierende Heizleistung ist in Bild 1.2.1.1-1 für Heizleiterwerkstoffe nach Herstellerangaben dargestellt.

Betrachtet man die Anteile der Wärmeabgabe nach Strahlung und Konvektion für einen Leiter, so zeigt sich, daß bei einem dünnen Leiter der Konvektionsanteil und bei einem dicken Leiter der Strahlungsanteil bei der Wärmeabgabe überwiegt. Diese Verteilung läßt sich jedoch durch gezielte

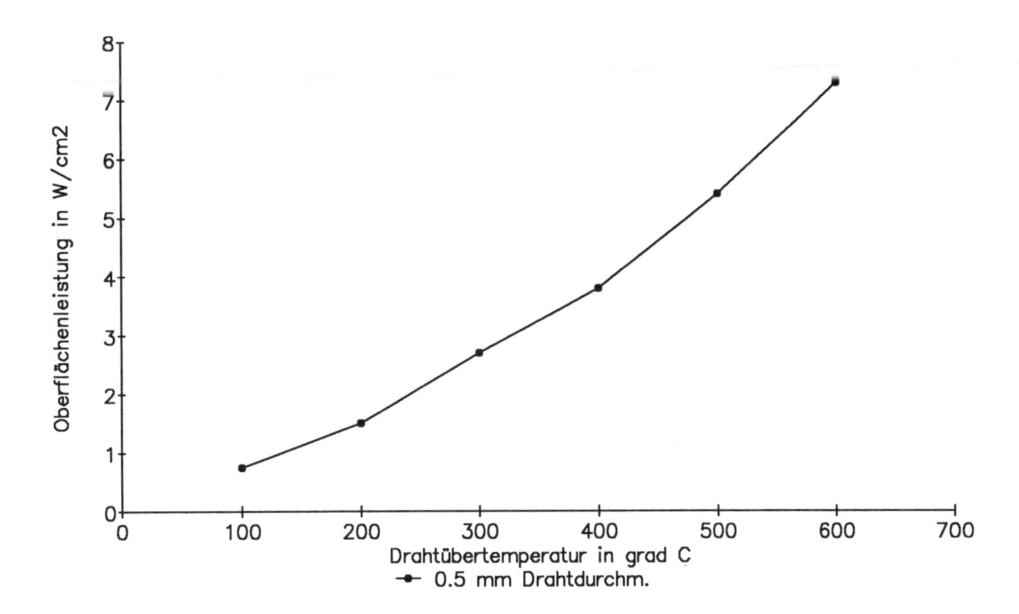

Bild 1.2.1.1-1 Drahtübertemperatur in Abhängigkeit der Oberflächenleistung

Maßnahmen, wie z. B. Zwangskonvektion mit einem Lüfter, in großen Grenzen variieren. Werden die Drähte wie üblich in Form von Spiralen auf einen Wickelkörper aufgebracht, so ändert sich damit auch das Strahlungs- und Konvektionsverhalten dieser Anordnung. Es kann davon ausgegangen werden, daß die Oberfläche des Wickelkörpers die gleiche Wirkung hat wie die Vergrößerung des Drahtdurchmessers auf diesen Wert, so daß die Strahlungsanteile bereits bei geringeren Wickelkörpertemperaturen größer werden, als dies bei einem einzelnen Draht der Fall wäre.

Für die in ein Medium eingebetteten Heizleiter kann eine ähnliche Betrachtung durchgeführt werden. Es ist jedoch zu beachten, daß die Wärmeleitfähigkeit der Einbettmasse einen wesentlich größeren Einfluß auf die Drahttemperatur hat, als dies bei Luft der Fall ist. Ein hierbei einmal entwickelter Wert hat jedoch wegen der geringeren Einflußfaktoren einen größeren und sichereren Bestand, als dies bei der Ermittlung von strömender Luft in einer reproduzierten Versuchsanordnung erzielt werden kann.

Eine genaue Beurteilung der Temperatursituation läßt sich jedoch auch hier nur durch die empirische Ermittlung in der Einbausituation durchführen, wobei die vorgenannten Berechnungen dazu dienen sollen, eine vorläufige Beurteilung zu erlauben, um die Versuche in die richtige Richtung zu lenken.

1.2.1.2 Temperaturkoeffizienten

Betrachtet man einen Heizleiter bei erhöhter Temperatur, so fällt auf, daß sich die physikalischen Eckdaten des Heizleiters gegenüber denen des kalten Heizleiters verändert haben. Dies gilt insbesondere für den spez. Widerstand, aber auch für die Volumenänderung, die sich wesentlich in einer Verlängerung auswirkt. In einigen Einsatzbereichen ist auch die Änderung der Festigkeit des Heizleitermaterials wichtig.

Betrachtet man die in den Tabellen angegebenen Werte für den spez. Widerstand, so fällt auf, daß dieser in der Regel bei einer Temperatur von 20°C angegeben ist. Das gilt nicht nur für die bekannten Tabellen für Leitermaterial, sondern auch für Widerstands- und Heizleiterlegierungen. Bei einer Veränderung der Temperatur ändert sich auch der Wert des spezifischen Widerstands. Die Veränderung wird mathematisch mit dem »Temperaturkoeffizienten« beschrieben, der in der DIN 17 470 für einen Mittelwert im Temperaturbereich von 20°C bis 100°C angegeben wird. Es ist dabei zu beachten, daß der Temperaturkoeffizient bei höheren Temperaturen als den angegebenen 100°C nicht mehr verwendet werden kann, da er nicht linear ist. Der Rückgriff auf Werksunterlagen ist in diesem Fall unerläßlich. In dem vorgenannten Temperaturbereich läßt sich die Widerstandsänderung bzw. der Widerstand eines warmen Leiters wie folgt beschreiben.

Gleichung 1.2.1.2-1:

$$\Delta R = R_{20} \cdot \alpha \cdot \Delta t$$

Darin bedeuten:

ΔR	=	Widerstandsänderung im definierten Temperaturbereich	in Ω
R_{20}	=	Widerstand bei 20 °C	in Ω
α	=	Temperaturkoeffizient	in 1/K
Δt	=	Temperaturänderung	in K

Für den neuen Widerstand nach Erwärmung gilt

Gleichung 1.2.1.2-2:

$$R_W = R_{20} (1 + \alpha \cdot \Delta t)$$

Darin bedeutet:

R_W	=	Widerstand nach der Erwärmung	in Ω
R_{20}	=	Widerstand bei 20 °C	in Ω
α	=	Temperaturkoeffizient	in 1/K
Δt	=	Temperaturänderung	in K

Die Längenänderung macht sich besonders unangenehm bemerkbar, wenn der Heizleiter gespannt wird. Wellenbildung, Vorworfungen und daraus folgende Kurzschlüsse können bei unzureichender Beachtung der Längenänderung die Folge sein. Mathematisch läßt sich diese Längenänderung, wie unter 1.1.4.1 erläutert, beschreiben. Die zugehörigen Materialkonstanten sind der Tabelle 1.1.4.1-1 zu entnehmen. In der Regel liegen die Werte bei 10 bis $20 \cdot 10^{-6}$/K,wobeizuberücksichtigenist,daßdieseWerte normalerweise für den Temperaturbereich bei 20 °C, in seltenen Fällen bis 200 °C, angegeben sind. Da im Temperaturbereich bis 1000 °C jedoch keine Linearität für diese Werte herrscht, ist eine genaue mathema- tische Betrachtung mit den herkömmlichen Tabellen nicht möglich. Einen Ausweg bietet nur die empirische Ermittlung in der jeweiligen Einbausituation.

1.2.2 Widerstandsmaterial

Wie schon angesprochen, wird aus jedem elektrischen Leiter, der von einem Strom durchflossen wird und der einen endlichen Widerstand besitzt, ein Heizleiter. Wichtig ist es nun, aus der Vielzahl der vorhandenen Materialien das herauszusuchen, das auch technisch einen sinnvollen Einsatz gewährleistet. Dabei sind vor allem die Aspekte der Haltbarkeit unter unterschiedlichen Temperatureinsätzen wichtig, die durch chemische und physikalische Beanspruchung des Heizleiters auftreten. Der Schmelzpunkt des Heizleitermaterials muß ebenfalls an den Temperaturbereich angepaßt werden. Nicht zuletzt ist es bei Einsatz größerer Mengen wichtig, den Kostenaspekt unter Berücksichtigung des Materialeinkaufs und der Vearbeitbarkeit des Materials zu sehen. Es hat wenig Sinn, ein Widerstandsmaterial mit den vorzüglichsten Eigenschaften einzusetzen, wenn sich dieses Material nicht oder nur unter sehr begrenzten Bedingungen zu einem Heizleiter der gewünschten Art und Abmessung fertigen läßt.

Der Verwender kann dabei auf eine Vielzahl von Werkstoffen zurückgreifen, an deren erster Stelle die Metalle betrachtet werden sollen.

1.2.2.1 Metalle

Bei den metallischen Heizleiterwerkstoffen handelt es sich im wesentlichen um Legierungen, die in der DIN 17 470/10.84 in ihren Zusammensetzungen und Eigenschaften beschrieben sind. Darüber hinaus haben die Hütten, die sich mit der Herstellung von Widerstands- und Heizleiterlegierungen beschäftigen, auch eigene Legierungen entwickelt, die besondere Eigenschaften der bisher bekannten Werkstoffe hervorheben und diese für spezielle Einsatzbereiche prädestinieren. Zusätzlich gilt hier aber auch, daß in den Sondergebieten der elektrischen Heizelemente Material verwendet wird, das dem Begriff „Widerstandsmaterialien" nach DIN 17 471/4.83 zuzuordnen ist. Ebenso finden auch reine Metalle, wie z. B. Nickel, als Heizleitermaterial Verwendung.

Tabelle: 1.2.2.1-1: Materialkonstanten

Name	Kurzzeichen	Dichte	Leitfähigkeit	spez. Wärmekapazität	Längenausdehnung	Temperaturkoeffizient
		g/cm^3	MS/m	J/gK	10^{-6} /K	10^3 /K
Aluminium	Al	2,70	37,87	0,899	23,90	4,70
Blei	Pb	11,34	4,77	0,130	4,77	4,20
Chrom	Cr	7,10	6,67	0,460	8,50	5,90
Eisen	Fe	7,87	10,00	0,466	11,00	4,60
Gold	Au	19,30	47,60	0,130	14,30	4,00
Kohlenstoff	C	3,51		0,500		
Kupfer	Cu	8,93	58,00	0,390	16,80	4,30
Magnesium	Mg	1,74	23,30	0,924	26,00	4,10
Nickel	Ni	8.90	14,50	0,441	13,00	6,70
Platin	Pt	21,40	10,20	0,143	9,00	3,90
Quecksilber	Hg	13,96	1,06	0,138	182,00	0,99
Silber	Ag	10,50	67,40	0,230	19,70	4,10
Wolfram	W	19,30	18,20	0,143	4,50	4,80
Zink	Zn	7,13	17,60	0,395	29,00	4,20
Zinn	Sn	7,29	8,70	0,228	27,00	4,60
Heizleiterlegierungen						
NiCr8020		8,30	0,89	0,430	16,00	
NiCr6015		8,20	0,88	0,460	16,00	
NiCr3020		7,90	0,96	0,500	18,00	
NiCr2520		7,80	1,05	0,500	18,00	
CrAl255		7,10	0,69	0,460	14,00	
CrAl205		7,20	0,73	0,460	14,00	

Tabelle 1.2.2.1-2:
Legierungsbestandteile wichtiger Heizleiterwerkstoffe

Werkstoff	Gewichtsprozent			
	Ni	Cr	Fe	Al
NiCr8020	80	20		
NiCr6015	65	15	20	
NiCr3020	30	20	50	
NiCr2520	20	25	55	
CrAl255		25	70	5
CrAl205		20	75	5

1.2.2.2 Graphit

Graphit hat entgegen den bisher besprochenen Metallen einen negativen Temperaturkoeffizienten. Das macht sich dadurch bemerkbar, daß bei steigender Temperatur der Widerstand abnimmt. In der Praxis läßt sich Graphit wegen seiner mechanischen Eigenschaften nicht so verarbeiten wie dies von Metallen erwartet werden kann. Der Haupteinsatzbereich liegt in der dünnen Verteilung auf Folien und unter einer Folienabdeckung. Es sind auch Anwendungsfälle bekannt, in denen Graphit als Zusatzstoff in Kunststoffen die Leitfähigkeit in einem begrenzten Rahmen herstellt und so ein Heizleiterwerkstoff entsteht. Die elektrischen Daten von Graphit sind sehr stark von der Reinheit und von der Konsistenz des verwendeten Materials abhängig.

1.2.2.3 Kunststoffe

Bei Verwendung von Polymeren lassen sich Kunststoffe auch gezielt elektrisch leitfähig machen. Durch diese elektrische Leitfähigkeit ist es möglich, das Temperaturverhalten zu steuern. So kann man einen Kunststoff herstellen, der seinen Widerstand bei steigender Temperatur erhöht. Das hat den Vorteil, daß sich dieser Kunststoff beim Anlegen einer Spannung so lange erwärmt, bis die Temperatur in ihm so groß ist, daß die an die Umgebung abgegebene Wärmemenge der durch den fließenden Strom zugeführten Wärmemenge entspricht. Das bedeutet praktisch, daß der so verwendete Kunststoff nur eine bestimmte Temperatur erreichen kann, weil bei weiter ansteigender Temperatur der Widerstand im Material ansteigt und somit den Strom durch das Material reduziert und damit auch die Wärmeerzeugung. Die erreichte Grenztemperatur hängt dabei von der nach außen

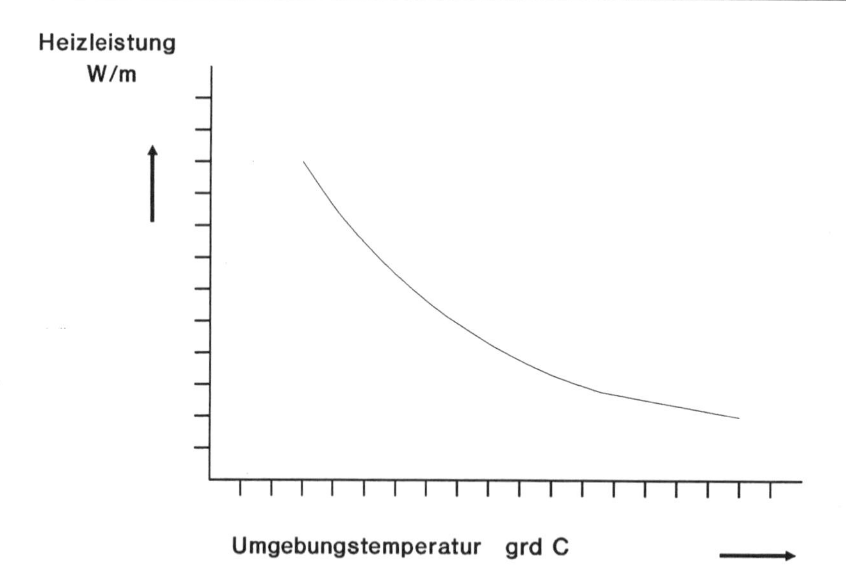

Bild: 1.2.2.3-1 Temperaturabhängigkeit der Heizleistung bei selbstbegrenzenden Heizleitungen

abgebbaren Wärmemenge und dem Widerstand des Kunststoffes ab. Der praktische Einsatz dieser Werkstoffe liegt bei der Herstellung von »selbstbegrenzenden Heizleitungen«, die im Vergleich zu Heizleitungen mit Festwiderstand einige Vorteile aufweisen, die in den Anwendungen noch näher erläutert werden.

1.3 Heizelemente

1.3.1 Festwiderstandsheizleitungen

Die Festwiderstandsheizleitungen lassen sich in zwei Gruppen aufteilen, von denen die eine Einleiter-Heizleiter und die zweite Parallelheizleitungen umfaßt. Bei beiden ist eine Abhängigkeit zwischen der Einsatzlänge, der Versorgungsspannung und der möglichen Heizleistung vorhanden. Während sich der erforderliche Dimensionierungsaufwand bei den Einleiterheizleitungen durchaus bemerkbar macht, fällt er aufgrund des Aufbaus bei den Parallelheizleitungen für den Anwender nicht sonderlich ins Gewicht.

1.3.1.1 Einleiter-Festwiderstandsheizleitungen

Festwiderstandsheizleitungen bilden im Bereich des Hochbaus neben den in Heizgeräten eingebauten Heizelementen, die man im Grunde zu den mineralisolierten Heizleitungen zählen kann, die hauptsächlich verbreiteten elektrischen Heizelemente. Sie stehen in einer Vielzahl von Typen zur Verfügung, von denen viele für einen speziellen Einsatzbereich hergestellt werden.

Für die Herstellung der einadrigen Heizleitungen gilt VDE 0253. Es stehen Heizleitungen für die unterschiedlichen Temperaturbereiche, je nach Isoliermaterial bis 220 °C, zur Verfügung. Als Nennspannungen sind Werte bis 500 V möglich. Für Sonderfälle sind auch Heizleitungen bekannt, die, mit Glasseidenumspannung oder mineralischen Stoffen isoliert, für höhere Temperaturen verwendet werden können.

Wesentlich für die Auswahl einer geeigneten Heizleitung ist zum einen die zulässige Betriebstemperatur und zum andern die maximale Belastbarkeit. Darüber hinaus ist die Einbeziehung in die Schutzmaßnahme gegen zu hohe Berührungsspannung und die chemische Beständigkeit der Umhüllungen am Einsatzort zu beachten. Über die maximale Belastbarkeit läßt sich die notwendige Leitungslänge für die jeweils benötigte Heizleistung ermitteln. Mit der daraus ermittelten Mindestleitungslänge läßt sich nun über die Betriebsspannung und die zur Verfügung stehenden Widerstandswerte die richtige Leitung festlegen. Dieses Verfahren sei an einem Beispiel erläutert.

Übersicht zur Ermittlung der richtigen Heizleitung

1. Feststellen der erforderlichen Heizleistung.
2. Festlegen der möglichen Versorgungsspannung.
3. Berechnung des Gesamtwiderstands der Beheizung.
   4.1 Ermitteln der nötigen Leitungslänge bei freier Leitungslänge unter Berücksichtigung der zur Verfügung stehenden Widerstandswerte.

4.2 Ermittlung des erforderlichen Widerstands je Meter Heizleitung unter Berücksichtigung der vorgegebenen Leitungslänge.

5. Auswahl der errechneten Leitung unter Berücksichtigung der jeweiligen Grenzwerte wie Spannung, Temperatur, Leistung, Einbauart usw.
6. Feststellen, ob unter den gewählten Werten aus 1, 2 und 5 die Grenz werte der berechneten Leitung nicht überschritten werden.
7. Festlegen der erforderlichen Heizleitung oder, bei Überschreiten der Grenzwerte, Leistung oder Länge berichtigen.

Das Verfahren zur Berechnung soll nachfolgendes Beispiel verdeutlichen:

Der erforderliche Wärmebedarf, der durch die Heizleitung abgedeckt werden muß, betrage 500 W. Die Heizleitung soll an eine Spannung von 230 V

den muß, betrage 500 W. Die Heizleitung soll an eine Spannung von 230 V angeschlossen werden. Die maximale Belastung möge bei 20 W/m liegen. Damit steht dann noch eine gewisse Leistungsreserve bei der Auslegung gegenüber der maximalen Belastung von 25 W/m zur Verfügung, so daß die Heizleitung nicht an der äußersten Kante ihrer Einsatzdaten betrieben werden muß. Eine Reserve in dieser Größenordnung hat sich in der Praxis recht gut bewährt, weil die Widerstandssprünge der zur Verfügung stehenden Leitungen recht groß sind, wie aus der *Tabelle 1.3.1.1-1* zu ersehen ist. Welche Länge und welchen Widerstandswert muß eine Heizleitung haben, wenn diese aus der Wertereihe der *Tabelle 1.3.1.1-2*, Heizleitertyp NH2GMY - 90, ausgesucht werden soll?

$$l = \frac{P}{P_l}$$

$$l = \frac{500\ \text{W}}{20\ \text{W/m}}$$

$$l = 25\ \text{m}$$

Unter den vorgegebenen Bedingungen werden 25 m Heizleitung benötigt. Um mit diesen 25 m Heizleitung nun 500 Watt an 230 V zu erzeugen, ist folgender Gesamtwiderstand nötig:

$$R_g = \frac{U^2}{P}$$

$$R_g = \frac{230^2\ \text{V}^2}{500\ \text{W}}$$

$$R_g = 105{,}8\ \Omega$$

Bei einer Heizleiterlänge von 20 m ergibt sich dabei ein Widerstand von:

$$R_l = \frac{105{,}8\ \Omega}{25\ \text{m}}$$

$$R_l = 4{,}23\ \Omega/\text{m}$$

Da dieser Wert jedoch in der Tabelle nicht vorhanden ist, muß hierzu der nächste Wert gewählt werden. In diesem Beispiel ist dies der Wert 4 Ω /m.

Wäre vorher keine ausreichende Leistungsreserve eingerechnet worden, könnte die Leitung überlastet werden. Aus diesem Grund sollte die Rechnung bereits im Vorfeld die mögliche Variable, die maximale Leitungslänge oder die minimale Leistung, berücksichtigen, so daß der Lösungsansatz dann auf kürzestem Weg zum Ziel führt. Hierzu sind auch Nomogramme hilfreich, die von einigen Herstellern angeboten werden, um die Dimensionierung zu erleichtern. Diese beziehen sich dann auf eine spezielle Heizleitung mit vorgegebener Belastung, aus der der Widerstandswert und die Länge sowie die dabei erzeugte Wärmemenge direkt ablesbar sind. Es stehen für die Berechnung jedoch auch EDV-Programme zur Verfügung, die unter Vorgabe der entsprechenden Daten eine Optimierung der Berechnung selbständig ausführen.

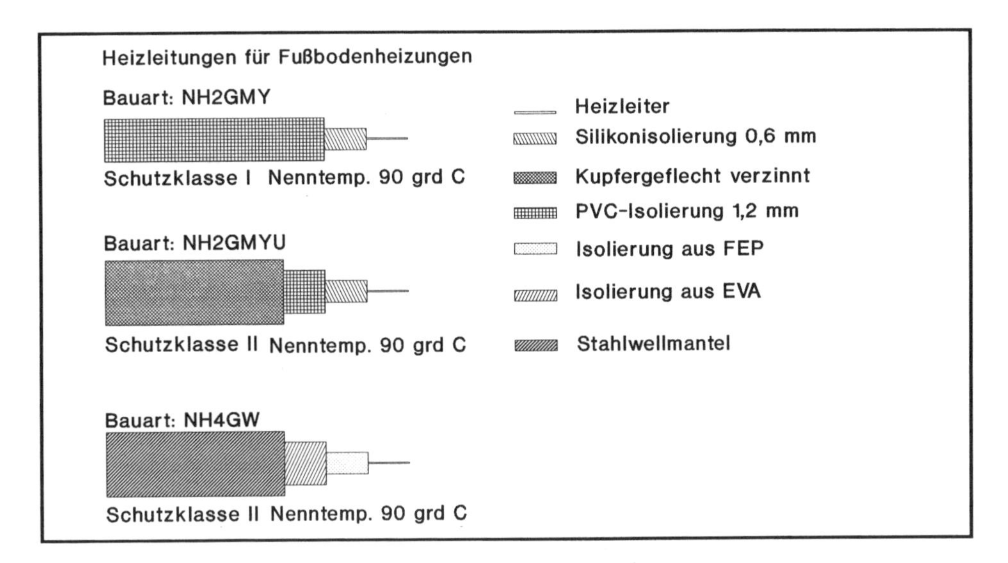

Bild 1.3.1.1-1 Aufbau von Einleiterheizleitungen für Fußbodenheizungen

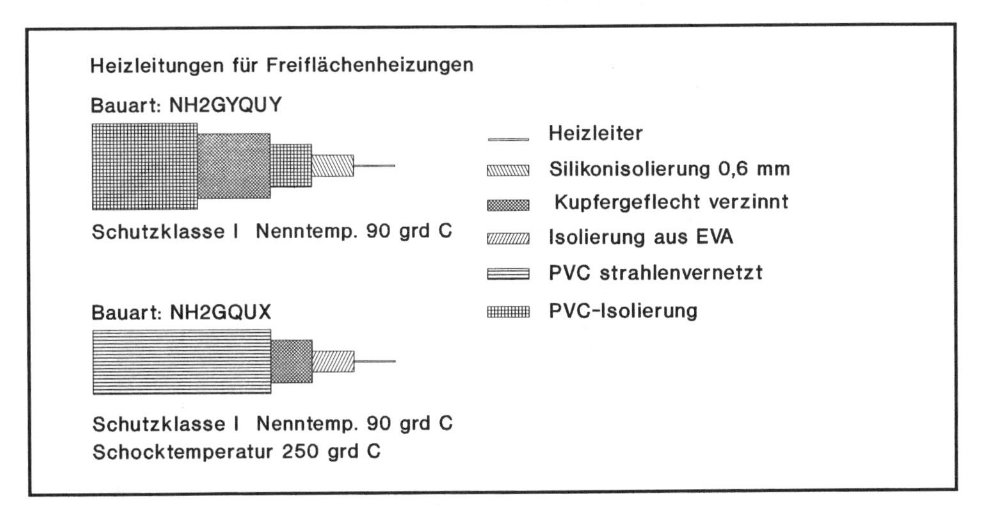

Bild 1.3.1.1-2 Aufbau von Einleiterheizleitungen für Freiflächenheizungen, Rohrbegleitheizungen usw.

Tabelle 1.3.1.1-1: Technische Daten einiger Einleiterheizleitungen

VDE-Typ	NHFKUY-110	NH2GMY-90	NH6YQU6Y-150
Nenn-Spannung in V	500	500	500
Nenn-Widerstand in Ω	0,18-8	0,18-8	0,18-8
Betriebs-temperatur in °C	110	90	150
Belast-barkeit in W	20	25	25
Verlege-temperatur in °C	>+5	>+5	>-20
Biege-radius in mm	6 x Außendurchmesser min. 25 mm		
Prüf-spannung in V	3000	3000	2500

Tabelle 1.3.1.1-2
Beispielhafter Aufbau von Heizleitungen Typ NH2GMY-90

Nenn-widerstand	Leiteraufbau Draht-zahl	Draht-Durchm.	Leiter-durchm.	max. Zugbel.	Isol. Nenn-dicke	Außen-durchm.
Ω/m		mm	mm	N	mm	mm
0,18	7	0,33	1,0	50	0,6	4,6
0,36	7	0,40	1,2	90	0,6	4,8
0,65	7	0,34	1,0	75	0,6	4,6
1,0	7	0,28	0,9	45	0,6	4,5
1,3	7	0,27	0,8	65	0,6	4,4
1,9	7	0,30	0,9	80	0,6	4,5
4,0	3	0,32	0,7	55	0,6	4,3
8,0	3	0,25	0,55	35	0,6	4,2

1.3.1.2 Parallelheizleitungen mit festem Widerstand

Um die Problematik der variablen Längen und Widerstandsanpassung zu umgehen, wurden Heizleitungen entwickelt, die feste Heizelemente zwischen zwei Zuleitungen führen. An diese isolierten, parallel verlaufenden Kupferdrähte sind die Heizelemente, parallel geschaltet, nacheinander angebracht. Jedes Stück hat damit seine heizleistungstypische, festliegende Heizdrahtlänge, die an der Versorgungsspannung liegt. Damit hat jeder Längenabschnitt einen genau definierten Heizleiterwiderstand und durch die konstante Versorgungsspannung eine genau definierte Heizleistung. Zu beachten ist lediglich, daß die Konfektionierung der Heizleitung an den End- und Anfangsstellen der jeweiligen Heizelemente beginnt. Sonst bleibt das Stück bis zum nächsten Anschluß unbeheizt. Diese Positionen sind in der Regel durch sichtbare Sicken an der äußeren Isolierschicht erkennbar. Das Heizelement hat in dem Fall, daß das Ende der Heizleitung zwischen zwei Anschlußpunkten der Heizwendel liegt, keinen zweiten Anschluß an die Versorgungsleitungen. In der Praxis ist dies jedoch nicht von großer Bedeutung. Die Abstände, die in der Größenordnung von 0,4 bis 0,5 m liegen, lassen durchaus eine Verlängerung des Heizelementes auf die nächst günstige Anschlußposition im Rahmen der vertretbaren Veränderung der Heizleitungslänge zu.

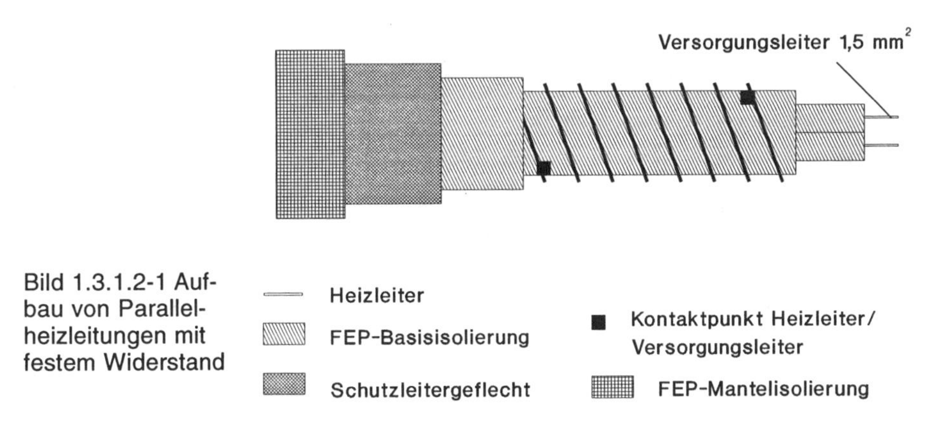

Bild 1.3.1.2-1 Aufbau von Parallelheizleitungen mit festem Widerstand

Wie aus der *Tabelle 1.3.1.2-1* zu ersehen ist, stehen Parallelheizleitungen mit einem Schutzleitergeflecht zur Verfügung. Damit sind diese Parallelheizleitungen auch in die FI-Schutzschaltung als Schutzmaßnahme gegen unzulässig hohe Berührungsspannung einzubeziehen.

Bei den vorgenannten Festwiderstands-Heizleitungen ist die Heizleistung von der Versorgungsspannung und der darauf genau abgestimmten Länge der Heizleitung mit ihrem Widerstand abhängig. Wird die erzeugte Wärme nicht oder unzureichend abgeführt, entsteht zwangsläufig ein Wärme-

Tabelle 1.3.1.2-1: Daten von Parallelheizleitungen mit Festwiderstand

Hersteller Typ		Monette 05527	ISOPAD IHT-2-xx	Thermo-systemtechn.
Nenn-Spannung	in V	230	230	230
Nenn-temperatur	in °C	150	150	150
max. Betriebs-temperatur	in °C	150	200	200
Nenn-leistung	in W	10/20/30		
Verlege-temperatur	in °C	>-30	-55	>-30
Biege-radius	in mm	>50	>25	>40
Prüf-spannung	in V	2500		
max. Längen	in m	10 W/m 120 m 20 W/m 90 m 30 W/m 75 m		

stau und damit verbunden eine unzulässige Aufheizung des Mediums und der Heizleitung. Dies kann nicht nur zu Schäden in der Anlage führen, sondern auch zur Zerstörung der Heizleitung. Aus diesem Grund ist es bei der Verwendung von Festwiderstands-Heizleitungen unerläßlich, eine thermostatische Temperaturregelung vorzusehen. Die einzelnen Verfahren hierzu werden in den jeweiligen Kapiteln der Anwendung aufgezeigt und näher erläutert.

Die in der *Tabelle 1.3.1.2-1* angegebenen maximalen Leitungslängen entstehen durch die begrenzte Belastbarkeit der Versorgungsleiter. Bei steigender Heizleistung wird auch die Belastung der Versorgungsleiter größer. Normalerweise ist der Querschnitt 1,5 mm^2 groß, so daß eine maximale Absicherung von 16 A zum Tragen kommt.

1.3.2 Selbstbegrenzende Heizleitungen

Um den Problemen der Überhitzung aus dem Wege zu gehen, wurden bei den selbstbegrenzenden Parallelheizleitungen keine Heizelemente aus Widerstandsdraht, sondern solche aus einem Material mit starkem PTC-Verhalten eingesetzt. Hierbei handelt es sich durchweg um Kunststoffe, die durch spezielle Polymerisierung und durch Beimischungen so elektrisch leitend gemacht wurden, daß sie einen temperaturabhängigen Widerstand bilden. Das ergibt eine temperaturabhängige Leistung der Heizleitung, wie in *Bild 1.3.2-1* dargestellt.

Der mechanische Aufbau ist ähnlich wie bei den vorbeschriebenen Parallelheizleitungen. Das temperaturabhängige Material befindet sich zwischen zwei Versorgungsleitungen. Da der dazwischenliegende Kunststoff praktisch an jeder Stelle zwischen den Versorgungsleitungen eine Verbindung als Heizleiter bildet, ist bei diesen Heizleitungen das Ablängen an jeder beliebigen Stelle möglich, ohne daß unbeheizte Enden entstehen oder daß durch zu kurzes Ablängen eine zu hohe Leistung entsteht. Dies ist insbesondere bei der Lagerhaltung zu berücksichtigen, da es hierbei nicht erforderlich ist, die Vielzahl von Leitungstypen, wie z. B. bei den Einleiterheizleitungen, bereitzuhalten. In der Regel reichen vier bis fünf Typen aus, um den gesamten Bedarf der Haustechnik abzudecken. Im industriellen Bereich ist hier eine größere Vielfalt vonnöten, da es auch gilt, die besonderen Umgebungsbedingungen zu berücksichtigen. Dies geschieht hauptsächlich mit unterschiedlichen Isoliermaterialien oder auch mit verschiedenen Schutzleitergeflechten.

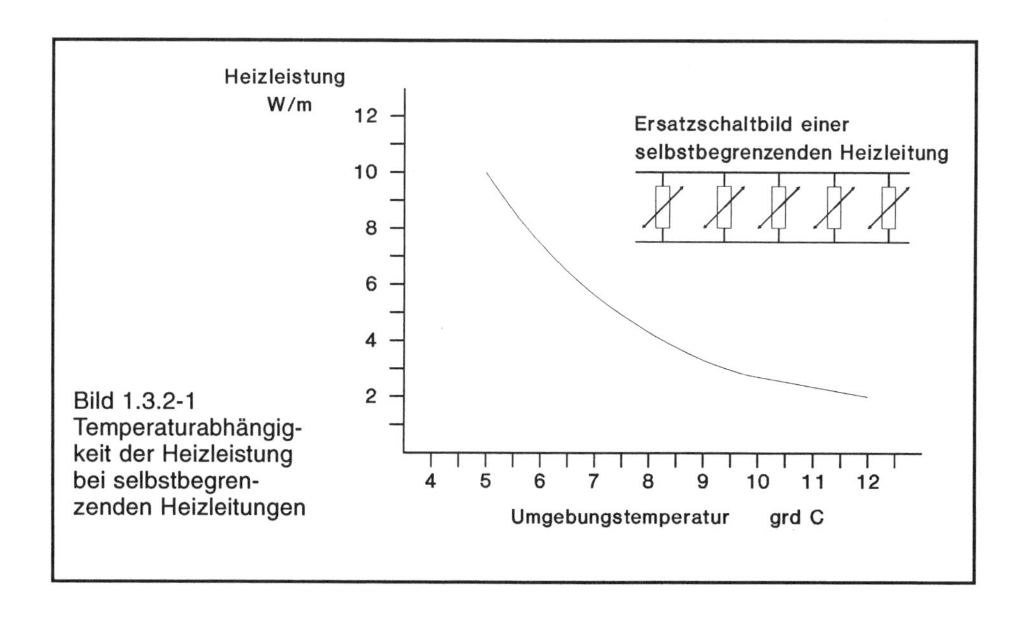

Bild 1.3.2-1 Temperaturabhängigkeit der Heizleistung bei selbstbegrenzenden Heizleitungen

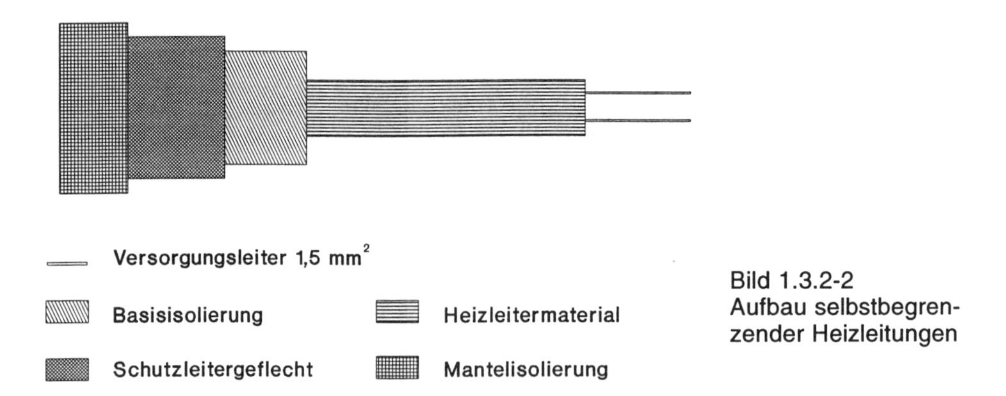

Bild 1.3.2-2
Aufbau selbstbegrenzender Heizleitungen

Um die maximale Belastbarkeit der Zuführungsquerschnitte nicht zu übersteigen, ist eine Absicherung nach Herstellerangaben erforderlich. Da die selbstregelnden Heizleitungen bei einer Einschaltung im unteren Temperaturbereich einen höheren als den Betriebsstrom aufnehmen, muß dieser »Einschaltstrom« berücksichtigt werden. Das findet Niederschlag in der maximalen Heizkreislänge des Heizbandes, wobei bei 5°C der Einschaltpunkt für Frostschutzheizungen festgelegt ist. Andere Heizbänder können andere Bezugstemperaturen haben. Hierbei sind die Herstellerangaben zu beachten.

Tabelle 1.3.2-1: Kenndaten von selbstlimitierenden Heizleitungen

Typ	Hersteller	Leistung bei 5 °C	Max. Temp.	Nenn-spann.	max. Heizkreislänge bei 16 A
		in W/m	°C	in V	in m
FS-A-2x	Raychem	10	55	230	150
FS-B-2x	Raychem	25	55	230	105
FS-C-2x	Raychem	28	85	230	90
GM-2X	Raychem				
bei 0°C	Luft	18			
bei 0°C	Eiswasser	36	65	230	100(25A)
ISL-2/T10	Isopad	10	85	230	200
ISL-2/T16	Isopad	16	85	230	165
ISL-2/T26	Isopad	26	85	230	128
ISL-2/T32	Isopad	32	85	230	110
PSl-2/T18	Isopad	18	185	230	146(32A)
PSl-2/T36	Isopad	36	185	230	85(32A)
PSl-2/T54	Isopad	54	185	230	61(32A)

1.3.3 Heizfolien

Im Gegensatz zu den bisher behandelten Heizelementen bilden die Heizfolien einen flächigen Heizleiter, der eine gleichmäßigere Wärmeverteilung erzielen kann als dies bei den Heizleitungen der Fall ist. Die Heizleitungen haben, wenn eine gleichmäßige Wärmeverteilung gefordert ist, einen sehr geringen Abstand. Das hat zur Folge, daß damit die Heizleiterlänge sehr groß wird und die mögliche Heizleistung/m in der Regel bei weitem nicht erreicht werden kann. Wenn die Heizleistung jedoch ausgefahren wird, ist in aller Regel die Betriebstemperatur des so hergestellten Heizelementes zu hoch. Aus diesem Grund werden flächige Heizelemente mit unterschiedlichsten Flächenleistungen hergestellt, die von einigen W/m^2 bis zu einigen W/cm2 reichen. Der mechanische Aufbau wird dabei den jeweiligen Einsatzbedingungen und Temperaturbereichen angepaßt. Diese reichen von *absolut wasserdicht*, zur Verwendung in Außenanlagen oder Tauchbädern, bis zu *Matten aus Widerstandsdraht*, auf mineralischen Isolierkörpern aufgereiht, für den absolut trockenen Anwendungsfall.

1.3.3.1 Heizfolien aus Graphit

Die Verwendung von Graphit als Heizleitermaterial beschränkt sich im wesentlichen auf die Verwendung in Heizfolien und als Beimischung in Kunststoffen. Bei der Verwendung in Heizfolien wird der geringe spezifische Widerstand dadurch ausgenutzt, daß schmale Streifen aus Graphit mit einigen Zusätzen auf eine Kunststoffolie gebracht werden. Diese Streifen enden auf Kupferbahnen, die der Stromzuführung dienen und an die die Zuleitungen zu dem Heizelement angeschlossen werden können. Die Lieferung erfolgt auf Rollen in unterschiedlichen Breiten.

Die Verwendung der so hergestellten Heizelemente ist jedoch aufgrund der geringen Belastbarkeit beschränkt. Sie werden wesentlich im Bereich von Fußbodenbeheizungen und Deckenstrahlheizungen eingesetzt. Die Flächenleistung beträgt in der Regel bis 100 W/m^2. Ein mechnischer Schutz der Heizelemente ist in jedem Fall erforderlich. Die Einbeziehung in eine Schutzmaßnahme gegen zu hohe Berührungsspannung ist wegen des fehlenden Schutzleiters nur begrenzt oder mit nicht unerheblichem Aufwand möglich. Eine Möglichkeit besteht z. B. in der Abdeckung mit einem engen Metallgitter. In der Regel ist eine Verwendung nur schutzisoliert möglich.

Der große Vorteil des recht dünnen Aufbaus läßt sich in vielen Bereichen nutzen, wie z. B. bei der Herstellung von Fußheizmatten und ähnlichen Anwendungen. Im Bereich des Hochbaus ist eine Estrichschicht ein geeigneter mechanischer Schutz, und die Montageart im Estrich läßt die Verwendung der ungeschützten Folie durchaus zu. Gleiches gilt bei der Verwendung als Deckenstrahlheizung, wobei die Heizelemente durch eine

Schicht aus Holz oder anderem Trockenbaumaterial, wie Gipskarton, geschützt wird. In Feuchträumen sollte jedoch von der Verwendung wegen der fehlenden effizienten Einbeziehungsmöglichkeit in die Schutzmaßnahme »FI-Schutzschaltung« abgesehen werden.

Bild: 1.3.3.1-1 Heizfolie mit Graphit

Tabelle: 1.3.3.1-1:
Standardabmessungen von Heizfolien nach Fa. Eswa

Type (ESWA)	Flächen leistung in W/m²		Breite in m	Anschlußspannung in V
125	115		0,60	230
150	140	Abmessung	0,90	230
175	160	jeweils	1,20	230
200	180			

Die maximale Länge der Heizfolie ist durch die Dimension des Versorgungsleiters begrenzt. Durch Reihenschaltung von Einzelelementen lassen sich auch kleinere Flächenleistungen erzielen. Die daraus resultierenden

Abmessungen sind, wie die in *Tabelle 1.3.3.1-1* aufgeführten Daten, herstellerabhängig und deshalb nicht zu verallgemeinern.

1.3.3.2 Siliconheizmatten

Einen Sonderfall der Heizfolien bilden Siliconheizmatten. Sie schließen eine Lücke, die hinsichtlich mechanischer Festigkeit und Flächenleistung bei den Heizfolien mit Graphit entsteht. Diese Heizelemente stellen im Grunde eigene, komplette Heizgeräte dar. Sie können mit Temperaturreglern und auch mit Temperaturbegrenzern ausgestattet werden. Eine Einbringung von Metallfolien gestattet den Aufbau von Heizungen mit der Schutzklasse 1.

In der Regel werden die Heizelemente aus geätztem Heizleitermaterial in Folienform oder aus mit Widerstandsdraht gelegten Mäandern hergestellt. Da meist eine Einzelfertigung stattfindet, ist eine Anpassung an die Spannung und auch an die Leistung in nahezu unbegrenzter Vielfalt möglich. Bei größeren Stückzahlen geht man dabei jedoch von der Verarbeitung mit Heizdrähten ab und ätzt aus Widerstandsmaterial einen Mäander aus, der dann, an die Versorgungsspannung angeschlossen, als Heizelement dient. Als Widerstandsmaterial sind bei einigen Fabrikaten auch Aluminiumfolien im Einsatz. Andere Hersteller greifen auf die im Hause gefertigten Heizleiterlegierungen zurück, die zu dünnen Folien gewalzt werden. Da Silicon allein nicht die ausreichende mechanische Festigkeit besitzt, wird ein Trägermaterial verwendet, das eine mechanische Zug- bzw. Reißfestigkeit des Heizelementes gewährleistet. In der Regel handelt es sich dabei um Glasfasermatten, die mit Silicon getränkt ähnlich wirken wie Bauelemente aus glasfaserverstärkten Kunstharzen (GFK) im Boots-, Karosserie- oder Schaltanlagenbau.

Die Herstellungsgrößen reichen dabei von einigen Zentimetern bis zu metergroßen Heizelementen. Die Prüfung dieser Heizelemente erfolgt in der Regel in einer Sonderprüfung nach VDE 0720. Der Temperaturbereich, in dem diese Heizelemente eingesetzt werden können, endet wegen der Zulassung des Silicons bei 180 °C. Dabei sind bei guter Wärmeableitung Flächenleistungen bis 2 W/m^2 möglich. Die Nennspannung kann dabei bis 500 V betragen. Der Haupteinsatzbereich dieser Heizelemente liegt im industriellen Bereich, insbesondere dort, wo eine relativ gleichmäßige Wärmeverteilung bei der Beheizung erforderlich ist. Dies sind z. B. Ablaufbleche im Lebensmittelproduktionsbereich für Fette, Schokolade usw.

Die Materialstärke ist dabei wesentlich von der Flächenleistung und der Art des Heizelementes abhängig. Sie beginnt bei ca. 1 mm und endet für Heizmatten der Schutzklasse 1 bei bis zu 8 mm. Eine Biegsamkeit bei 2- bis 3-facher Mattendicke gewährleistet eine genaue Anpassung an das zu behei-

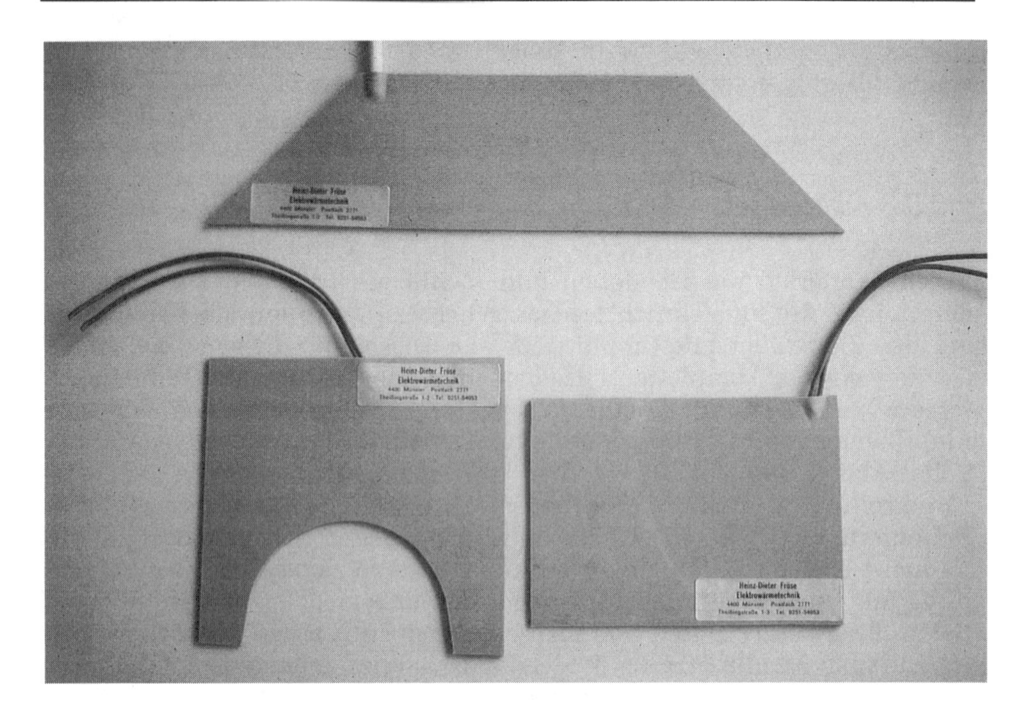

Bild 1.3.3.2-1 Unterschiedlich geformte Siliconheizmatten

zende Objekt, ebenso die Flächenvielfalt von rechteckig bis rund, mit Ausschnitten in beliebiger Form und Größe.

1.3.3.3 Sonstige Heizfolien

Über die bisher genannten Heizfolien hinaus sind von einigen Herstellern noch solche mit Isoliermaterial aus temperaturfesteren Materialien, wie Kapton, bekannt. Flächenleistungen und Einsatzbereiche gleichen sich jedoch, nur daß die Betriebstemperatur eine höhere ist.

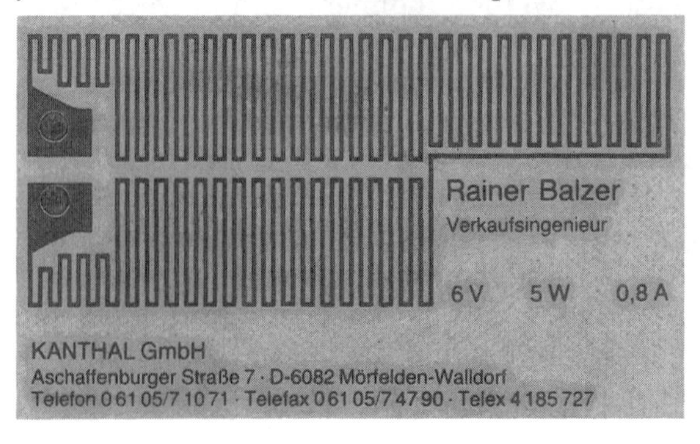

1.3.3.3-1 Heizfolie aus Widerstandsmaterial. Werkbild: Kantal

Weiterhin werden für den Temperaturbereich bis 1000 °C Heizmatten auf mineralischen Trägern aufgebaut.

1.3.4 Mineralisolierte Heizleitungen

Hierbei handelt es sich um die Heizleitungen mit einem festen Widerstand. Diese haben in Extremsituationen, insbesondere bei höheren Temperaturen, ihren Anwendungsbereich. Während bei einer Heizleitung mit einem Einsatzbereich über 220 °C keine Wasserdichtigkeit mehr garantiert werden kann, weil die Isoliermaterialien wasserdurchlässig sind, kann eine mineralisolierte Heizleitung aufgrund ihres Aufbaus durchaus bis zu Tem-

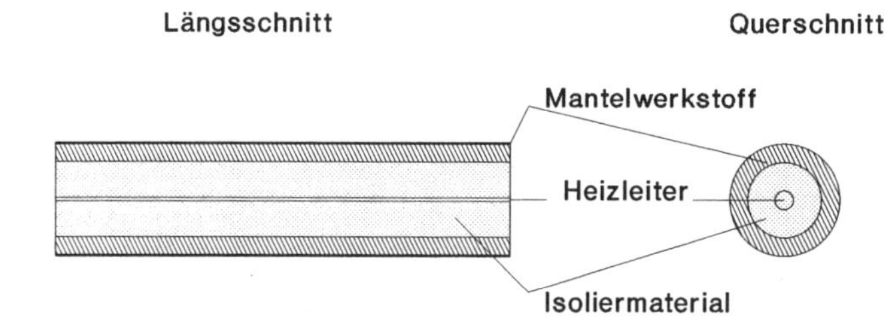

Bild: 1.3.4-1 Aufbau einer mineralisolierten Heizleitung

Tabelle 1.3.4-1 :
Einsatzbereiche und Materialien von mineralisolierten Heizleitungen

Material	Maximale Temperatur in °C
Isoliermaterial	
Aluminium-Oxyd	1400
Magnesium-Oxyd	
Silizium-Carbid	700 – 1550
Molybdänsizid	2000
Mantelwerkstoff	
Kupfer	750
Edelstahl	

peraturen von 1200 °C in Flüssigkeiten verwendet werden. Der Aufbau dieser Heizleitungen ist *Bild 1.3.4-1* zu entnehmen. Der Widerstandsdraht ist in ein Mantelrohr eingebracht und mit einem mineralischen Material gegen dieses Mantelrohr isoliert. Die Verwendungstemperatur des Heizelementes hängt dabei ausschließlich von den Grenzwerten des verwendeten Heizleiters und dem Schmelzpunkt bzw. den höchsten Einsatztemperaturen des Mantelrohrmaterials ab. Als Isolierstoffe kommen hauptsächlich Mineralien in Frage. Da diese Stoffe sehr hygroskopisch sind, ist die Verwendung dieser Heizleiter etwas problematisch. In der Regel ist eine werkseitige Herstellung eines Endabschlusses zum feuchtigkeitsdichten Verschluß der Heizleitungsenden unerläßlich.

1.4 Heizleitungsanschlüsse

Der Übergang von einem Heizleiter auf den Kaltleiter, für den üblicherweise Kupfer verwendet wird, stellt sich als etwas problematisch dar, da der Heizleiter nicht unerhebliche Temperaturen erreichen kann. Bei der Anschlußtechnik ist auf diesen Umstand Rücksicht zu nehmen. Aber auch die Verbindung von unterschiedlichem Material unter der Wärmeeinwirkung des Heizleiters ist nicht in allen Fällen unproblematisch und führt zu Korrosionserscheinungen, wenn die Zusammensetzung der Materialien nicht ausreichend abgestimmt ist. Die Verwendung von Schraubverbindungen scheitert an der Temperaturschwankung und an den, insbesondere bei hochohmigen Heizleitungen, sehr geringen Heizleiterdimensionen.

Eine Verlötung der Heizleiter mit dem Kaltleiter ist denkbar, jedoch nur in einem Temperaturbereich, in dem kein Einfluß auf die Funktion der Lötverbindung besteht.

Des weiteren bestehen bei der Entfernung der Isolierung erhebliche Festigkeitsprobleme, so daß der angeschlossene Heizleiter auch eine entsprechende Zugentlastung erhalten muß. Das bedeutet aber auch, daß die fertige Muffe nicht unnötigem Zug oder Druck ausgesetzt werden darf.

Da Muffen auch im Bereich von feuchten und nassen Stellen oder auch direkt im Nassen, wie z. B. bei der Einbringung in Beton oder Estrich, eingesetzt sind, sollten sie wasserdicht ausgeführt werden.

1.4.1 Muffen an Einleiterheizleitungen

1.4.1.1 Muffen an Einleiterheizleitungen ohne Schutzleiter

In der Regel werden die Heiz- und Kaltleiter mittels Kerbhülse verbunden. Der Anschluß von schutzisolierten Heizleitungen ist auch mit einer schutzisolierten Leitung auszuführen.

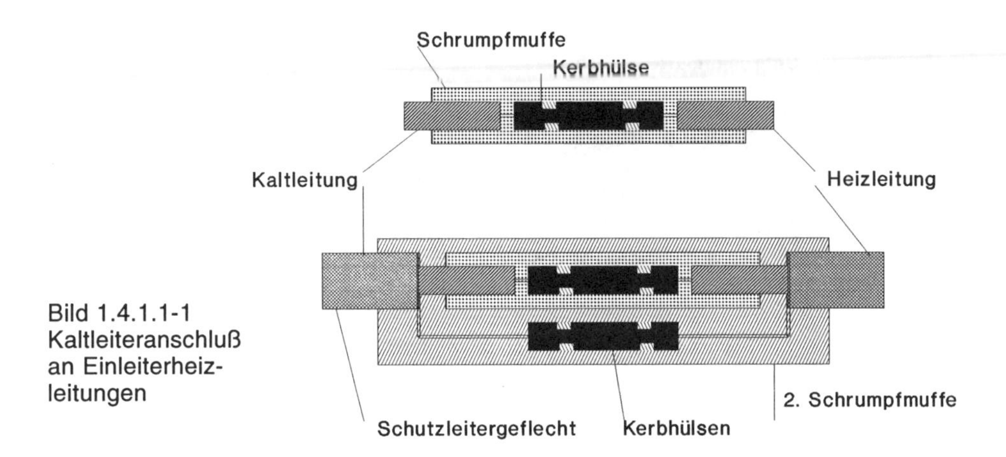

Bild 1.4.1.1-1
Kaltleiteranschluß an Einleiterheizleitungen

1.4.1.2 Muffen an Einleiterheizleitungen mit Schutzleiter

Natürlich wird bei Heizleitungen mit Schutzleitergeflecht auch eine Verbindung zum Schutzleitergeflecht erforderlich. Diese Verbindung sollte an beiden Seiten stattfinden. Hierzu eignet sich eine zweiadrige Mantelleitung. Einige Heizleitungshersteller vertreiben zu diesem Zweck spezielle Kaltleitungen mit dem gleichen Aufbau wie die zugeordneten Heizleitungen. Diese Kaltleitungen besitzen dann einen mehrdrähtigen, flexiblen Kupferleiter mit einem Querschnitt von 1,5 mm^2 oder 2,5 mm^2. Bei der Herstellung der Muffe ist zu beachten, daß die zur Verbindung verwendeten Kerbhülsen sich untereinander nicht berühren. Ein Erdschluß wäre sonst die Folge. Dies gilt besonders bei Schrumpfmuffen. Abhilfe schafft ausschließlich das Hintereinander-anordnen der Kerbhülsen oder eine ausreichende Umwicklung bzw. das Schrumpfen des Innenleiters.

1.4.2 Muffen an Parallelheizleitungen

Bei dem Anschluß der Parallelheizleitungen ist zu berücksichtigen, daß ausschließlich Heizleitungen mit Schutzleitergeflecht Verwendung finden. Den Aufbau eines solchen Anschlusses zeigt *Bild 1.4.2.1-1.*

Das Erstellen einer Muffe direkt auf der Baustelle ist in der Regel recht problematisch, da hierzu eine gewisse Sauberkeit und auch Fertigkeit erforderlich ist. Diese Probleme umgehen die Hersteller mit dem Vertrieb selbstschneidender Anschlüsse, speziell für das selbstbegrenzendes Heizleitungsprogramm.

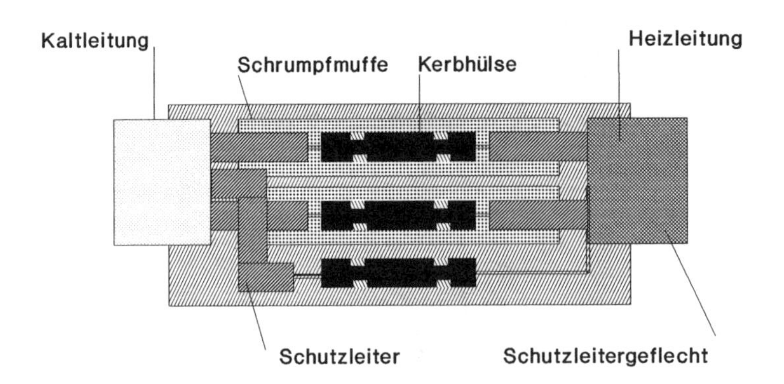

Bild 1.4.2.1-1 Kaltleiteranschluß an Parallelheizleitungen

1.4.3 Muffen an mineralisolierten Heizleitungen

Insbesondere bei mineralisolierten Leitungen treten Feuchtigkeitsprobleme auf, da die Isolierstoffe sehr hygroskopisch sind. Deshalb ist es erforderlich, die Anschlüsse mit einer besonderen Sorgfalt zu erstellen und zu prüfen. Eine Verarbeitung auf der Baustelle ist nur bedingt möglich und erfordert sehr viel Erfahrung im Umgang mit dem Material und den Geräten. Aus diesem Grund sollten Heizleitungen nur fertig konfektioniert und, mit einem Prüfzeugnis über den Isolationswiderstand unter Feuchtigkeitseinwirkung versehen, vom Hersteller bezogen werden.

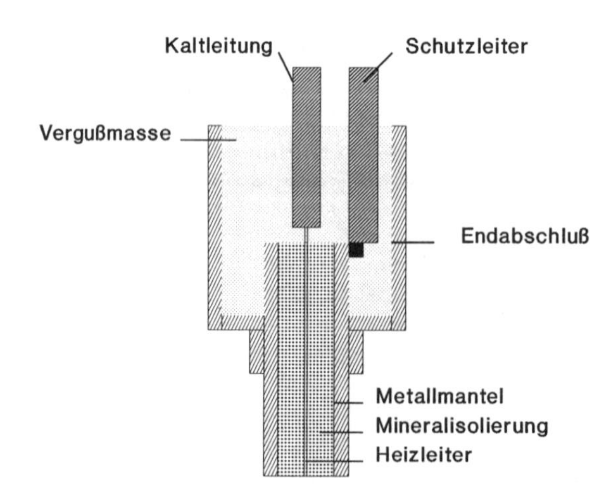

Bild 1.4.3-1 Kaltleiteranschluß an mineralisolierten Heizleitungen

2 Wohnraumbeheizungen

2.1 Heizungstechnische Grundlagen

2.1.1 Raumklima

Hauptgrundsatz bei der Planung und Errichtung von Heizungsanlagen sollte die Erzeugung einer umfassenden Behaglichkeit in den Räumen sein. Der Raumnutzer soll sich »wohl« fühlen, wobei dieses Gefühl sicherlich eines der subjektivsten ist und jeder in der Regel eine eigene Vorstellung vom »Wohlfühlen« in einem beheizten Raum hat. Trotz dieser Problematik muß eine Basis gefunden werden, auf die sich alle möglichen Nutzer einigen können, und von der ausgehend eine Raumbeheizung geplant werden kann. Bei der Beheizung technischer Räume können und werden in aller Regel hiervon abweichende Anforderungen gestellt. Diese sind jedoch vom jeweiligen Benutzer vorher genau zu definieren. Hauptsächlich sind dies Forderungen nach abweichenden Temperaturen, Erzeugung unterschiedlicher Temperaturzonen, Temperaturkonstanz und Luftfeuchtigkeitsvorgaben, hinsichtlich der Schwankungsbandbreite mit Ober- und Untergrenze, oder auch mit genauen Festwerten zu definieren. Im Bereich der Fertigung können dabei Anforderungen gestellt werden, die für Sollwerte und Bandbreite bis in den Zehntel-Grad-Bereich hineinreichen. Müssen wir deshalb die Grundanforderungen an eine Behaglichkeit für Wohn- und, in bestimmten Bereichen, auch für Büroräume näher festlegen und meß- und beurteilbar machen? Oder sind diese »Werte« tatsächlich so subjektiv, wie es manchmal den Anschein hat, wenn in einem Büro die unterschiedlichsten Klagen über das Raumklima vorgetragen werden? Die Einleitung zu diesem Kapitel soll diese Zusammenhänge ein wenig erhellen. Grundsätzlich ist ein Raum erst dann subjektiv richtig beheizt, wenn zu der temperierten Luft auch die Umfassungsmauern eine der Raumtemperatur ähnliche Temperatur aufweisen. Das bedeutet für das persönliche Erfahren eines angenehmen Raumklimas, daß Räume, die zwar über eine ausreichende Raumlufttemperatur verfügen und nach den Angaben des Thermometers »warm« sind, jedoch nur dann wirklich warm sind, wenn gleichzeitig die Wände, Decken und der Fußboden erwärmt wurden.

Der Umkehrschluß liegt hierbei zwar nicht unbedingt nahe, jedoch weisen Räume, deren Umfassungen erwärmt sind, eher ein angenehmes Raumklima im vorbeschriebenen Sinn auf als Vergleichsräume, deren Umfassungsmauern kalt sind, auch wenn im ersteren Fall die Raumtemperatur deutlich unterhalb der normalerweise subjektiv geforderten Temperatur liegt. Versuche hierzu belegen dies ganz eindeutig. *Bild 2.1.1-1* zeigt ein Diagramm, das ein »Behaglichkeitsfeld« von Lufttemperatur über der inneren Wandtemperatur zeigt.

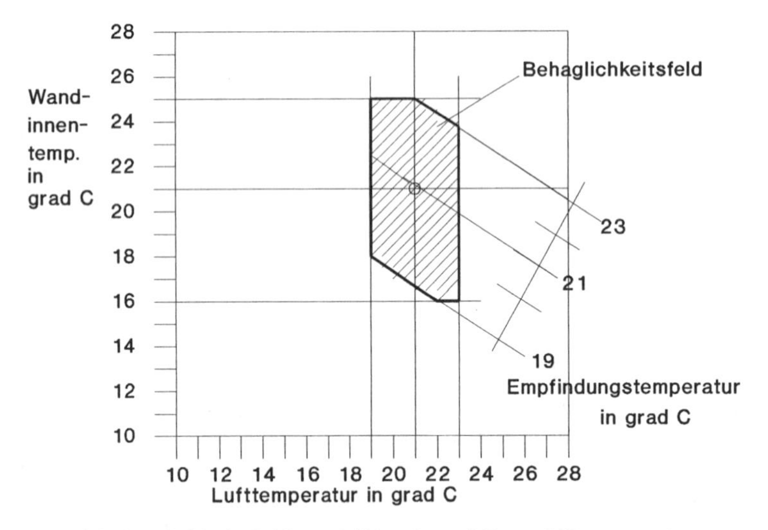

Bild 2.1.1-1 Behaglichkeitsfeld nach Wand- und Raumlufttemperatur

Demzufolge haben die Heizungssysteme, die mit punktuellen Lufterwärmungsgeräten arbeiten, wie z. B. Konvektoren oder Warmluftheizungen, ebenso auch kleinflächige Infrarot-Wärme-Strahler, erhebliche Nachteile gegenüber großflächigen, über die Umfassungen des Raumes ausgedehnte Strahlungsheizungen. Dabei kommt es natürlich auch darauf an, aus welcher Richtung die Strahlungswärme kommt. *Bild 2.1.1-2* zeigt die Einfüsse einzelner Heizungssysteme auf die Raumlufttemperaturverteilung über die Raumhöhe.

Grundsätzlich sind aber Luft- und Umgebungstemperatur nicht das einzige Kriterium, um ein »Raumklima« als angenehm zu empfinden. Die Erfahrungen, die regelmäßig, hauptsächlich im Winter, in beheizten Räumen gemacht werden, zeigen an, daß auch eine gewisse Luftfeuchtigkeit zu einem angenehmen Klima gehört. Bild *2.1.1-3* zeigt den Luftfeuchtebereich, der zur subjektiven Empfindung beiträgt, um das Raumklima als angenehm zu empfinden.

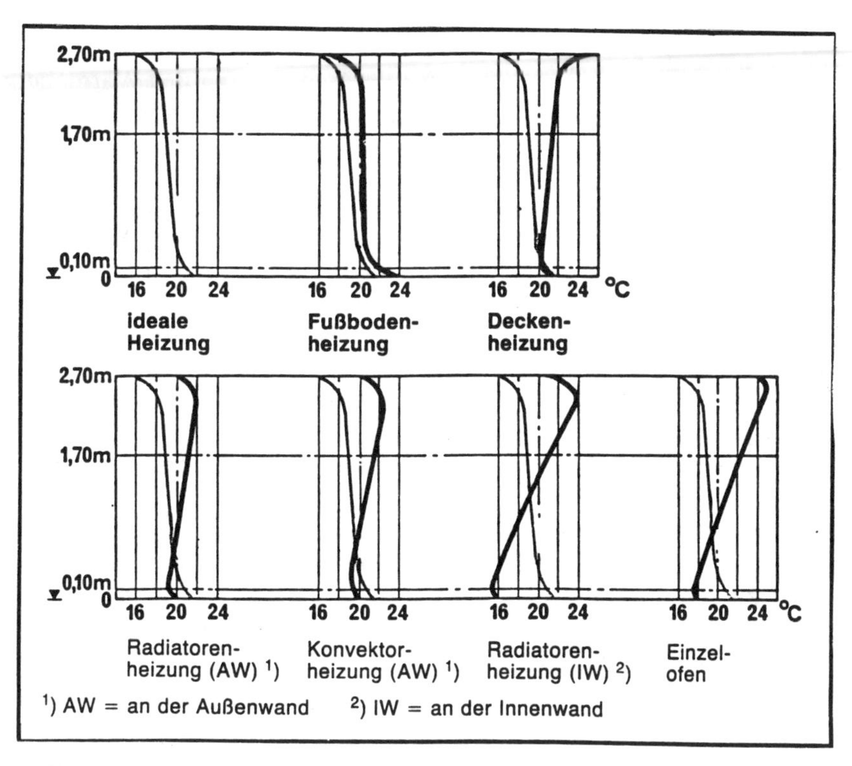

Bild 2.1.1-2 Temperaturverteilung verschiedener Heizungssysteme

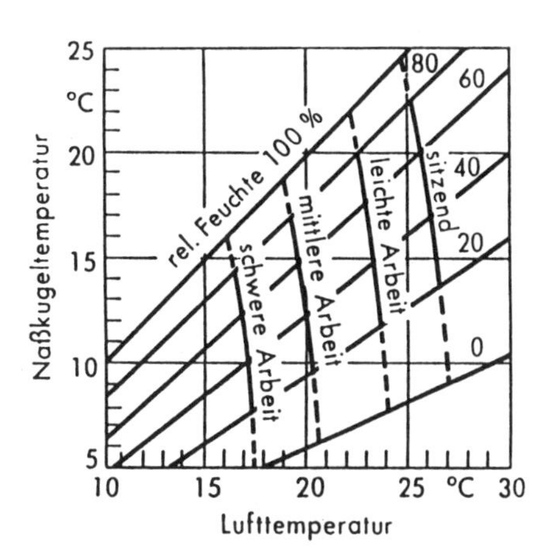

Bild 2.1.1-3 Wohlbefinden in Abhängigkeit von Luftfeuchte und Temperatur

2.1.2 Raumtemperatur

Zur Festlegung der notwendigen Raumtemperatur sind verschiedene Grundlagen anwendbar. Aussagen zu den notwendigen Raumtemperaturen in unterschiedlichen Anlagen und unter verschiedenen Gesichtspunkten sind zu finden in:

Arbeitsstättenrichtlinien (ARS) 6/1.3

DIN 4701 Teil 2 Tabelle 2	Regeln für die Berechnung des Wärmebedarfs von Gebäuden mit Norm- Innentemperaturen für beheizte Räume.
DIN 1946	Raumlufttechnische Anlagen (in verschiedenen Teilen, die sich auf die Nutzung beziehen, mit Angaben über die Rauminnentemperatur).

Für den Planer ist entscheidend, auf welchen Standard sich der Nutzer einläßt und ob er von den jeweiligen Mindestwerten abweichen möchte. Dabei ist zu berücksichtigen, daß die einzuhaltende Mindesttemperatur in jedem Fall technisch realisiert werden muß, weil es sonst zu Schadensersatzforderungen und zu meist aufwendigen Nachbesserungen in der Anlage kommen kann. Eine Forderung nach höheren als in den vorgenannten Richtlinien angegebenen Temperaturen sollte in jedem Fall berücksichtigt werden, da sich der Temperaturanspruch im Laufe der Zeit auch nach oben, zu höheren Temperaturen hin, verändern kann. Daß dies natürlich auch Auswirkungen auf den Energiebedarf hat, darf nicht verschwiegen werden. *Bild 2.1.2-1* zeigt die Auswirkungen einer erhöhten Raumlufttemperatur auf den Energieverbrauch.

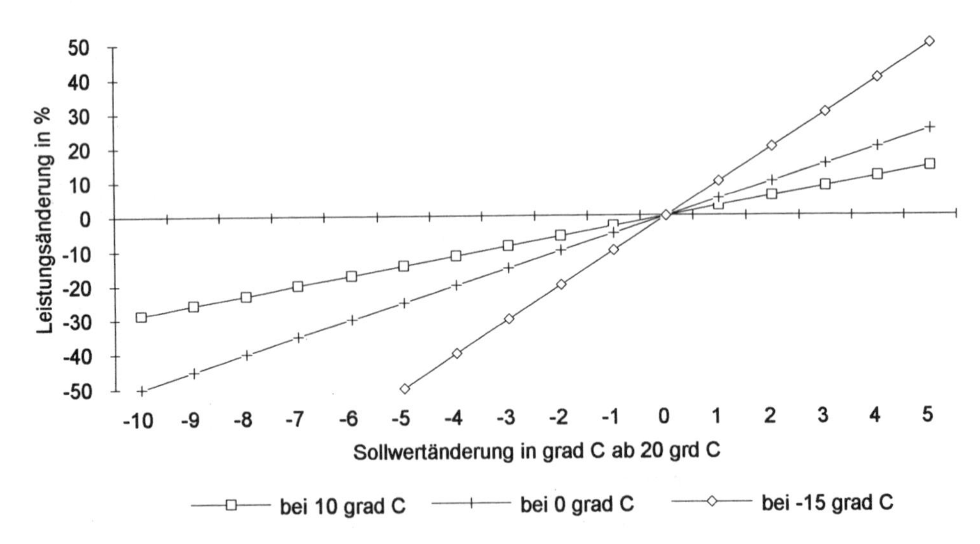

Bild 2.1.2-1 Auswirkung einer geänderten Raumtemperatur auf den Energieverbrauch

Tabelle 2.1.2-1: Norminnentemperatur für beheizte Räume nach DIN 4701 Teil 2

Nr.	Raumart	Norm-Innentemperatur in °C
1	Wohnhäuser	
	vollbeheizte Gebäude	
	Wohn- und Schlafräume	+20
	Küchen	+20
	Bäder	+24
	Aborte	+20
	geheizte Nebenräume (Vorräume, Flure)	+15
	Treppenräume	+10
2	Verwaltungsgebäude	
	Büroräume, Sitzungszimmer, Schalterhallen und Haupttreppenräume	+20
	Aborte	+15
	Nebenräume	+15
	Nebentreppenräume	+10
3	Geschäftshäuser	
	Verkaufsräume und Läden allgemein	+20
	Haupttreppenhäuser	+20
	Lebensmittelverkauf	+18
	Lager allgemein	+18
	Käselager	+12
	Wurst- und Fleischwarenverarbeitung und Verkauf	+15
	Aborte und Nebenräume	+15
	Aufenthaltsräume	+20
4	Hotels und Gaststätten	
	Hotelzimmer	+20
	Bäder	+24
	Hotelhalle, Sitzungszimmer Festsäle, Haupttreppenhäuser	+20
	Aborte, Nebenräume usw., wie unter 2	

Nr.	Raumart	Norm-Innentemperatur in °C
5	Unterrichtsgebäude Unterrichtsräume allgemein, Verwaltungsräume, Pausenhallen, Mehrzweckräume Kindergärten Lehrküchen Werkräume je nach körper- licher Beanspruchung Bade- und Duschräume Turnhallen Gymnastikräume Aborte, Nebenräume usw., wie unter 2	 +20 +20 +18 +15 bis +20 +24 +20 +20
6	Theater und Konzerträume, einschließlich Vorräume Aborte, Nebenräume usw., wie unter 2	 +20
7	Kirchen Kirchenraum allgemein (bei Kirchen mit schutzwürdigen Gegenständen nach Absprache mit dem Konservator)	 +15
8	Krankenhäuser Operations-,Vorbereitungs- und ähnliche Räume übrige Räume	 +25 +22
9	Fertigungs- und Werkstatträume allgemein mindestens bei sitzender Tätigkeit	 +15 +20
10	Kasernen Unterkunftsräume alle sonstigen Räume wie unter 5	 +20

Nr.	Raumart	Norm-Innentemperatur in °C
11	Schwimmbäder	
	Hallen	+28
	(mindestens jedoch 2K über der Wassertemperatur)	
	sonstige Baderäume	+24
	Umkleideräume, Nebenräume	+22
12	Justizvollzugsanstalten	
	Unterkunftsräume	+20
	alle sonstigen Räume wie unter 5	
13	Ausstellungshallen	
	Nach Anforderung des Auftraggebers, mindestens	+15
14	Museen und Galerien	
	Allgemein	+20
	(mit schutzwürdigen Gegenständen nach Absprache mit dem Konservator)	
15	Bahnhöfe	
	Empfangs-, Schalter- und Abfertigungsräume, in geschlossener Bauart	+15
	Aufenthaltsräume ohne Bewirtschaftung	+15
16	Flughäfen	
	Empfangs-, Warte- und Abfertigungsräume	+20
17	Frostfrei zu haltende Räume	+5

Tabelle 2.1.2-2:
Raumtemperaturen nach den Arbeitsstättenrichtlinien

	Temperatur °C
Nach Tätigkeitsfeldern	
sitzende Tätigkeit	+19
nichtsitzende Tätigkeit	+17
schwere körperliche Arbeit	+12
Nach Raumarten	
Verkaufsraum	+19
Büroraum	+20
Waschraum	+24

2.1.3 Wärmebedarfsberechnung

Der folgende Abschnitt enthält eine schematische Darstellung, wie der Wärmebedarf eines Raumes bzw. eines Gebäudes ermittelt wird. Auf eine genaue, umfangreiche Darstellung, wie sie in der DIN 4701 enthalten ist, soll an dieser Stelle verzichtet werden. Um ein gesamtes Bauwerk »zu Fuß« zu berechnen, reicht heute die Zeit eines Planers nicht mehr aus. Wichtig ist, daß die Grundzüge der Berechnung beherrscht werden, um die vielen, auf dem Markt befindlichen Rechnerprogramme bedienen zu können. Für den Installateur, der auf keine eigene Planungsabteilung zurückgreifen kann, stehen Büros zur Verfügung, die sich mit der Bauphysik beschäftigen und die Wärmebedarfsberechnung als Dienstleistung anbieten. Die Kosten hierfür sind normalerweise erheblich niedriger als die für den eigenen Zeitaufwand anzusetzenden Kosten. Dies natürlich um so mehr, je seltener die Berechnung ausgeführt wird. Die nachfolgend genannten Planungsdaten sind dabei für das Fremdbüro ebenfalls relevant.

2.1.3.1 Erforderliche Planungsdaten zur Wärmebedarfsberechnung

Um den Wärmebedarf nach DIN 4701 zu ermitteln, sind verschiedene Vorgaben nötig, die in der Regel vom Architekten des Gebäudes abgefragt werden können. Dabei steht zunächst das Gebäude an erster Stelle. Insbesondere sind dabei erforderlich:

1. Alle Grundrisse der einzelnen Geschosse des Gebäudes. Die Grundrisse sollten, um einen ausreichenden Einblick in den Aufbau des Gebäudes zu ermöglichen, mindestens im Maßstab 1:50 gezeichnet sein. Natürlich ist eine Vermaßung in diesen Plänen enthalten.

2. Schnitte durch das Gebäude, um einen Einblick in den Wandaufbau und die Anordnung der Decken und die Gebäudehöhe zu erhalten. Die Schnitte sind auch mindestens im Maßstab 1:50 erforderlich.

3. Ansichten des Gebäudes, um einen umfassenderen Eindruck seiner gesamten Geometrie und der Anordnung von Fenstern und Türen zu erhalten.

4. Lageplan des Gebäudes, aus dem die Umgebungsbebauung und die Himmelsrichtung erkennbar ist. Hierzu gehört auch die Ortslage, um aus den Tabellen die anzunehmende Mindestaußentemperatur festlegen zu können.

5. Die k-Zahlen aller Bauteile. Insbesondere gehören hierzu die Außenwände, Außentüren, Innentüren, Fenster einschließlich der Glasscheiben, Decken im gesamten Aufbau und der Kellerfußboden, Dachkonstruktionen.

6. Die Fugendurchlässigkeit der Außenfenster und Außentüren, um den Lüftungswärmebedarf durch freie Lüftung erfassen zu können.

Darüber hinaus entstehen Fragen aus der Nutzung, die ausschlaggebend sind für die erforderliche Raumtemperatur, die der Wärmebedarfsberechnung zugrunde zu legen ist. In diesem Zusammenhang fließen auch die Sonderwünsche des Nutzers in die Berechnung ein. Viele Fragen lassen sich in der Regel nur in Zusammenarbeit zwischen Nutzer, Architekt und Planer mit ausreichender Sicherheit klären.

Erforderliche Angaben sind hier:

7. Nutzung der einzelnen Räume.
8. Erforderlicher Lüftungsbedarf aufgrund der speziellen Nutzung.
9. Besondere Anlagen in den Räumen, die unter Umständen zur Beheizung mit herangezogen werden können.

In den Gesprächen mit dem Nutzer wird auch die Frage zu klären sein, welches Heizungssystem in Frage kommt. Das Heizungssystem hat zwar keinen direkten Einfluß auf den Wärmebedarf des Gebäudes, es gibt jedoch im Bereich der Architektur immer wieder eine ganze Reihe von Zwängen.

Oft lassen sich diese Zwänge in einem frühen Stadium noch ohne Folgen für die Architektur berücksichtigen.

Die nicht zur Verfügung gestellten k-Zahlen können natürlich auch selbst nach den in Abschnitt 1.7 genannten Verfahren ermittelt werden. Dieser Aufwand wäre jedoch für das Gebäude doppelt, da aufgrund des Wärmeschutznachweises diese bereits für die meisten Bauteile vorliegen.

2.1.3.2 Berechnung des Wärmebedarf für ein Wohnhaus

Als Beispiel soll der in *Bild 2.1.3.2-1* dargestellte Bereich eines Wohnhauses dienen. Die für die Berechnung wichtigen Werte sind in der *Tabelle 2.1.3.2-1* aufgelistet. Das Rechenverfahren ergibt sich aus den in DIN 4701 Teil 1 beschriebenen Verfahren.

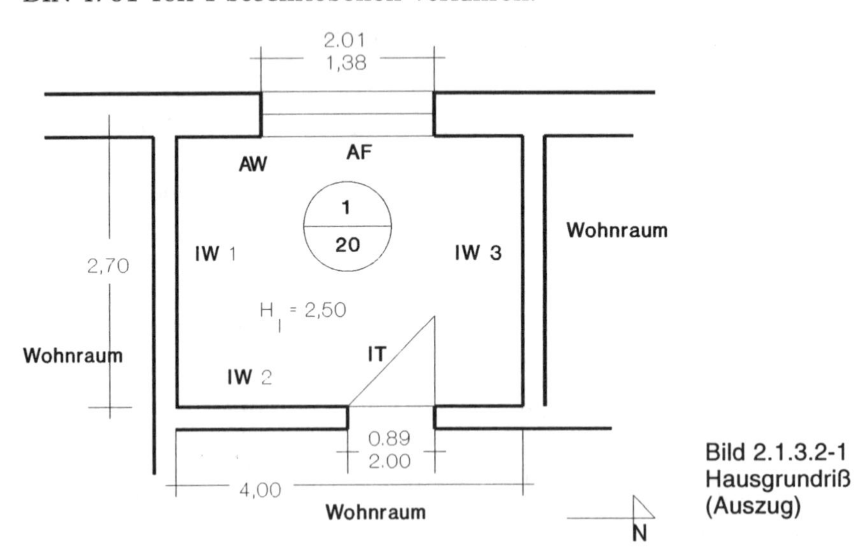

Bild 2.1.3.2-1
Hausgrundriß
(Auszug)

Die Berechnung des gesamten Wärmebedarfs eines Gebäudes geschieht raumweise. Dazu steht in der DIN 4701 mit dem Anhang A ein Formblatt zur Verfügung, mit dem die Berechnung erleichtert wird. Dieses Formblatt ist in *Bild 2.1.3.2-2* dargestellt. Für jeden Raum des Gebäudes wird ein solches Formblatt verwendet.

Auf Basis der in Bild und Tabelle 2.1.3.2-1 angegebenen Werte läßt sich der Normwärmebedarf des Musterraumes wie folgt bestimmen:

Die vorangestellten Zahlen bezeichnen dabei die Spalte des Musterbogens der DIN 4701, in den diese Werte einzutragen sind, wenn die Berechnung von Hand erfolgen soll. Analog dazu sind die meisten gängigen EDV-Berechnungsprogramme in ähnlicher Weise aufgebaut.

Berechnung des Norm-Wärmebedarfs nach DIN 4701 für Wohnhäuser unter 10 m Höhe

Projekt: Raum: Raum-Nr. Datum: Seite:

Norm-Innentemper. ϑ_i = °C/Norm-Außentemper. ϑ_a = °C/Temperatur der nachströmenden Umgebungsluft ϑ_u = °C/Raumvolumen V = m

1	2	3	4	5	6	7	8	9	10	11	12	13	14	15	16	17	18	19	20	21
			Flächenberechnung					Transmissions-Wärmebedarf			Lüftungs-Wärmebedarf									
Kurzbezeichnung	Himmelsrichtung	Anzahl	Breite	Höhe bzw. Länge	Fläche	Fläche abziehen? (−)	In Rechnung gestellte Fläche	Norm-Wärmedurchgangskoeffizient	Temperaturdifferenz	Transmissions-Wärmebedarf des Bauteils	Anzahl waagerechter Fugen	Anzahl senkrechter Fugen	Fugenlänge	Fugendurchlaßkoeffizient	Durchlässigkeit des Bauteils		Raumkennzahl	Hauskenngröße	Temperaturdifferenz	Lüftungswärmebedarf
−	−	n	b	h	A	−	A'	k_N	$\Delta\vartheta$	$\dot{Q}_T$	n_w	n_s	l	a	$a \cdot l$	$\Sigma(a \cdot l)_A$	r	H	$\Delta\vartheta$	$\dot{Q}_{FL}$
−	−	−	m	m	m^2	−	m^2	$\frac{W}{m^2 \cdot K}$	K	W	−	−	m	$\frac{m^3}{m \cdot h \cdot Pa^{2/3}}$	$\frac{m^3}{h \cdot Pa^{2/3}}$	$\frac{m^3}{h \cdot Pa^{2/3}}$	−	$\frac{W \cdot h \cdot Pa^{2/3}}{m^3 \cdot K}$	K	W

Lüftungs-Wärmebedarf durch freie Lüftung $\dot{Q}_{FL}$ = W

oder: Lüftungs-Wärmebedarf bei innenliegenden Sanitärräumen $\dot{Q}_L = 1{,}36 \cdot V_R \cdot (\vartheta_i - \vartheta_u)$ = W

oder: Mindestlüftungs-Wärmebedarf $\dot{Q}_{L\,min} = 0{,}17 \cdot V_R \cdot (\vartheta_i - \vartheta_a)$ = W

Transmissions-Wärmebedarf bei teilweise eingeschränkter Betriebsweise der Nebenräume $\dot{Q}_T$ =

Norm-Lüftungs-Wärmebedarf $\dot{Q}_L$ = W

Norm-Wärmebedarf des Raumes $\dot{Q}_N = \dot{Q}_T + \dot{Q}_L$ = W

spezifischer Wärmebedarf W/m²/ W/m³

Bild 2.1.3.2-2 Formblatt zur Ermittlung des Wärmebedarfs nach DIN 4701

Tabelle 2.1.3.2-1: Berechnungsgrundlagen für die Beispielrechnung des Wärmebedarf für den Musterraum

Bauteil	Kurz-zeichen	K-Wert	Abmessung	angrenzender Raum
Musterraum				
Norm-Außentemperatur nach DIN 4701 Teil 2, Tabelle 1 Norm-Innentemperatur nach DIN 4701 Teil 2, Tabelle 2 Hauskenngröße nach DIN 4701 Teil 2, Tabelle 13 Raumkennzahl nach DIN 4701 Teil 2, Tabelle 10 Korrekturfaktoren: keine				
Decke	DE	0,33	4,00 x 2,50 m	Wohnraum
Fußboden	FB	0,52	4,00 x 2,50 m	Keller
Außenfenster	AF	1,40	2,01 x 1,38 m	West -10
(Fugenlänge =(2x1,38+2x2,01), Fugendurchlaß-Koeffizient 0,6, angeströmt)				
Außenwand	AW	0,60	4,00 x 2,70 m	Außen -10
Innentür	IT	2,00	0,89 x 2,13 m	Flur
Innenwand 1	IW 1	1,60	2,50 x 2,70 m	Wohnraum
Innenwand 2	IW 2	1,60	4,00 x 2,70 m	Wohnraum
Innenwand 3	IW 3	1,60	2,50 x 2,70 m	Bad

Musterraum								
1) Kurzbezeichnung	DE	FB	AF	AW	IT	IW1	IW2	IW3
2) Himmelsrichtung	NO							
3) Anzahl	1	1	1	1	1	1	1	1
Flächenberechnung								
4) Breite	4,00	4,00	2,01	4,00	0,89	2,50	4,00	2,50
5) Höhe/Länge	2,50	2,50	1,38	2,70	2,13	2,70	2,70	2,70
6) Fläche	10,0	10,0	2,77	10,8	1,9	6,75	10,8	6,75
7) abziehen			ja		ja			
8) berechn. Fläche	10,0	10,0	2,8	8,0	1,9	7,5	10,8	9,5
Transmissionswärmebedarfs-Berechnung								
9) k-Zahl	0,33	0,52	1,40	0,60	2,00	1,60	1,60	1,60
10) Temperaturdiff.	26	5	30	30	5	5	5	-4
11) Trans. Wärmebed.	123	26	118	144	19	60	86	-61

Summe Norm-Transmissionswärmebedarf = 515 W

Luftdurchlässigkeits-Berechnung

12) waagerechte Fugen	2 x 2,01
13) senkrechte Fugen	2 x 1,38
14) Fugenlänge	6,78
15) Fugendurchlaß- Koeffizient	0,6
16) Durchlässigkeit	4,1
17) angeströmt/ nicht angeströmt	A

Lüftungswärmebedarf durch freie Lüftung nach Gleichung 1.1.7.3-1

$$Q_{Fl} = 4{,}1 \cdot 1{,}9 \cdot 0{,}9 \cdot 30 = 210 \text{ W}$$

Mindest-Lüftungswärmebedarf nach Gleichung 1.1.7.3.2-1

$$Q_{Lmin} = 0{,}5 \cdot 2{,}50 \cdot 4{,}00 \cdot 2{,}70 \cdot 0{,}36 \cdot 30 = 150 \text{ W}$$

Damit entspricht der Norm-Lüftungswärmebedarf dem Lüftungswärmebedarf durch freie Lüftung. Bei der weiteren Berechnung ist der jeweils höhere Wert anzusetzen.

Der Norm-Wärmebedarf ergibt sich aus der nachfolgenden Gleichung:

Gleichung 2.1.3.2-1
Norm-Wärmebedarf eines Raumes

$$Q_N = Q_T + (Q_{FL} \text{ oder } Q_{ZL} \text{ oder } Q_{Lmin})$$

Darin bedeuten:

Q_N	= Norm-Wärmebedarf des Raumes	in W
Q_T	= Transmissionswärmebedarf des berechneten Raumes	in W
Q_{FL}	= Lüftungswärmebedarf des berechneten Raumes durch freie Lüftung	in W
Q_{ZL}	= Lüftungswärmebedarf durch Zwangslüftung	in W
Q_{Lmin}	= Lüftungswärmebedarf durch Mindestlüftung	in W

Für das vorgenannte Beispiel bedeutet das:

$$Q_N = Q_T + Q_{FL} = 515 \text{ W} + 210 \text{ W} = 633 \text{ W}$$

Für diesen Wärmebedarf sind die Heizelemente wie Radiator, Speicherheizkörper usw. in dem zu beheizenden Raum auszulegen. Im Fall einer Fußbodenspeicherheizung kann gemäß DIN 4701 Teil 3 die Heizleistung um 15 % erhöht werden.

Statistisch ist in diesem Zusammenhang der Wert des Wärmebedarfs je Flächeneinheit interessant. Dieser ergibt sich aus dem Norm-Wärmebedarf und der Raumgrundfläche mit:

Gleichung 2.1.3.2-2

$$Q_A = Q_N / A$$

Darin bedeuten:

Q_A	= Flächenspezifischer Wärmebedarf	in W / m^2
Q_N	= Norm-Wärmebedarf des Raumes	in W
A	= Grundfläche des Raumes	in m^2

Bezogen auf den berechneten Beispielraum:

$$Q_A = Q_N / A = 633 \text{ W} / 10 \text{ m}^2 = 63 \text{ W/m}^2$$

Dieser Rechengang folgt nun für jeden Raum des zu beheizenden Gebäudes. Die Gesamtsumme des Nennwärmebedarfs der einzelnen Formblätter ist dann der Gesamtwärmebedarf des Gebäudes. Dabei gilt die in Gleichung 2.1.3.2-3 dargestellte Beziehung.

Gleichung 2.1.3.2-3:

$$Q_N = \Sigma Q_T + \varepsilon \cdot \Sigma Q_{FL}$$

Darin bedeuten:

Q_N	= Gesamtwärmebedarf eines Gebäudes	in W
Q_T	= Transmissionswärmebedarf der einzelnen Räume	in W
Q_{FL}	= Lüftungswärmebedarf der einzelnen Räume durch freie Lüftung	in W
ε	= Korrekturfaktor nach Tabelle 2.1.3.2-2	

Damit wird berücksichtigt, daß der Lüftungswärmebedarf eines Gebäudes, der durch freie Lüftung entsteht, in den vorgenannten Fällen nur zum Teil Einfluß auf den gesamten Wärmebedarf des Gebäudes hat. Der Grund liegt

Tabelle 2.1.3.2-2: Gleichzeitig wirksamer Lüftungswärmeanteil ε

Windverhältnisse	ε für Gebäudehöhe H	
	< 10 m	> 10 m
windschwache Gegend	0,5	0,7
normale Lage übrige Fälle	0,5	0,5

in der Tatsache, daß der durch die Anströmung des Gebäudes durch Wind entstehende Lüftungswärmebedarf durch freie Lüftung nicht gleichzeitig an allen Seiten des Gebäudes voll anfallen kann. Der Faktor ändert sich dabei mit der Höhe des Gebäudes, weil der Wind in größeren Höhen auch stärker ist und durch Umströmen des Gebäudes eine größere Luftmenge durch die Fugen einströmt. Hierin enthalten sind auch die Anteile des Lüftungswärmebedarfs, die aufgrund des vorgegebenen Luftwechsels in besonderen Räumen, wie z. B. Küchen und Sanitärräumen, erforderlich wird.

Voll berücksichtigt werden muß bei der Ermittlung des Gesamtwärmebedarfs allerdings der Lüftungswärmebedarf, der durch eine mechanische Zwangslüftung durch RLT-Anlagen entsteht. Dieser Lüftungswärmebedarfsanteil muß in jedem Fall gedeckt werden, wenn die Lüftungsanlage läuft. Die dabei bereitzustellende Leistung hängt, bei mehreren Lüftungsanlagen, von dem gleichzeitig erforderlichen Wärmebedarf ab. Hierzu sind gesonderte Faktoren zu berücksichtigen, die von Bauwerk zu Bauwerk verschieden sind und lediglich von der Art der Nutzung und dem Verhältnis der erforderlichen Leistungen zueinander abhängen. Die Berechnung der gleichzeitigen Wärmeleistung erfolgt nach der Gleichung 2.1.3.2-4. Die Gleichzeitigkeitsfaktoren sind dazu mittels Modellrechnung zu ermitteln oder es sind Erfahrungswerte einzusetzen.

Gleichung 2.1.3.2-4:

$$Q_{ZL} = g_l \cdot \Sigma\, Q_{ZLi}$$

Darin bedeuten:

Q_{ZL} = Lüftungswärmebedarf des Gebäudes für Zwangslüftung in W

g_l = Gleichzeitigkeitsfaktor

Q_{ZLi} = Lüftungswärmebedarf der einzelnen Anlagen in W

2.2 Heizungsarten

Grundsätzlich ist die Energiequelle Elektrizität für die Beheizung von Gebäuden ebenso verwendbar wie andere Energiequellen, z. B. Gas, Öl oder Warmwasser bzw. Dampf in Form von Fernwärme. Vor- oder Nachteile ergeben sich hier ausschließlich aus der Art der Verwendung vor Ort. Einziger Unterschied ist die Problemlosigkeit, mit der der Energieträger dem Heizungssystem zur Verfügung gestellt wird. Natürlich sind dezentral angeordnete Heizungs-Systeme mit dem Energieträger Öl vorhanden, auch besteht die Möglichkeit, Gas dezentral zu verwenden; die Anzahl der gasbeheizten Herde macht dies deutlich. Allerdings erfordern diese Systeme, wenn sie dezentral angewendet werden sollen, einen recht hohen technischen Standard und damit verbunden einen großen Aufwand, um sicher zu funktionieren. Bei der zentralen Verwendung der genannten Energieträger ist diese Problematik nicht so groß, so daß diese Energieträger bei der zentralen Beheizung einigen Vorsprung erlangen. In die Beurteilung sollten, neben der rein technischen Komponente, auch die Einsatzverhältnisse der Primärenergie zu der als Heiz- oder Nutzenergie erzielbaren Energiemenge einbezogen werden. *Bild 2.2-1* gibt hierzu einen Vergleich zwischen den heute in der Beheizung verwendeten Systemen.

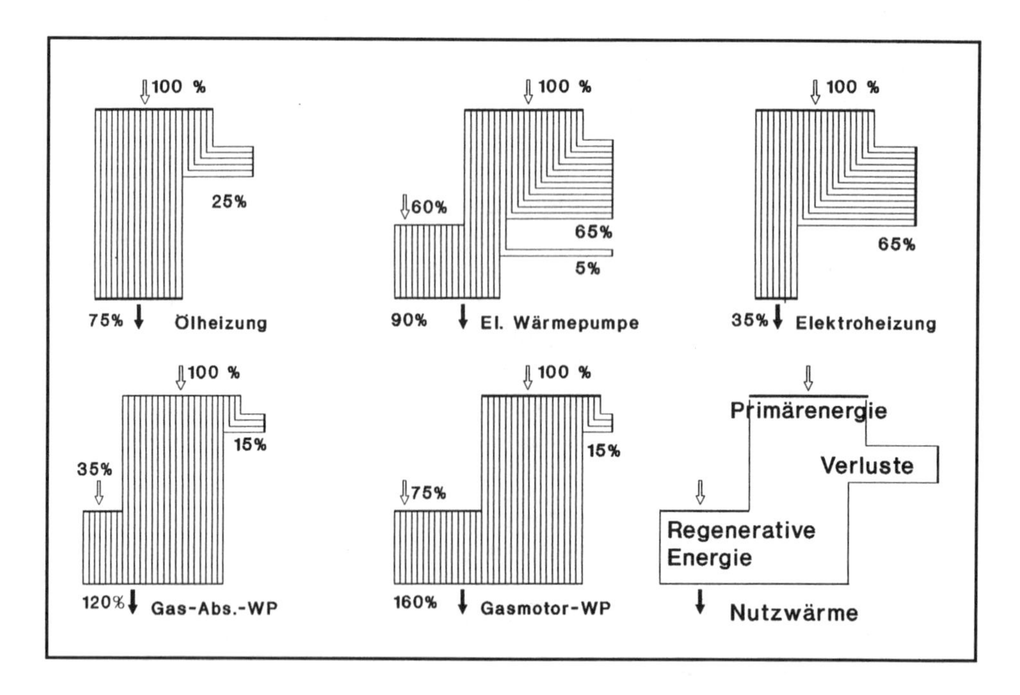

Bild 2.2-1 Energiebilanz verschiedener Heizungssysteme

Die daraus ableitbaren Schlüsse sind jedoch durch verschiedene Kriterien zu ergänzen. An erster Stelle seien hier die Vorfügbarkeiten genannt. Darüber hinaus werden die Bereitstellungs- und Verbrauchskosten und die technische Realisierbarkeit im Gebäude sowie deren Kosten-Nutzenanalyse einen wichtigen Beitrag zur Auswahl des verwendeten Energieträgers leisten. Das schließt auch die Art des Energietransports im Gebäude ein. Oft findet Wasser als Energieträger bei einer Zentralheizung Verwendung. Störungen in diesem System führen häufig zu unübersehbaren Schwierigkeiten, wenn diese Anlagen in Räumen gefahren werden, die feuchtigkeitsempfindlich sind, wie z. B. Datenverarbeitungsräume, elektrische Betriebsräume oder Lager und dgl.

Zusammenfassend kann das richtige Heizungssystem nur für einen bestimmten Verwendungsfall ausgesucht werden. Aus diesem Grund werden nachfolgend einige mögliche Heizungssysteme dargestellt, deren Hauptenergieträger der elektrische Strom ist. Im Bereich der Speicherheizungen weichen die Systeme von den Zentralheizungen mit anderen Energieträgern, wie Gas oder Öl, nur unwesentlich ab. Im Bereich der dezentralen Heizungen werden dann jedoch einige erhebliche Unterschiede darstellbar sein.

2.3 Speicherheizungen

Der Grund, weshalb bei den elektrischen Beheizungen hauptsächlich Speicherheizungen eingesetzt werden, liegt zweifellos in der Tatsache begründet, daß die Energieversorger versuchen, die Auslastung der Kraftwerke zu linearisieren. Das bedeutet, daß während der betriebsarmen Zeit, meist in der Nacht, weniger Strom verbraucht wird als am Tage. *Bild 2.3-1* zeigt die tagesmäßige Lastkurve eines Versorgungsnetzes. Darin sind in der Nachtzeit die Leistungseinbrüche klar erkennbar. Dieser reduzierte Verbrauch führt dazu, daß ein Kraftwerk nicht für einen optimalen Leistungsbereich ausgelegt und betrieben werden kann. Das wiederum führt zu Verlusten durch Betrieb außerhalb der Auslegungsleistung, die durch eine gleichmäßige Abgabe von Strom vermieden werden können. Um diese Leistungseinbrüche ausgleichen zu können, sind Verbraucher nötig, die in der Schwachlastphase Energie aufnehmen. Mit Hilfe von Speichern kann diese Anforderung von Heizungsanlagen erfüllt werden. Da die Speicherung elektrischer Energie in größeren Mengen erhebliche Probleme bereitet, wird die in der Nacht aufgenommene elektrische Energie in Wärme umgesetzt und am Tage, wenn Heizenergie benötigt wird, wieder abgegeben. Je nach einsetzbarem Speichervolumen lassen sich Zentralspeicher oder auch dezen-

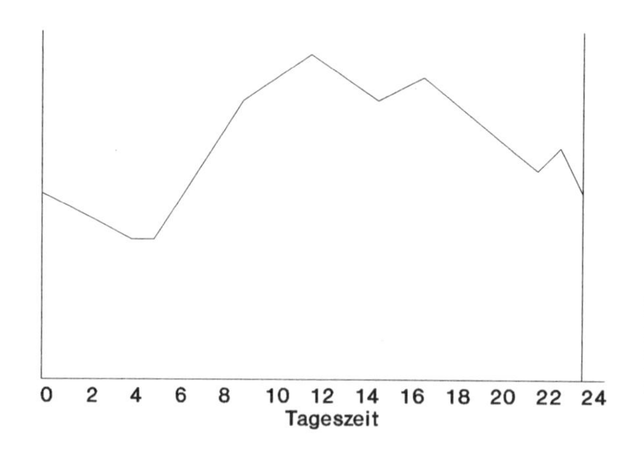

Bild 2.3-1
Beispielhafte Lastkurve eines Niederspannungsnetzes

trale Speicher verwenden. Als Speichermedien der Wärmeenergie können dabei verschiedene Systeme dienen. Die einzelnen Systeme werden nachfolgend genauer untersucht und beschrieben.

2.3.1 Zentralspeicher

Heizungsanlagen mit einem Zentralspeicher gleichen sich in dem Aufbau der Raumheizungen. Lediglich das Speichermedium kann unterschiedlich ausfallen. Einheitlich bei fast allen Zentralspeichern ist, daß die Wärmeenergie mit Hilfe von warmem Wasser zu den Einsatzorten transportiert wird. Möglich sind Warmwasser-Fußbodenheizungen, Warmwasser- Radiatorenheizungen oder alle anderen Systeme, die mit Wasser beheizt werden, wie alle Heizregister, z. B. für Lüftungsanlagen.

2.3.1.1 Wasser-Zentralspeicher

Aufbau

Bei ausreichendem Speicherraum kann Wasser in Behältern mit elektrischem Strom leicht erwärmt werden. In der Regel erhält jeder Behälter ein Heizelement. Die Aufheizung geschieht dabei bis zu dem Temperaturbereich, der zur Beheizung der Anlage unter Berücksichtigung der vorhandenen Außentemperatur erforderlich ist. Um Wärmeverluste zu vermeiden, kommt der Dämmung der Behälter bei diesem System eine zentrale Bedeutung zu. Die Wärmeenergie ist in einem Träger gespeichert, der ein recht großes Speichervolumen benötigt und damit auch über eine recht große Oberfläche verfügt, über die die gespeicherte Wärme während der Speicherzeit als Verlust abgegeben wird. Das erfordert für die optimale technische Auslegung eine ausgezeichnete Wärmedämmung. Diese bringt zusätzlichen Platzbedarf mit sich. Der Vorteil des Speichermediums Wasser liegt jedoch in seiner guten Verfügbarkeit und seiner leichten und direkten Verwendung. Dies ist z. B. bei einem Keramikspeicher nicht der Fall.

Das gespeicherte Wasser wird durch Rohrleitungen zu seinem Verwendungszweck geführt. Auch diese Rohrleitungen geben Wärme an die Umgebung ab, die in der Regel als Verlustwärme in die Berechnung einfließt. Diese Verluste so gering wie möglich zu halten, ist Ziel der Ausführung der Dämmung. Die gemäß Heizanlagenverordnung erforderlichen Mindestdämmstärken in den verschiedenen Einbausituationen gehen aus der *Tabelle 2.3.1.1-1* hervor. Übergreifend sei darauf hingewiesen, daß auch die Dämmung von Warmwasserverbrauchsleitungen dieser Vorschrift unterliegt.

Tabelle 2.3.1.1-1: Mindestdämmschichten von Heizungsleitungen gemäß §6 der Heizungsanlagenverordnung (HeizAnlV) vom 24.02.1982.

Nennweite NW der Rohrleitungen und Armaturen in mm	Mindestdicke der Dämmung bezogen auf eine Wärmeleitfähigkeit von 0,035 W/m K
Mindestdämmschichtdicke in zentralen Wärmeverteilungsanlagen	
bis NW 20	20 mm
ab NW 20 bis NW 35	30 mm
ab NW 40 bis NW 100	gleich NW
ab NW 100	100 mm
Leitungen in Wand- und Deckendurchbrüchen, im Kreuzungsbereich von Rohrleitungen, an Rohrleitungsverbindungsstellen, bei zentralen Rohrnetzverteilern und bei Heizkörperanschlußleitungen von nicht mehr als 8 m Länge.	
bis NW 20	10 mm
ab NW 20 bis NW 35	15 mm
ab NW 40 bis NW 100	gleich 0,5 NW
ab NW 100	50 mm

Olsberg-EZW-E-Anlage, hier bestehend aus Führungsspeicher, Nebenspeicher, Wasserausdehnungsgefäß und Verrohrungsbausatz.

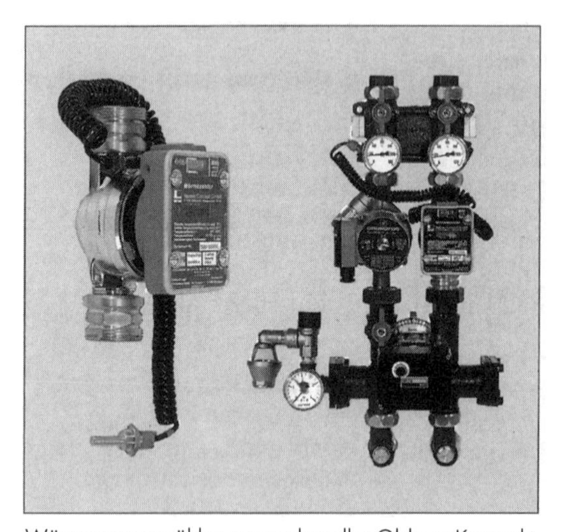

Wärmemengenzähler, passend zu allen Olsberg-Kompakt-Installationseinheiten

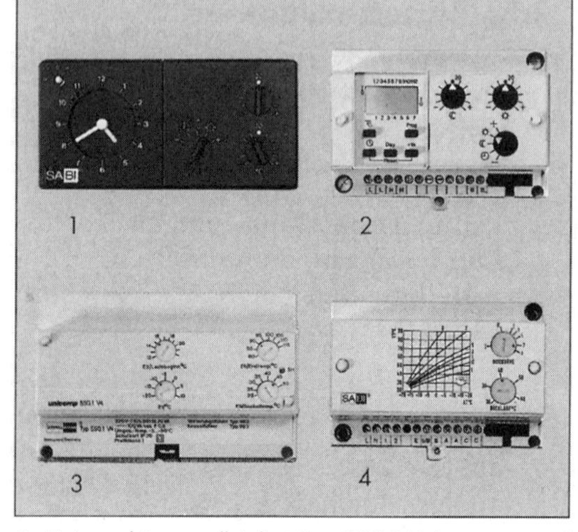

1. Universal-Raumstelleinheit Typ 973 (Wohnungsstation)
2. Zeitschaltuhr mit Sollwertgeber Typ 975
3. Aufladeautomatik Unicomp
4. Entladeregler Typ 910.5

Bild 2.3.1.1-1 WW-Zentralspeicher (Werkbild Olsberg Hütte, Olsberg)

Dimensionierung

Die Menge der gespeicherten Wärmeenergie ist abhängig von dem Nennwärmebedarf des Gebäudes und der Möglichkeit der Nachladung. Dabei werden von den Energieversorgern Freigabezeiten für den billigen Nachtstrom in der Zeit von 22 Uhr bis 6 Uhr genehmigt. Mit Hilfe dieser Zeitspanne kann die erforderliche Leistung bestimmt werden, um die zu speichernde Wärmemenge bereitzustellen, die zur Beheizung des Gebäudes benötigt wird. Das aufgeheizte Speichervolumen ist von einem weiteren Faktor abhängig. Dieser ergibt sich aus der nutzbaren Energie des Speichers. Je größer die Temperaturdifferenz zwischen dem vollen Speicher, der Ladeend-Temperatur und dem leeren Speicher, der Entladetemperatur, ist, desto größer ist die gespeicherte Wärmemenge. Aus Gleichung 1.1.2 (siehe Abschnitt 1.1.2) kann die allgemeine Lösung für dieses Problem abgeleitet werden.

Gleichung 2.3.1.1-1

$$m_{sp} = \frac{Q_{Spges}}{c \cdot (t_{max} - t_{min})}$$

Darin bedeuten:

m_{sp}	=	die Speichermasse	in Kg
Q_{Spges}	=	die zu speichernde Wärmeenergie	in J
c	=	die spezifische Wärmekapazität der Speichermasse	in J/kg K
t_{max}	=	die Speicherladetemperatur	in K
t_{min}	=	die Speicherentladetemperatur	in K

Das *Bild 2.3.1.1-2* zeigt ein aus dieser Gleichung abgeleitetes Diagramm, aus dem sich die Speicherfähigkeit von Wärmeenergie in Wasser, bei einer vorgegebenen Spreizung, ablesen läßt. Da die Wärmeenergie und die Wassermenge ein lineares Verhältnis bilden, kann daraus schnell das erforderliche Wasserspeichervolumen abgeleitet werden.

Bei dieser Berechnung stellt die Festlegung der maximalen Ladetemperatur sicherlich kein Problem dar. Sie kann bei Volladung ca. 95 °C annehmen. Diese Temperatur gilt für ein einfaches offenes Speichersystem.

Bei Erhöhung der maximalen Speicherladetemperatur auf Werte oberhalb der Siedetemperatur des Wassers ist zu beachten, daß dazu druckfeste Speicher erforderlich sind. In einem offenen Speicher würde das Wasser in

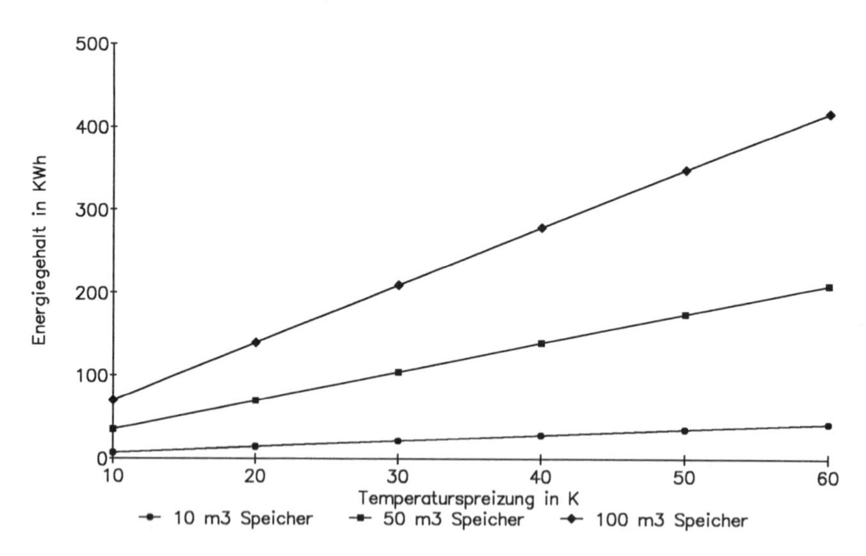

Bild 2.3.1.1-2 Gespeicherte Wärmeenergie im Wasser in Abhängigkeit von der Spreizung des Speichers.

Dampf übergehen. Ein geschlossenes Speichersystem hat den Vorteil, daß die gespeicherte Wärmemenge bei gleichem Speichervolumen kleiner ist als bei der Speicherung bis 95 °C. Dieser Vorteil geht jedoch durch den technisch erheblich höheren Aufwand für Druckspeicher, mit der regelmäßigen Druckprüfung durch den TÜV, verloren.

Der Wärmebedarf des Gebäudes ändert sich mit der Außentemperatur; deshalb wird bei ihrem Ansteigen die Speicherladetemperatur gemäß der Gebäudekennlinie sinken.

Ein wichtiger Punkt ist die Bestimmung der Entladetemperatur, um das Speichervolumen zu bestimmen. Hier kommt es wesentlich auf die Spreizung der Heizungsanlage an, das heißt, auf die Differenz zwischen Vorlauf und Rücklauf der Heizung. Für die zu speichernde Wärmemenge ist es wichtig, die Spreizung so gering wie möglich und den oberen Einsatzpunkt der Heizung so niedrig wie möglich zu halten. Das bedeutet, daß eine Fußbodenheizung als ein ideales Heizungssystem an einen Warmwasser-Zentralspeicher angeschlossen werden kann. Bei der Warmwasser-Fußbodenheizung werden bei minimaler Außentemperatur meist maximale Vorlauftemperaturen von 55 - 60 °C gefahren. In der Übergangszeit werden nur 40 bis 45 °C erreicht. Die Rücklauftemperatur liegt je nach Außentemperatur bei 30 °C. Dadurch läßt sich das Speichervolumen eines Warmwasserspeichers sehr gut ausnutzen. Es steht für die kalte Zeit bei einer maximalen Speichertemperatur von 95 °C und einer maximalen Heizungsvorlauftemperatur von 55 °C eine Speicherspreizung von 40 K zur Verfügung. Daraus kann die Wassermenge bestimmt werden, die der Speicher enthalten muß, um die erforderliche Wärmemenge für die Beheizung zur Verfügung stellen zu können.

Wesentliche Vorteile eines Warmwasserspeichers liegen in der Möglichkeit, nicht nur elektrische Energie, sondern auch andere Energieformen zur Ladung des Speichers zu verwenden. Je nach Temperaturniveau können Wärmepumpen für eine Grundtemperatur sorgen. Darüber hinaus ist die Ladung über Solarkollektoren möglich, und sogar die überschüssige Wärme aus einem Kamin kann zum Teil in dieses System eingebracht werden. Die Bereitstellung der Restenergie kann dann mit Hilfe der Ladung aus dem elektrischen Netz erfolgen. Die Hauptprobleme mit der Verwendung von alternativen Energien bilden die umfangreichen Regelungstechniken. Hierzu stehen jedoch in letzter Zeit immer ausgefeiltere Reglersysteme auf Basis der digitalen Datenverarbeitung zur Verfügung, so daß die damit verbundenen Probleme ausschließlich noch eine Kostenfrage darstellen.

Die Betrachtung über die Effizienz der dort eingebrachten Mehrkosten im Hinblick auf eine umweltgerechte Lösung der Beheizungsprobleme soll an dieser Stelle nicht diskutiert werden, sondern dem Leser als Anregung dienen.

Die Ladung des Speichervolumens mit der nach der Außentemperatur erforderlichen Wärmeenergie sollte jedoch, auch wenn andere Energieformen zur Verfügung stehen, ausschließlich mit der elektrischen Beheizung möglich sein. Das hat den Vorteil, daß bei Ausfall der anderen Ladeenergien die volle Beheizung noch möglich ist.

Die elektrische Leistung, mit der der Speicher geladen werden muß, ist dabei auf die Freigabezeit des Energieversorgungsunternehmens abzustimmen. Die Ladung sollte so berechnet sein, daß sie grundsätzlich bei der niedrigsten Speichertemperatur beginnt. Das ist die minimale Rücklauftemperatur bei Mindestaußentemperatur, die sich aus der Auslegung der

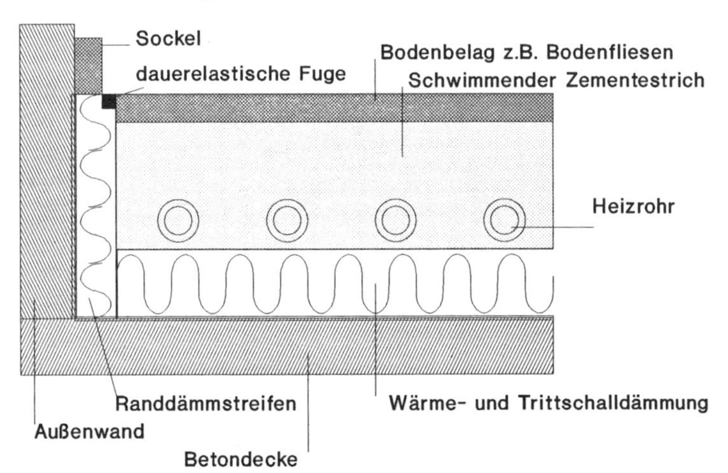

Bild 2.3.1.1-3
Fußbodenaufbau mit Rohrsystem einer Fußbodenheizung

angeschlossenen Warmwasserheizung ergibt. Als obere Speichertemperatur wird die aus Gleichung 2.3.1.1-1 ermittelte Temperatur nach der Spreizung festgelegt. Das hat den Vorteil, daß nicht unnötig heißes Wasser im Behälter gelagert wird. Je höher die Behältertemperatur, desto größer sind auch die Verluste, die durch Wärmeabgabe an die Umgebung eintreten.

Abschließend sei die Berechnung der Speichergröße nach der Freigabezeit und des Wärmebedarfs dargestellt. Zugrundegelegt wird dabei die normgerechte Ermittlung des Wärmebedarfs nach DIN 4701.

Regelung

Das zum Betrieb einer Warmwasser-Zentral-Speicherheizung erforderliche Regelungssystem teilt sich in zwei Bereiche: erstens die Speicherladeregelung und zweitens die Heizungsanlagenregelung. Die Speicherladeregelung sollte sinnvollerweise so arbeiten, daß die Speicherladetemperatur zum Zeitpunkt des Entladebeginns, beziehungsweise zum Ende der Freigabezeit des Niedrigtarifs, erreicht wird. Dies läßt sich mit einer Rückwärtsladung erreichen. Ein weiterer Vorteil einer solchen Rückwärtsladung liegt in der Entlastung des Stromnetzes von gesammelten Einschaltungen zu Beginn der Freigabezeit. Durch die unterschiedliche Entnahme von Wärmeenergie in verschiedenen Häusern werden die zur Erzielung der Speicherladetemperatur erforderlichen Zeiten voneinander abweichen. Damit schalten die Anlagen auch zu unterschiedlichen Zeiten die Ladung ein. Eine Entlastung des Netzes ist die Folge. Auch die Abschaltung der Ladung wird sich erfahrungsgemäß nicht in allen angeschlossenen Anlagen gleichzeitig, sondern zeitlich gestaffelt, kurz vor dem Ende der Freigabezeit, einstellen. Das Blockschaltbild einer Speicherladung zeigt *Bild 2.3.1.1-4.*

Die Regelung der Warmwasser-Fußbodenheizung erfolgt mit einer auch von anderen Warmwasser-Heizungssystemen bekannten Einrichtung, nämlich über die Vorlauftemperatur der angeschlossenen Fußbodenheizung. Die Vorlauftemperatur stellt dabei die Raumtemperatur ein. In der Regel handelt es sich hier um proportionale Abhängigkeiten zwischen Vorlauftemperatur und Außentemperatur. Eine Begrenzung der Vorlauftemperatur in Form eines Temperaturbegrenzers, der bei Vorlauftemperaturen von über 55 °C die Umwälzpumpe abschaltet, sollte in jedem Fall zum Schutz des Fußbodens berücksichtigt werden. Bei höheren Temperaturen als 55 °C bis 60 °C treten durch Wärmeausdehnung derart große Spannungen auf, daß es zu Rissen im Estrich und mitunter zur Zerstörung von Heizungsleitungen kommen kann. In diesem Zusammenhang sei auf die 2. Heizungsanlagenverordnung hingewiesen, die eine automatische Temperaturregelung für Zentralheizungen vorschreibt.

Darüber hinaus ist bei Mehrfamilienhäusern die »Verordnung über die Heizkostenabrechnung« zu beachten. Diese Verordnung schreibt vor, daß jede Mietpartei über eine Meßeinrichtung eine verbrauchsgerechte Heizkostenabrechnung erhält. Dies kann zum Beispiel dadurch geschehen,

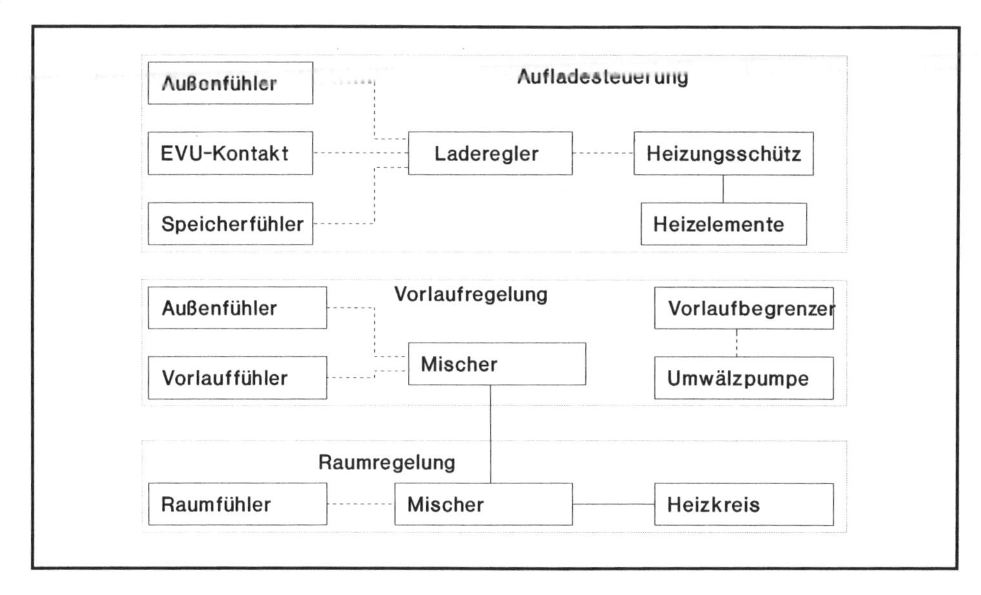

Bild 2.3.1.1-4 Blockschaltbild einer Regelung eines Warmwasserspeichers mit Regelung der angeschlossenen Fußbodenheizung

daß in jede Wohnung ein Wärmemengenzähler in der Heizungszuleitung installiert wird, der eine genaue Erfassung der verbrauchten Wärmemenge garantiert. Darüber hinaus wird in diesen Fällen die Einzelregelung der Heizkreise, die normalerweise jedem Raum zugeordnet sind, an einem Wohnungsheizkreisverteiler vorgenommen. Komfortable Systeme arbeiten hier mit Einzelraumreglern, die elektronisch die Temperatur des Raumes erfassen und auf ein Stellglied am Verteiler wirken.

2.3.1.2 *Keramik-Zentralspeicher*

Aufbau

Der technische Aufbau eines Keramik-Zentralspeichers gleicht dem eines Blockspeichers. Mit Hilfe von Rohrheizelementen wird ein Speicherkern, zumeist Magnesit, auf Temperaturen von ca. 600 °C aufgeheizt. Der Speicherkern wird so ausgelegt, daß der gesamte Wärmebedarf des Gebäudes bis zur nächsten Freigabezeit des EVU gedeckt werden kann. Die in dem Kern gespeicherte Wärmemenge wird bei Bedarf über eine Luftumwälzung an einem Luft-Wasser-Wärmetauscher vorbeigeführt. Hier gibt die an dem Speicherkern erwärmte Luft die Wärmeenergie an den Wasserkreislauf ab. Die Wassertemperatur wird mit Hilfe der Luftmenge geregelt, die durch den Wärmetauscher geführt wird. Damit kann das erwärmte Wasser direkt dem

Heizungskreislauf zugeführt werden. Natürlich sind zusätzlich noch die im vorigen Abschnitt erwähnten Sicherheitsmaßnahmen zu treffen. Da die Vorlauftemperatur bis zu 70 °C betragen kann, ohne den Speicher wesentlich zu belasten, ist dieses Heizungssystem auch zum Betrieb von Radiatoren im höheren Temperaturbereich als 55 °C zu verwenden. Auch die direkte Erzeugung von Brauchwasser, über einen zusätzlichen Brauchwasserwärmetauscher, ist aufgrund des hohen Temperaturniveaus möglich. Dazu ist jedoch die Hydraulik der Heizungsanlage entsprechend einzurichten. Zusammenfassend kann gesagt werden, daß sich dieses Speichersystem aufgrund der hohen Speichertemperaturen vielfältiger einsetzen läßt als die Warmwasserspeicherung. Darüber hinaus benötigt der Feststoffspeicher erheblich weniger Platz. Zu berücksichtigen ist jedoch, daß die Ladung ausschließlich mit elektrischer Energie erfolgen kann. Aus diesem Grund ist der Speicher nicht für den Betrieb mit alternativen Energieen geeignet.

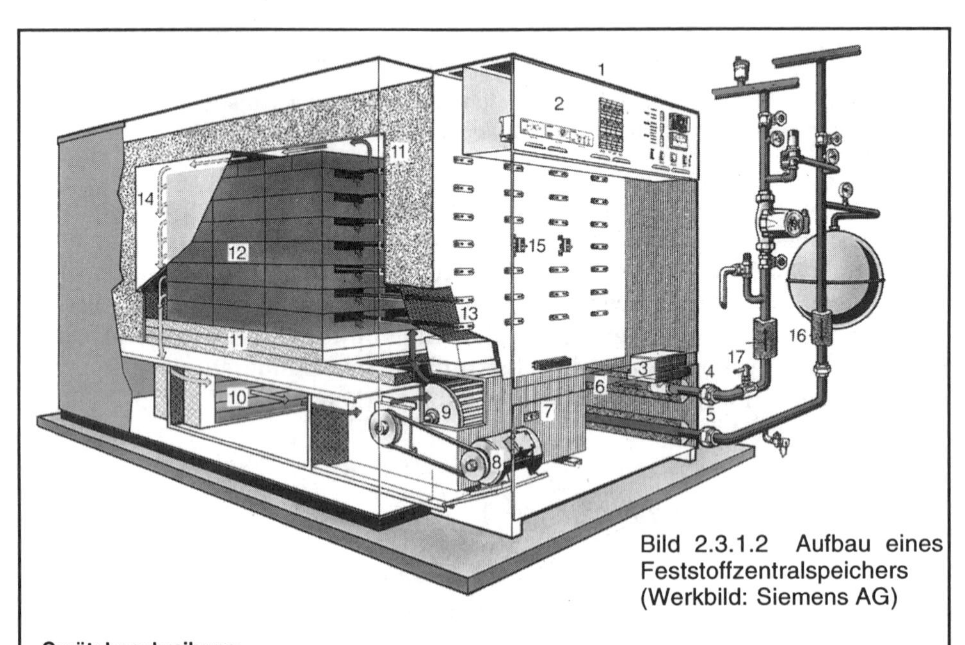

Bild 2.3.1.2 Aufbau eines Feststoffzentralspeichers (Werkbild: Siemens AG)

Gerätebeschreibung

1 Elektroanschlüsse
2 Bedienungstafel
3 Sicherheitsregler und -begrenzer
4 Vorlauf-Anschluß
5 Rücklauf-Anschluß
6 Vorlauftemperaturfühler
7 Lufttemperaturfühler
8 Ventilatormotor
9 Ventilator
10 Luft-Wasser-Wärmetauscher
11 Hochtemperatur-Wärmedämmung
12 Keramik-Speicherkern
13 Heizelemente
14 Innengehäuse für Speicherkern
15 Sicherheitsthermostat und Temperaturfühler Speicherkern
16 Heizungs-Kompakt-Installation, komplett mit Sicherheitseinrichtung (Zubehör)
17 Strömungsschalter

Der Sekundärkreislauf des Feststoffzentralspeichers gleicht dem des vorgenannten Warmwasser-Speichersystems, so daß auf diese Ausführungen hingewiesen wird.

Dimensionierung

Die Auslegung des Feststoffzentralspeichers hängt, wie auch die des Warmwasserzentralspeichers, von der erforderlichen Wärmeenergie des zu beheizenden Gebäudes ab. Wird die Warmwasserbereitung über den Zentralspeicher versorgt, so ist auch diese Wärmemenge hinzuzurechnen. Darüber hinaus ist die Freigabezeit des EVU von zusätzlichem Einfluß auf die Speichergröße.

Regelung

Die Regelung erfolgt unter den gleichen Gesichtspunkten wie bei der Warmwasserspeicheranlage, nämlich durch außentemperaturabhängige Speicherladung. Die Vorlauftemperatur des Heizungssystems wird ebenfalls außentemperaturabhängig geführt. Die Einstellung der Vorlauftemperatur geschieht hier jedoch nicht mit Hilfe von Stellventilen oder Mischern im Wasserkreislauf, sondern über das Luftvolumen und somit über die Drehzahl des Entladelüfters am Wärmetauscher innerhalb des Speichers. Bei gleichzeitigem Einsatz von Konvektoren und Fußbodenheizungen in der gleichen Heizungsanlage bildet sich zusätzlich ein zweiter Heizkreis für die Fußbodenheizung über einen Mischer mit Temperaturbegrenzung und Abschaltung der Zirkulationspumpe bei Übertemperatur. Die Ladeeinrichtung für den anschließbaren Warmwasserspeicher wird direkt aus dem Speicher betrieben.

2.3.2 Blockspeicher

Im Gegensatz zu den vorbeschriebenen Heizungsanlagen ist die Blockspeicherheizung ein Heizungssystem, das die Wärmeenergie dezentral in dem jeweils zu beheizenden Raum speichert. Dazu besitzt jedes Speicherheizgerät ein an den Wärmebedarf des Raumes angepaßtes Speichervolumen. Der Vorteil dieses Verfahrens liegt in der direkten Zuordnung des Energieverbrauchs zu jeder Nutzungseinheit über die Stromkostenabrechnung. Damit entfallen zusätzliche Verrechnungstechniken, wie sie bei der zentralen Versorgung mit Warmwasserheizungen erforderlich sind. Die Zählung des Stromverbrauchs kann über die den Abrechnungseinheiten zugeordneten Unterverteilungen für die übrigen elektrischen Verbraucher erfolgen. Dabei sind die zentralen Geräte in der Allgemeinverteilung und die Regel- und Steuereinrichtungen für die Nutzungseinheit in den jeweiligen Unterverteilungen angeordnet.

2.3.2.1 Aufbau

Für die Aufladung der Speicher wird, wie in den vorbeschriebenen Speicherheizungen, der billige Nachtstrom verwendet. Mit Hilfe von Rundsteuergeräten kann auch hier die Schwachlastzeit der Kraftwerke ausgenutzt werden.

Der technische Aufbau dieser Geräte ist wie ein kleiner Zentralspeicher zu verstehen. Allerdings wird die in dem Kern gespeicherte Wärmeenergie nicht wie bei den Zentralspeichern an ein Wassersystem, sondern direkt an die Luft abgegeben. Als Speichermedium findet keramisches Material wie zum Beispiel Magnesit Verwendung. Die Wärmeabgabe wird mit einem Ventilator gesteuert. Dieser Ventilator kann über einen Raumthermostat geschaltet werden, so daß eine komfortable Einzelraumregelung zu erzielen ist.

Ältere Geräte, insbesondere diejenigen, die vor 1977 gebaut wurden, enthalten in einigen Baugruppen Asbest. Hauptsächlich handelt es sich dabei um Asbest im Wärmedämm- oder Dichtungsmaterial. In einigen weniger schwerwiegenden Fällen wurde Asbest im Bereich des abgetrennten elektrischen Schaltraumes verwendet. Der Zentralverband der Elektrotechnik und Elektronikindustrie e. V. (ZVEI) und der Zentralverband der Deutschen Elektrohandwerke e. V. (ZVEH), sowie die Vereinigung Deutscher Elektrizitätswerke e. V. (VDEW) haben mit Unterstützung der Berufsgenossenschaft der Feinmechanik und Elektrotechnik ein Merkblatt herausgebracht, in dem Hinweise über die Entsorgung gegeben werden. Da die Verwendungszeit von derartigen Heizungen in der Regel nicht länger als 15 Jahre beträgt, erledigt sich das Problem der Entsorgung voraussichtlich bis zum Ende der 90er Jahre durch Ersatz der alten Geräte. Bis dahin sind zu entsorgende Speicherheizgeräte in den Fällen, in denen Asbest im Gerät vorhanden ist, als Sondermüll unter besonderen Sicherheitsvorschriften zu behandeln. Für die fachgerechte Entsorgung ist ein besonderer Fachkundenachweis erforderlich. Zusätzlich ist das Einsammeln und Befördern dieser asbesthaltigen Reststoffe nach §12 AbfG genehmigungspflichtig. Bei gering belasteten Abfallmengen kann eine Freistellung durch die zuständige Behörde erfolgen. Grundlage hierzu bildet die Abfall- und Reststoffüberwachungsverordnung. Eine Kontaktaufnahme mit der Genehmigungsbehörde zur Abstimmung der Maßnahmen bei einer Entsorgung dieser Stoffe hat sich als recht vorteilhaft erwiesen, um späteren Problemen aus dem Wege zu gehen.

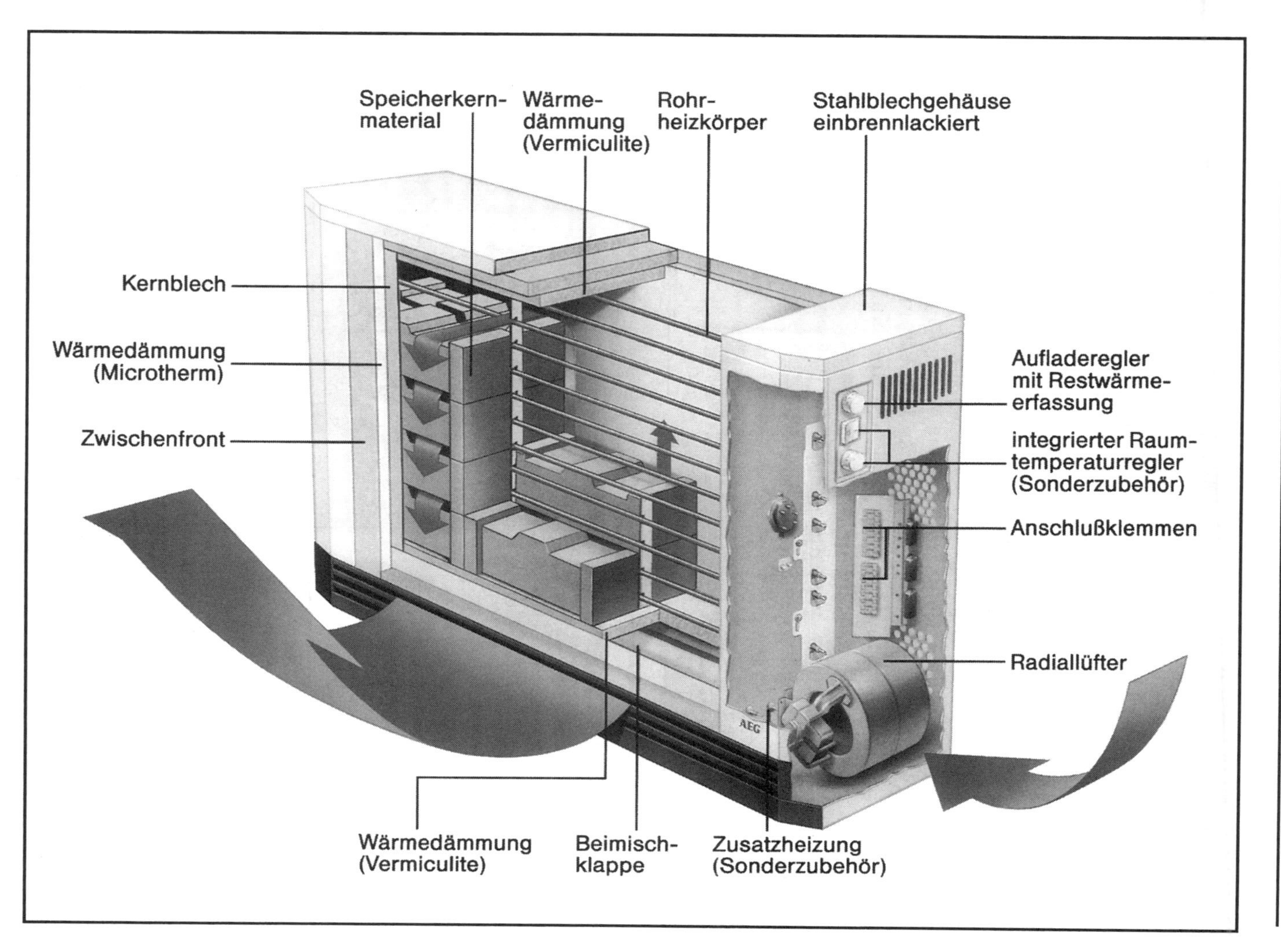

Bild 2.3.2.1-1 Aufbau eines Blockspeichers

2.3.2.2 Dimensionierung

Die Auslegung der Speicherheizungen erfolgt nach dem Normwärmebedarf des jeweiligen Raumes. Bei der Speichergröße ist die Ladezeit zu berücksichtigen. Meist erfolgt die Freigabe der Ladung in der Zeit von 22:00 Uhr bis 6:00 Uhr. Die Energieversorger gehen zunehmend dazu über, die Heizungsladung mittels Rundsteuerempfänger freizugeben, um die Belastungstäler gleichmäßig aufzufüllen.

Für die Berechnung der Speichergröße wird die Wärmebedarfsrechnung nach DIN 4701 zugrundegelegt. Darüber hinaus ist noch die Freigabezeit und die Speicherfähigkeit der Heizgeräte zu berücksichtigen. Nicht zuletzt nimmt auch die Nutzungsart des Raumes Einfluß auf die Speichergröße. Eine Vollnutzung erfordert ein größeres Speichervolumen als eine Teilnutzung, wie sie zum Beispiel in Schulen oder ähnlichen Gebäuden vorkommt. Die genauen Auslegungsdaten, die typ- und herstellergebunden sind, müssen den jeweiligen Planungsunterlagen der Hersteller entnommen werden. *Bild 2.3.2.2-1* zeigt ein Auswahldiagramm nach den Unterlagen eines Herstellers.

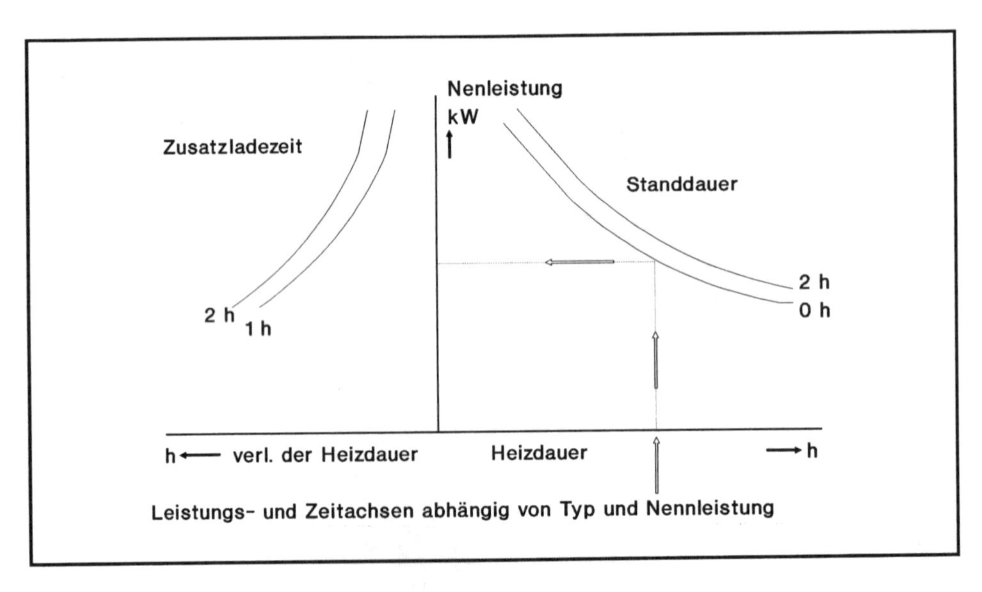

Bild 2.3.2.2-1 Auswahldiagramm eines Blockspeichers

Unter Umständen wird ein Speicher nicht sofort nach Beendigung der Ladung um 6:00 Uhr benötigt. Das ist der Fall, wenn die Nutzung des Raumes erst um 8:00 Uhr beginnt. In dieser Standzeit gibt der Blockspeicher bereits einen Teil seiner Wärme an den Raum ab, auch wenn der Lüfter nicht eingeschaltet ist. Die daraus resultierende Wärmeabgabe reduziert die gesamte, für den Raum zur Verfügung stehende Wärmemenge zur Nutzungszeit. Deshalb ist die Standzeit bei der Auslegung zu berücksichtigen. Weiter ist der Umstand der ungewollten Wärmeabgabe eines Blockspeichers nur in Fällen der Überdimensionierung von Belang. Das gilt besonders in der Übergangszeit, wenn der Speicher durch die kalte Nacht hoch aufgeladen wurde und während des Tages die Sonneneinstrahlung für eine zusätzliche Raumaufheizung sorgt.

2.3.2.3 Regelung

Die Regelung der Blockspeicherheizungsanlage für ein Mehrfamilienwohnhaus ist in *Bild 2.3.2.3-1* dargestellt. Dabei ist die zentrale Aufladesteuerung von der Freigabe des EVU und der erfaßten Außentemperatur abhängig. Nach diesen vorgegebenen Werten werden die Speicher aufgeladen. Die Entladung geschieht in Abhängigkeit von der Raumtemperatur über den Raumthermostaten. Zu berücksichtigen ist, daß der Ventilator nicht an die Nachtstromversorgung angeschlossen wird, weil er sonst bei Tag nicht arbeiten würde. Dazu wird jeder Speicher mit zwei verschiedenen Stromversorgungen betrieben. Zum einen mit der Niedertarifversorgung zur Speicherladung. Hierzu wird eine Drehstromzuleitung verlegt. Zusätzlich ist eine Wechselstrom-Versorgung für den Lüfter erforderlich,

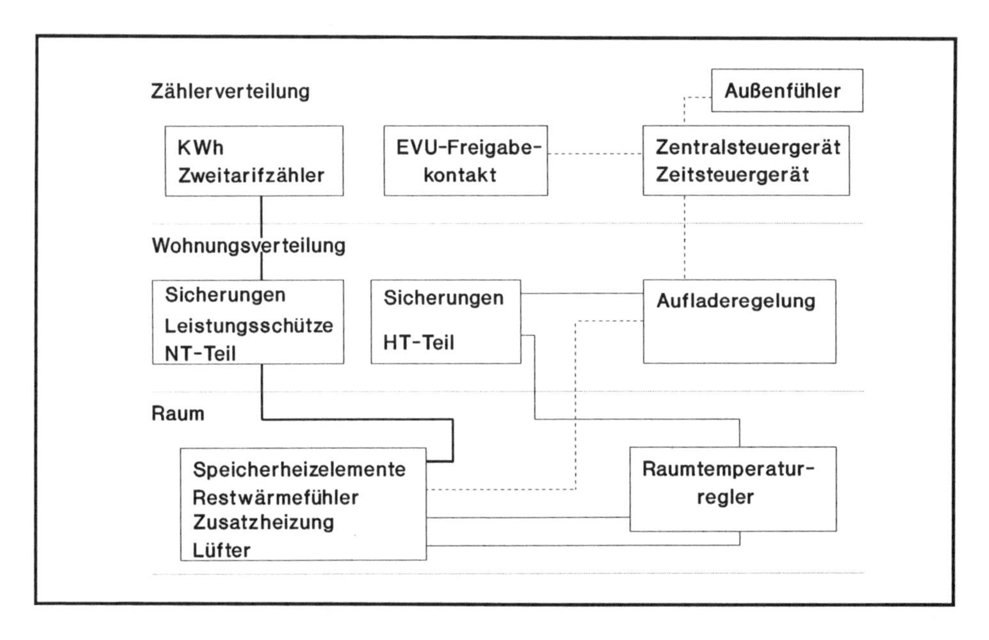

Bild 2.3.2.3-1 Blockschaltbild einer Aufladeregelung von Blockspeichern

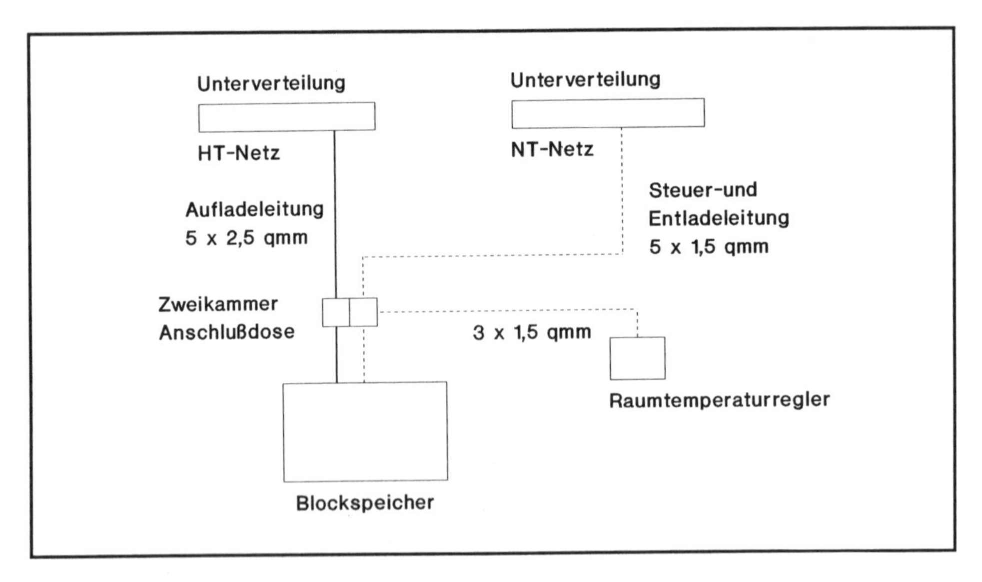

Bild 2.3.2.3-2 Leitungsführung bei Blockspeicherheizungen

die über einen Raumthermostaten geschaltet wird. In dieser Leitung werden häufig die beiden für die Aufladesteuerung erforderlichen Adern mitverlegt.

2.3.3 Fußbodenspeicherheizung

Wie auch bei der vorgenannten Blockspeicherheizung handelt es sich bei der Fußbodenspeicherheizung um ein System, das die Wärmeenergie dezentral speichert. Als Speichermedium dient der im Fußbodenaufbau bereits vorhandene Estrich.

2.3.3.1 Aufbau

Da das Speichervolumen der normalen Estrichdicke nicht ausreicht, wird bei der Fußbodenspeicherheizung eine etwas dickere Speicherestrichschicht aufgebracht. Die Speicherestrich-Dicke ist abhängig von der zu speichernden Wärmemenge. *Bild 2.3.3.1-1* zeigt die Speicherkapazität in Abhängigkeit von der Speicherestrichdicke. Dieser Speicherestrich wird mit Hilfe von in den Estrich eingebetteten Heizelementen aufgeheizt.

Bei der Herstellung des Estrichs ist darauf zu achten, daß er die erforderlichen Zusatzstoffe für Fußbodenheizungen erhält. Diese Zusatzstoffe sind

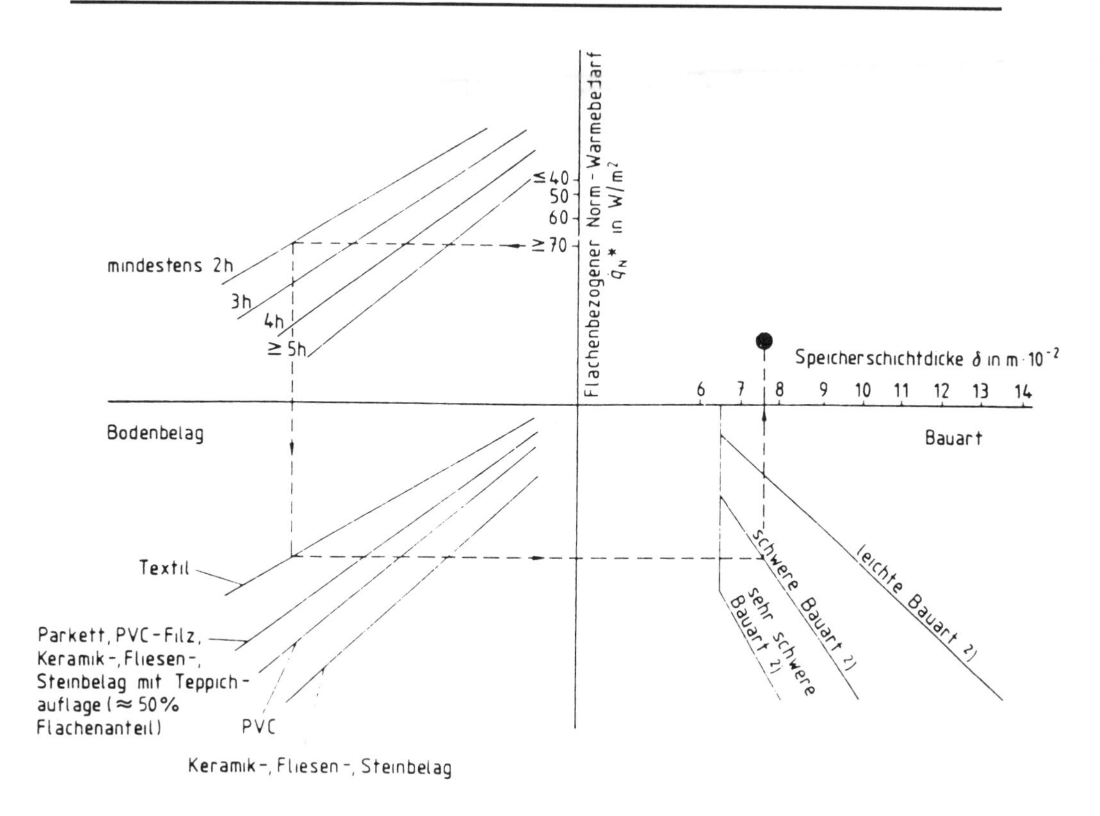

Bild 2.3.3.1-1 Speicherestrichdicke nach Leistung und Freigabezeit

erforderlich, um die ständigen Temperaturschwankungen unbeschadet zu überstehen. Darüber hinaus ist die Beachtung der Temperaturausdehnung eine ganz wichtige Maßnahme bei der Ausführung der Estricharbeiten. Das gilt zum einen für eine ausreichende Ausbildung der Randzonen mit einem Streifen Dämmung, der bei Ausdehnung des Speicherestrichs nachgibt. Zum anderen sind, in ausreichendem Abstand und mit richtiger Lage im Raum, Dehnungsfugen in den Speicherestrich einzubringen. Solche Maßnahmen dienen dazu, die Ausdehnung zu kompensieren und Dehnungsrisse zu vermeiden.

Da es in diesem Bereich zu unübersehbaren Schwierigkeiten hinsichtlich der Gewährleistung kommen kann, ist die gemeinsame Vergabe von Estricharbeiten und Fußbodenheizung an einen Unternehmer eine nahezu unumgängliche Maßnahme. Daß dieses bei einigen Unternehmen auf Widerstand stößt, ist wahrscheinlich, jedoch sollte es davon nicht abhalten. Später ist es sehr problematisch, den Nachweis zu führen, wer die im Fußboden aufgetretenen Risse und die defekte Heizleitung zu vertreten hat. Für den Kunden ist das erfahrungsgemäß eine Ursache, die ihm ein recht

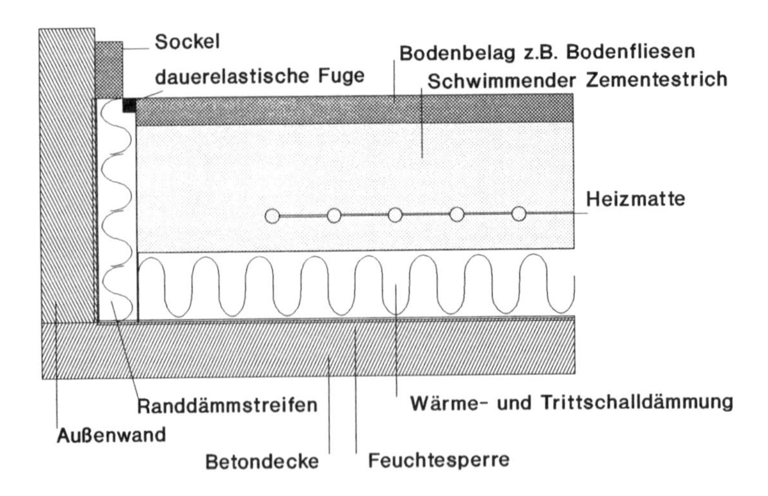

Bild 2.3.3.1-2 Fußbodenaufbau mit Heizmattenlage

angenehmes Heizsystem verleidet. Auch für die weiterführenden Gewerke, wie z. B. die Fliesenleger, gilt für die Ausführung eine hohe Sorgfalt, um die Ausdehnung des Estrichs ungehindert zu ermöglichen. Insbesondere bei der Ausbildung der Randzonen kann durch unsachgemäßen Mörteleinsatz eine Ursache für Estrichrisse gelegt werden.

Bei der Auswahl des Oberbodens gibt es beim Einsatz einer Fußbodenspeicherheizung keine Einschränkungen. Besonders vorteilhaft ist jedoch die Verwendung von keramischen Fliesen und Platten sowie von Parkett. Gegen eine Verwendung von Teppichböden gibt es keine Einwände, sofern diese für den Einsatz auf Fußbodenheizungen geeignet sind.

Bereits bei der Auslegung der Heizmatten sollte auf die Anordnung von Dehnungsfugen geachtet werden. Am besten ist es, wenn die Angaben hierzu schon in den Ausführungsplänen enthalten sind. Die Beheizung von Badezimmern, Duschen und ähnlichen Räumen geschieht auch mit einer Fußbodenspeicherheizung. Allerdings sind hier, im Gegensatz zu den übrigen Räumen, Heizleitungen mit einem Schutzleitergeflecht erforderlich. Dieses Schutzleitergeflecht ist in die Schutzmaßnahme »FI-Schutzschaltung« des Badezimmers einzubeziehen.

2.3.3.2 Dimensionierung

Bei der Auslegung einer Elektro-Fußbodenspeicherheizung sind einige Faktoren zu beachten. Die hochbauseitigen Vorgaben der Wärmedämmung müssen sich, um die Heizung nicht zu überfordern, in einem Bereich befinden, der eine spezifische Raumheizleistung von maximal 70 Watt/m^2 nicht übersteigt. Dieser Wert ergibt sich aus der Temperaturdifferenz zwischen Raum- und Fußbodenoberflächentemperatur. Die Heizleistung wird etwa erbracht, wenn eine Fußbodenoberflächentemperatur von 24 °C bis 26 °C vorliegt. Durch die heute vorhandenen Dämmstoffe und Fenstergläser läßt sich dieser Wert leicht realisieren.

Außerdem ist bei der Dimensionierung darauf zu achten, daß ein möglichst geringer Anteil an gespeicherter Wärme durch den Fußboden in die darunterliegenden Räume gelangt. Dies läßt sich dadurch erreichen, daß die Wärmedurchgangskoeffizienten k_u für die Wärmeableitung nach unten und k_o für die Wärmeableitung nach oben in den zu beheizenden Raum ein bestimmtes Verhältnis gemäß *Tabelle 2.3.3.2-1* nicht unterschreiten.

Tabelle 2.3.3.2-1: Mindestverhältnis k_o/k_u zur Begrenzung des Wärmeflusses nach unten und Mindestwert von k_u

k_o / k_u	Bedingung	$k_{u\ min}$
> 4	der untere Raum ist ein gleichartig beheizter Raum	0,8 W / m² k
> 6	der untere Raum ist teilweise eingeschränkt oder fremdbeheizt	0,6 W / m² k
> 6,5	der untere Raum hat wesentlich niedrigere Temperaturen oder Außenluft	0,45 W / m² k

Um diese Verhältnisse zu erreichen, besteht in der Regel nur die Möglichkeit der Veränderung der Dämmstoffdicke. Eine Reduzierung des oberen Wärmedurchgangskoeffizienten fällt meist wegen der feststehenden Bodenbeläge aus. Sie beschränkt sich dabei ausschließlich auf die Wahl und die Dicke des Oberbodenbelags, da die Estrichdicke bereits durch die erforderliche Heizleistung feststeht. Wesentlich ist in diesem Fall die frühzeitige Rückkopplung zwischen Planer und Architekt, weil die Estrich- und die Dämmstoffdicke direkten Einfluß auf die Architektur haben. Erwähnt sei hier nur der Einfluß auf die Raumhöhen und die Treppenanschlüsse.

Eine Übersicht über die Wärmeleitfähigkeit der gängigen Oberbodenbeläge gibt die nachfolgende *Tabelle 2.3.3.2-2.*

Tabelle 2.3.3.2-2: Wärmeleitfähigkeit von Bodenbelägen

Belag	Wärmeleitfähigkeit W / m² K
Estrich	1,40
Fliesen, keramische Beläge	0,85
Klebemörtel für Fliesen	0,60
Linoleum	0,18
Parkett	0,13
PVC-Belag	0,35
PVC-Filzbeläge	0,12
Teppichboden	0,07
Zementestrich	1,40

Nach der DIN 44 576 bezieht sich die Auslegung der einzelnen Heizelemente auf die Freigabezeit des EVU und die Raumtemperatur des darunterliegenden Raumes sowie auf den Wärmedurchgangskoeffizienten k_u. Hierzu existieren Tabellen, die die »maximale flächenbezogene Leistungsaufnahme« vorgeben. Diese stellt im Störungsfall, z. B. bei Ausfall der Regeleinrichtung, sicher, daß keine höhere Temperatur als 80 °C an der Unterseite des Speicherestrichs auftritt. Einen Auszug aus der umfangreichen Tabelle der DIN 44 576 zeigt *Tabelle 2.3.3.2-3* für die Ladezeit 8h + 2h Nachladezeit.

Tabelle 2.3.3.2-3: Maximale flächenbezogene Leistungsaufnahme von Fußbodenspeicherheizungen

Temperaturdiffernz zum unteren Raum	Leistungsaufnahme P_F in W/m² bei Wärmedurchgangskoeffizient k_u in W / m² K		
	0,8	0,6	0,45
0 K	200	173	147
5 K	200	180	154
10 K	200	187	159
20 K	200	200	169

Der flächenbezogene Wärmebedarf des Raumes findet danach in dem Einschränkungsfaktor C Niederschlag, der die aus der Tabelle für die »Maximale flächenbezogene Leistungsaufnahme« ermittelten Heizleistungen reduziert. Den Einschränkungsfaktor zeigt die *Tabelle 2.3.3.2-4*. Die Zwischenwerte dieser Tabelle lassen sich durch lineare Interpolation ermitteln.

Tabelle 2.3.3.2-4: Einschränkungsfaktor C

Flächenbezogener Wärmebedarf in $W / m^2 K$	Einschränkungsfaktor
70	1,00
65	0,96
60	0,92
55	0,87
50	0,83
45	0,79
40	0,75

Daraus ergeben sich für die Beheizung des Musterraumes folgende Heizleistungen, die innerhalb der mit Heizmatten ausgelegten Fläche nicht überschritten werden dürfen. Das bedeutet, daß dieser Wert die maximale Heizleistung der Heizmatten darstellt.

Gleichung 2.3.3.2-1:

$$P_{FE} = C \cdot P_F$$

Darin bedeuten:

P_F = Flächenbezogene Leistungsaufnahme in W / m^2
C = Einschränkungsfaktor
P_{FE} = eingeschränkte flächenbezogene Leistung in W / m^2

Normalerweise sind jedoch in einem Raum die Stellflächen der Möblierung nicht beheizbar. Diese müssen aus der Raumgrundfläche herausgerechnet werden. Sind diese Flächen nicht bekannt, so kann ein Betrag von 15 % der Raumfläche in Abzug gebracht werden.

Gleichung 2.3.3.2-2

$$A_F = 0{,}85 \cdot A$$

Darin bedeuten:

A_F = Heizende Fußbodenfläche
A = Raumgrundfläche

Diese zu heizende Grundfläche darf maximal mit einer mittleren Wärmestromdichte von 70 W / m^2 beheizt werden. Das bedeutet für die maximale Heizleistung der Heizmatten:

Gleichung 2.3.3.2-3:
Maximale Heizleistung der Fußbodenspeicherheizung Q_F

$$Q_{Fmax} = A_F \cdot 70\ W/m^2$$

Darin bedeuten:

Q_{Fmax} = maximale Heizleistung der Speicherheizung in W
A_F = heizende Fußbodenfläche in m^2

Sollte dieses Produkt kleiner sein als der für den Raum ermittelte Normwärmebedarf, der unter Umständen nach DIN 4701, Teil 3 um 15 % Sicherheitszuschlag erhöht wurde, so ist die entstehende Differenz mit einer Zusatzheizung auszugleichen.

Die Zusatzheizung kann mit einer Fußbodenheizung durch eine Leistungsaufnahme von maximal 250 W/m^2 realisiert werden. Sie sollte an der Außenwand bevorzugt im Bereich der Fenster liegen. Die Heizmatten ragen maximal 1 m von der Außenwand in den Raum. Lösungen mit Hilfe von Konvektoren sind ebenfalls möglich. Die maximale Heizleistung der Zusatzheizung beträgt 20 % des angesetzten Normwärmebedarfs.

Grundsätzlich beginnt eine Fußbodenspeicherheizung, im Gegensatz zu einer Blockspeicherheizung, sofort nach der Abschaltung der Ladung mit der Wärmeabgabe an den Raum. Das bedeutet, daß das Speichervolumen so groß gewählt werden muß, daß eine ausreichende Wärmemenge gespeichert werden kann, um noch am Nachmittag eine Wärmeabgabe zu gewährleisten und die Oberflächentemperatur nicht zu hoch wird, um ein angenehmes Raumklima zu erhalten. Dazu ist eine in den Nachmittagsstunden zur Verfügung gestellte Nachheizzeit bei einer Fußbodenspeicherheizung unumgänglich, um die Wärmeabgabe gleichmäßig zu strecken und in den Abendstunden noch ausreichend hoch zu halten. Oft wird von den Energieversorgungsunternehmen zusätzlich zu der Freigabezeit für die Hauptladung von 22:00 Uhr bis 6:00 Uhr noch die Zeit von ca. 15:00 Uhr bis ca. 17:00 Uhr für die Nachladung gewährt. *Bild 2.3.3.2-1* zeigt beispielhaft einen täglichen Ladezyklus einer Fußbodenspeicherheizung.

Da auch mit dieser Nachladezeit eine hundertprozentige Beheizung des Raumes nicht gewährleistet werden kann, steht die Zusatzheizung zur Verfügung, die bei zu starker Entladung der Speicherheizung ausreichend

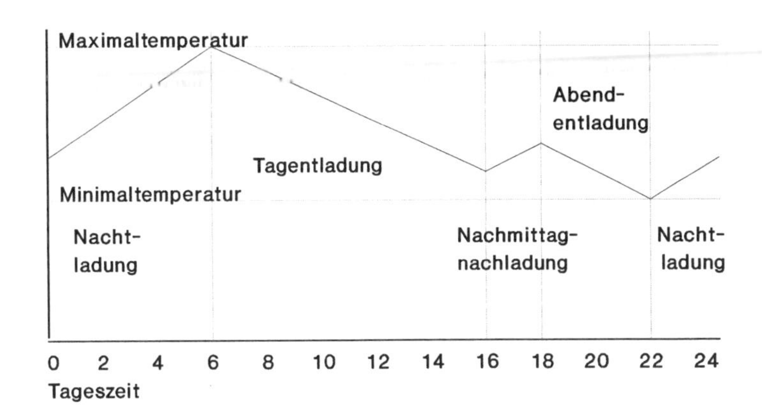

Bild 2.3.3.2-1
Entladezyklus einer Fußbodenspeicherheizung

Wärme zur Verfügung stellt. Hierzu bestehen zwei Möglichkeiten. Die eine benutzt zusätzliche Heizgeräte, wie Konvektoren mit und ohne Gebläse, die an den Außenwänden im Bereich der Fenster installiert werden. Andere Systeme greifen auf im Speicherestrich in geringerer Tiefe angeordnete Heizmatten zurück, die aufgrund ihrer Lage die Wärme sofort an den Raum abgeben. Auch diese Zusatzheizmatten werden in den Randzonen der Räume, vorzugsweise an den Außenwänden, eingebracht. Bei der Dimensionierung dieser Zusatzheizungen ist während der Planung Rücksprache mit den Energieversorgern zu nehmen. In der Regel sind die zur Verfügung gestellten Leistungen für derartige Direktheizungen auf 20 % der installierten Speicherheizleistung begrenzt. Eine Absprache ist in jedem Fall zu empfehlen, um spätere Probleme bei der Gestaltung der Tarife zu vermeiden.

2.3.3.3 Regelung

Regelungstechnisch stellt die Fußbodenspeicherheizung eines der schwierigsten Systeme dar, das im Bereich der Wohnraumheizungen vorkommt. Das liegt zum einen an der extremen Trägheit des Systems durch die Speichermasse und zum anderen an der unmittelbaren Wärmeabgabe der Heizung nach der Aufladung.

Erstes Ziel der Konzeption der Regelung sollte es sein, die Aufladung witterungsabhängig zu gestalten. Das geschieht mit einem Temperaturfühler, der in der Außenwand montiert die Außentemperatur erfaßt. Dadurch wird die Ladetemperatur des Speicherestrichs beeinflußt. Je niedriger die Außenwandtemperatur ist, um so höher wird die Speicherladetemperatur. Um einen den übrigen Heizungssystemen gleichwertigen Regelkomfort zu erhalten, ist es sinnvoll, für jeden Raum eine separate Regeleinrichtung für die Ladung bereitzustellen. Diese kann speziell auf die für diesen Raum gel-

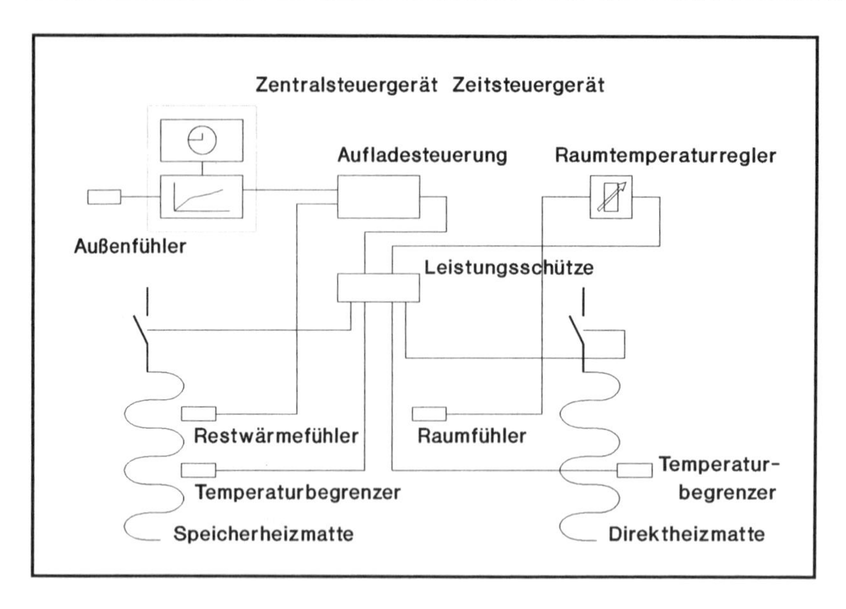

Bild 2.3.3.3-1 Regelschema einer Fußbodenspeicherheizung mit Außensteuerung

tenden Bedürfnisse eingestellt werden. Das ist besonders wichtig, um auf die Nutzung eingehen zu können. Aber auch die Verlustkomponenten, die durch die Fenstergröße, Außenwandlage und durch den Lüftungswärmebedarf bestimmt werden, können so optimal kompensiert werden. Eine Zusammenfassung von gleichartigen Räumen kann unter Berücksichtigung der vorgenannten Bedingungen unter Umständen zugelassen werden. Dabei sind jedoch nur untergeordnete Räume sinnvoll zusammenzufassen. Eine schematische Darstellung einer Regeleinrichtung zeigt *Bild 2.3.3.3-1.* Über witterungsgeführte Aufladung hinaus erhält jeder Raum eine separate Raumtemperaturregelung für die vorgenannte Zusatzheizung. Diese Regelung wird allgemein durch einen im Türbereich angeordneten Temperaturregler mit Schalter dargestellt. Somit kann die Zusatzheizung problemlos hinzugeschaltet werden, wenn die Raumtemperatur zu gering ist. Bei einsetzender Ladung und damit verbundenem Temperaturanstieg schaltet die Zusatzheizung automatisch wieder ab.

2.4 Direktheizungen

Die bisher dargestellten Heizungssysteme haben vor der Wärmeabgabe an den Raum die aufgenommene elektrische Energie in Wärmeenergie umgewandelt und in einem Speichermedium bis zur Nutzung gespeichert. Damit verbunden sind erforderliche Speicher und der Nachteil, daß während der Speicherung Verluste auftreten. Die nachfolgend beschriebenen Heizungssysteme stellen im Gegensatz dazu die Wärmeenergie direkt nach der Erzeugung zur Verfügung. Die Vorteile der Direktheizungen liegen zunächst darin, daß keine Speichervolumina erforderlich sind. Das bedeutet natürlich, daß die erforderliche Energie direkt aus dem Netz entnommen werden muß. Oft ist das aber nicht möglich. Meistens ist dazu mit den Energieversorgern ein Sonderabkommen zu schließen, weil derartige Systeme das Netz stark belasten. Die erforderliche elektrische Energie muß ja zu fast jedem Zeitpunkt bereitgestellt werden. Eine Forderung, die nicht in jedem EVU-Netz realisierbar ist.

Unter wirtschaftlichen Gesichtspunkten lassen sich die Systeme der Direktheizungen jedoch durchaus positiv bewerten. Das liegt daran, daß häufig die erforderliche Infrastruktur für die Errichtung anderer Heizsysteme nicht erbracht werden kann. Zum einen kann das daran liegen, daß es sich um mobile Einrichtungen handelt, zum andern sind jedoch Fälle bekannt, in denen die Bereitstellung anderer Energieformen zur Beheizung unwirtschaftlich sind. Die dezentralen Warmwasserbereitungen mittels Durchlauferhitzer oder Warmwasserbereiter sind nur ein Beispiel aus der Haustechnik. Weitere Sonderfälle, in denen eine Raumheizung als Direktheizung ausgeführt werden kann, lassen sich anführen. Dabei kommt es wesentlich auf den Anwendungsfall an. Die Deckenstrahlheizung bietet nach Untersuchungen der RWE aus den Jahren 1960 bis 1980 hinreichende Gründe, die Wirtschaftlichkeit der Direktheizung positiv zu beurteilen. Außerdem ist die Verwendung von großflächigen Wandheizungen für Sonderbauten durchaus ein Thema, mit dem sich der Heizungsplaner heute beschäftigt. Die Vorteile liegen in der Gleichmäßigkeit, mit der die Räume von allen Seiten beheizt werden. Daraus ergeben sich z. B. in Museen keine unterschiedlichen Temperaturen an einem Objekt, so daß diese Heizungssysteme aus konservatorischer Sicht eine optimale Lösung darstellen. Zudem sind sie aus der Sicht der Betriebskosten eine günstige Alternative zu den bisher eingesetzten Heizungs- und Lüftungsanlagen.

Die möglichen Varianten der Direktheizung beginnen bei den normalen Konvektorgeräten, in denen Luft mit Hilfe von Heizelementen stark erwärmt und dann mit und ohne Lüfter an den Raum abgegeben wird. Weiter sind Strahlungsheizungen bekannt, die als Infrarotstrahler, aber auch im untersten Temperaturbereich als Wand- oder Deckenstrahlheizungen die Energie als reine Wärmestrahlung direkt an die zu beheizenden Flächen abgeben. Das bedeutet für die Strahlungsheizungen natürlich eine erheblich kurzfristigere Bereitstellung der Wärmeenergie, als dies bei den übrigen Systemen möglich ist, da diese zunächst die umgebende Luftmasse erwärmen müssen. In dieser Tatsache begründet, liegt auch der Vorteil der nachfolgend beschriebenen Strahlungsheizungen. Die erforderliche Wärmeenergie steht unmittelbar nach dem Einschalten zur Verfügung.

2.4.1 Deckenstrahlheizung

2.4.1.1 Aufbau

Wie der Name schon sagt, handelt es sich hier um ein Heizungssystem, das in der Decke des zu beheizenden Raumes installiert ist. Das Verfahren der Deckenstrahlheizung wurde, parallel zu der Elektroheizung, mit einem Rohrsystem zur Beheizung mit Warmwasser konzipiert. Bei der Entwicklung der Deckenstrahlheizung ist man davon ausgegangen, daß bei einer natürlichen Sonnenbestrahlung auch die Wärmeenergie von oben auf den Körper trifft. Um die Einstrahlung in einem vernünftigen und für den Raumnutzer angenehmen Rahmen zu halten, ist die Flächenleistung auf maximal 150 W/m^2 zu begrenzen. Bei höherer Flächenleistung wird die von oben kommende Wärmestrahlung auf den Kopf zu groß und damit bei längerem Aufenthalt im Raum unangenehm. Die so zu erzielenden Oberflächentemperaturen der Decke liegen in der Regel bei 30 °C. Dieses Heizungssystems läßt sich recht einfach installieren. Die Beheizung ist mit Hilfe von Heizfolien zu realisieren, wie im Abschnitt 1.3.3.1 beschrieben. Diese werden auf einer Lattenkonstruktion befestigt, die zum Raum hin mit einer Gipskartonplatte oder einer beliebigen Holzvertäfelung verkleidet werden kann. Oberhalb der Heizelemente, zur Betondecke hin, ist zur Verhinderung der Wärmeausbreitung nach oben eine Dämmschicht einzubringen. Der elektrische Anschluß der Heizelemente erfolgt in Verteilerdosen, die den Räumen direkt zugeordnet sind. Dabei werden die an den Heizelementen werkseitig angeschlossenen Kaltleiter direkt in die Anschlußdosen geführt. Die Aufteilung der Räume auf einzelne Sicherungen und somit auf separate Zuleitungen ist bei diesen Heizungen obligatorisch, um eine gute Übersicht über die Elektroinstallationsanlage zu erhalten.

Normalerweise ist, wie schon mehrfach angesprochen, ein nutzflächenbezogener Wärmebedarf von 70 W/m^2 für einen Neubau realisierbar. Das

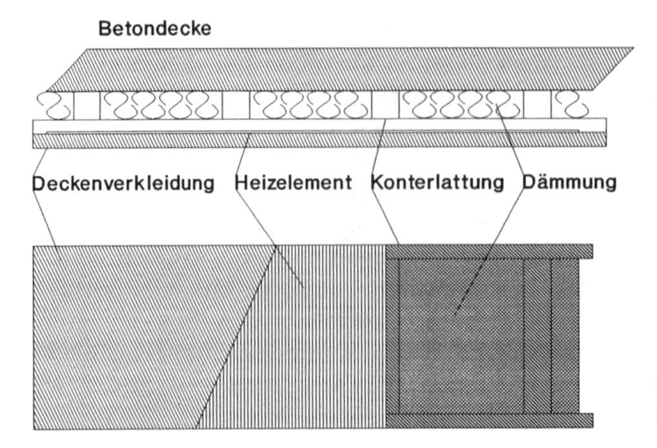

Bild 2.4.1.1-1 Aufbau der Deckenstrahlheizung

bedeutet, daß nicht die gesamte Deckenfläche mit einer Heizung belegt sein muß. Unter Umständen wäre das auch nicht realisierbar, da bei großflächigen Beleuchtungskörpern und sonstigen Deckeneinbauten die so genutzte Deckenfläche für die Beheizung nicht verwendet werden kann. Normalerweise darf man davon ausgehen, daß die verbleibende Fläche ausreicht, um den Raum durchgehend zu beheizen.

Zu beachten ist bei der Festlegung einer solchen Direktheizung jedoch, daß für eine eventuell zu erwartende Sperrzeit keine oder eine nur unzureichende Speichermöglichkeit gegeben ist. Damit wird die Verwendung der Deckenstrahlungsheizung oft stark eingeschränkt.

Eine zusätzliche Bereitstellung von Speichermasse ist immer durch Verstärken der Verkleidungselemente unter der Decke möglich. Das würde jedoch den Vorteil der schnell bereitstellbaren Wärmeenergie erheblich einschränken, da diese Speichermasse erst aufgeheizt werden muß, bevor die Wärme dem Raum zugute kommt. Damit wird auch die schnelle Regelbarkeit des Systems eingeschränkt.

2.4.1.2 Dimensionierung

Der nach der Wärmebedarfsberechnung festgestellte Normwärmebedarf bildet die Grundlage für die erforderliche Heizleistung im Raum. Darüber hinaus sind eventuelle Speichervolumina der Decke zu berücksichtigen, wenn eine Sperrzeit vom EVU vorgegeben wurde. Diese Sperrzeit wird nicht mehr als zwei Stunden hintereinander betragen. Eine zusätzliche Anhebung des Normwärmebedarfs um bis zu 15 % ist, gemäß DIN 4701 Teil 3, möglich, um einen Ausgleich hierfür zu schaffen.

Die Festlegung der Größe der einzelnen Heizelemente kann nur nach den Herstellerangaben erfolgen. Zu unterschiedlich sind die Heizfolienabmessungen der Hersteller. Es sollte jedoch oberster Grundsatz sein, die Heizleistung gleichmäßig über die gesamte Deckenfläche zu verteilen. Dies kann zum Beispiel mit Hilfe von Heizelementen mit kleinen Flächenleistungen geschehen. Diese nehmen eine größere Fläche in Anspruch als diejenigen mit einer großen Flächenleistung. Dadurch kann die Heizfläche über die ganze Decke verteilt werden, was zur Folge hat, daß eine gleichmäßige Wärmeverteilung über den ganzen Raum vorhanden ist. Erst durch die gleichmäßige Bereitstellung von Wärmeenergie über die gesamte Deckenfläche kann das gewünschte Raumklima entstehen.

2.4.1.3 Regelung

Die Regelung der Deckenstrahlungsheizung erfolgt durch einen im Raum angebrachten Raumtemperaturregler. Die Gesamtleistung der zu schaltenden Heizelemente ist dabei zu berücksichtigen. Bei einer Flächenleistung von 70 W/m^2 bedeutet das, daß die mit einem Temperaturregler (Schaltleistung 10 A bei 230 V) schaltbare Fläche ca. 33 m^2 beträgt.

Durch den Einsatz eines Uhrenthermostates besteht die Möglichkeit einer Nachtabsenkung für jeden Raum.

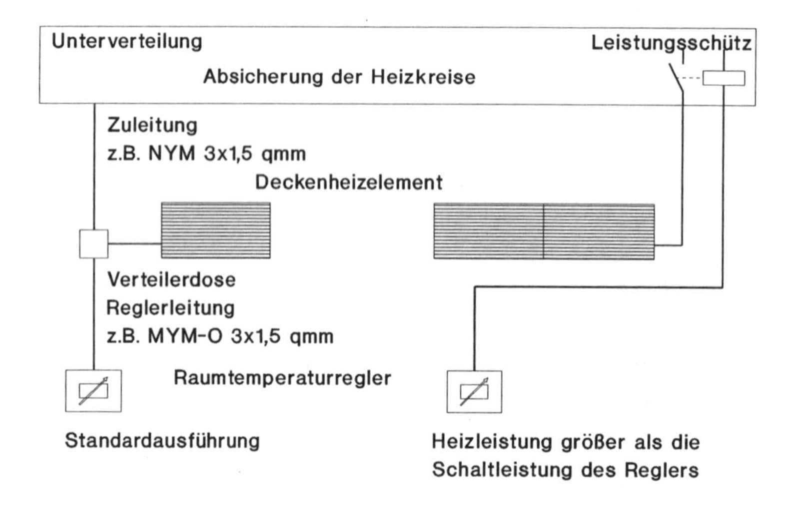

Bild 2.4.1.3-1 Blockschaltung einer Einzelraumregelung für Deckenstrahlheizungen

Eine witterungsabhängige Beeinflussung der Deckenstrahlheizung ist, wie das von den Speicherheizungen oder auch den Warmwasserzentralheizungen bekannt ist, nicht erforderlich. Die für den jeweiligen Raum nötige Wärmemenge wird durch den im Raum angeordneten Temperaturregler erfaßt. Damit wird nur die notwendige Wärmemenge für die vom Nutzer gewünschte Temperatur erzeugt.

2.4.2 Fußbodenheizung

Die Fußbodendirektheizung steht der Fußbodenspeicherheizung sehr nahe. In die Estrichschicht, die in diesem Fall nicht als Speicherschicht aufgebaut ist, werden Heizelemente eingelegt, die der direkten Beheizung dienen. Zum Betrieb und zur Genehmigung gelten die gleichen Anmerkungen, wie sie bei der Deckenstrahlungsheizung (Abschnitt 2.4.1) gemacht sind.

2.4.2.1 Aufbau

Wichtig ist, im Gegensatz zu der Fußbodenspeicherheizung, daß die Heizelemente möglichst hoch eingebracht werden, um die Wärme kurzfristig bereitstellen zu können und das Speicherverhalten des Estrichs nicht zu stark in die Aufheizkurve einfließen zu lassen. Eine Estrichdicke von 4,5 cm, wie sie nach der DIN 18 560 als Mindestdicke vorgegeben ist, reicht aus, um eine Fußbodendirektheizung zu installieren. Natürlich ist unterhalb des Estrichs die üblicherweise vorhandene Trittschalldämmung und die Wärmedämmung einzubringen.

Eine Einschränkung im Hinblick auf den zu verwendenden Fußbodenbelag gibt es auch bei dieser Heizung nicht. Als Belag eignen sich besonders keramische Fliesen, keramische Platten oder Parkett. Auch Teppichboden, der für den Einsatz in bodenbeheizten Räumen zugelassen ist, kann verwendet werden. Durch die normale Aufbauhöhe des Estrichs besteht der Vorteil, daß keine zusätzliche Geschoßhöhe erforderlich wird.

Weiterhin sind auch werkmäßig hergestellte Heizelemente auf dem Markt, die zum Beispiel im Rahmen einer Altbausanierung verwendet werden können. Dazu werden fertige Heizplatten mit einer Dicke von bis zu 13 mm benutzt. Diese Platten beinhalten die Heizelemente und eine Anschlußvorrichtung in Form von Steckern. Durch feststehende Raster ist es möglich, einen Raum mit den Platten auszulegen. Zum Ausgleich der Ränder und der Flächen, die mit Möbeln verstellt werden, stehen Leerplatten zur Verfügung, die auf das erforderliche Maß zurechtgeschnitten werden können. Ein Zuschneiden der Heizelemente ist nicht möglich. Zur Sicherheit besitzen die Heizplatten einen eigenen Temperaturbegrenzer, der den Stromkreis bei Temperaturen über 70 °C unterbricht. Die Heizplatten können an vorgegebenen Stellen mit dem Fußboden verschraubt werden. Als Bodenbelag kann Teppichboden genauso dienen wie Parkett. Der Vorteil der geringen Aufbauhöhe sollte jedoch nicht durch Aufbringen von stark auftragenden Bodenbelägen zunichte gemacht werden.

2.4.2.2 Dimensionierung

Der berechnete Normwärmebedarf kann gemäß DIN 4701 Teil 3, wie bei allen anderen Direktheizungen, auf Wunsch des Kunden um 15 % überschritten werden. Damit steht dem Planer ein flexibles Instrument zur Verfügung, um die Sicherheit im System zur Erreichung höherer als in der DIN angegebener Temperaturen zu gewährleisten. Dabei sind natürlich die Oberflächentemperaturen des Fußbodenbelags zu berücksichtigen. Für ein angenehmes Raumklima dürfen die in den vorherigen Kapiteln angegebe-

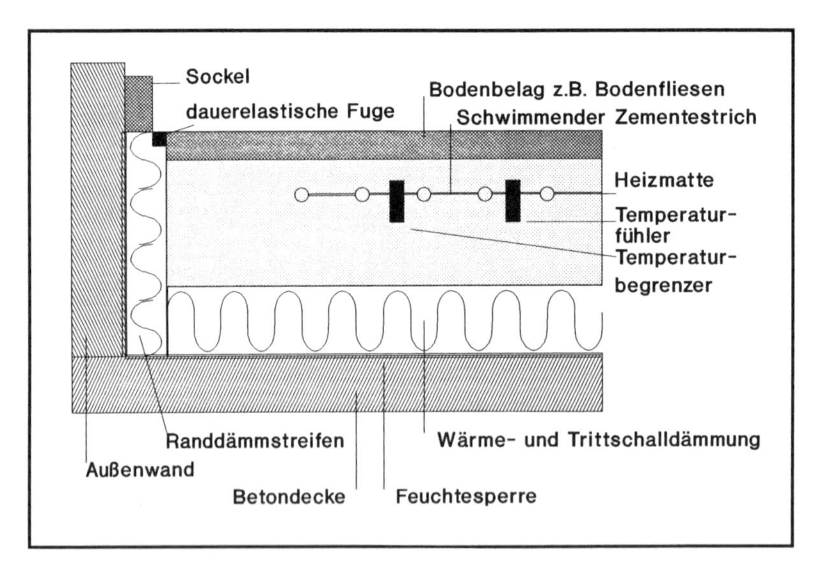

Bild 2.4.2.2-1 Aufbau der Fußbodendirektheizung

nen Grenzen nicht überschritten werden. Das setzt jedoch voraus, daß durch eine ausreichende Dämmung der Normwärmebedarf der Räume unterhalb der bereitstellbaren Leistung liegt. Um diese Forderung einzuhalten, ist die Koordination der Planung zwischen der Architektur und der Haustechnik ganz wichtig. Nur so ist es möglich, ein optimales Heizungssystem zu bauen.

2.4.2.3 Regelung

Die Temperatur wird mittels Raumtemperaturreglern geregelt. Eine witterungsabhängige Führung der Raumtemperatur ist insofern nicht erforderlich, als die Heizung nur dann eingeschaltet ist, wenn der Raum Wärme benötigt. Da das Heizungssystem über ein geringes Speichervolumen verfügt, kann eine Sperrung durch das EVU unter Umständen kurzfristig hingenommen werden.

2.4.3 Wandbeheizungen

Unter Berücksichtigung der eingangs gemachten Anforderungen an ein optimales Heizungssystem stellt die Wandbeheizung ein Optimum dar. Die raumumschließenden Wände sollten danach Raumlufttemperatur besitzen. Dies wird von der Wandbeheizung erfüllt.

2.4.3.1 Aufbau

Erreicht werden kann diese Forderung jedoch nur unter erheblichem Aufwand, der für ein normales Wohnhaus nur schwer durchsetzbar ist. Die dabei entstehenden Kosten sind, gemessen an anderen Heizungssystemen, relativ hoch. Ein Einsatz der Wandbeheizung ist somit auf enge Nischen angewiesen, wie zum Beispiel bei der Beheizung von Museen. Dabei werden allerdings ausschließlich die Außenwände der jeweiligen Räume mit einer Wandbeheizung versehen. Dazu zählen alle Außenflächen, auch die Dachschrägen und der Kellerfußboden. Wird das gesamte Gebäude so ausgelegt, erhält es eine komplette »Heizhülle«. Es entsteht also der Idealfall, daß die Wärme dem Gebäude an den Stellen zugeführt wird, an denen sie auch verloren geht.

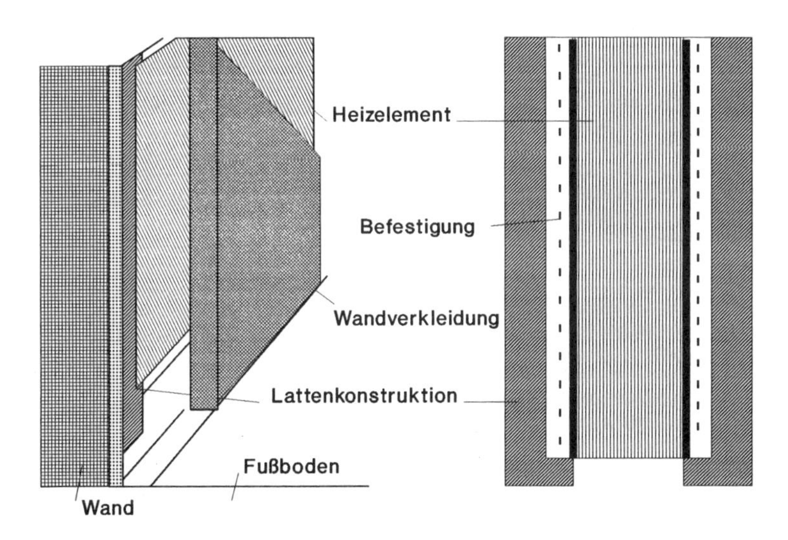

Bild 2.4.3.1-1 Aufbau einer Wandbeheizung

Der Hauptgrund für die Verwendung von Wandheizungen in Museen liegt darin, daß durch die niedrige Energie pro Flächeneinheit, die von den Wänden ausgeht, auf die Objekte nur eine geringe und allseitige Temperaturveränderung einwirkt. Das hat positive Konsequenzen auf den Feuchtigkeitshaushalt innerhalb der Objekte und somit direkte Auswirkungen auf die konservatorischen Belange. Auch werden alle Nachteile vermieden, die sich durch eine Luftumwälzung bei den üblichen Lüftungs- oder Radiatorenheizungen ergeben. Probleme bereitet allerdings die Einhaltung von Grenzwerten der Raumluftfeuchtigkeit.

2.4.3.2 *Dimensionierung*

Bei der Auslegung der Heizungsanlage zur Erzeugung der erforderlichen Mindesttemperaturen ist auf DIN 4701 zu verweisen. Für Sondergebäude wie Museen und dergleichen muß mit dem Nutzer und mit dem Konservator eine besondere Abstimmung erfolgen.

2.4.3.3 *Regelung*

Mit Hilfe der Feststellung der Oberflächentemperatur der Wände läßt sich eine hinreichend genaue Raumtemperatur einstellen. Diese Raumtemperatur bestimmt jedoch auch ganz wesentlich die im Raum vorhandene Raumluftfeuchtigkeit. Sie kann durch Absaugen eines geringen Raumluftanteils bestimmt werden. Bei zu geringer Raumluftfeuchtigkeit kann dann die Heizung abgeschaltet werden. Sollte sie ansteigen, so besteht die Möglichkeit, durch Erhöhung der Wandtemperatur dem entgegenzusteuern. Dies kann jedoch nur bis zu einer bestimmten Grenze geschehen, da die maximale Wandtemperatur dem ein natürliches Ende setzt.

2.4.4 Konvektorheizungen

In verschiedenen Bereichen ist es erforderlich, auf einfache Weise schnell eine Heizung zu realisieren. Dies geschieht am einfachsten mit einer Konvektorheizung. Ob als Zusatzheizung bei einer Fußbodenspeicherheizung oder als Hauptheizung in einem Baustellencontainer, überall lassen sich Direktheizungen schnell und preiswert installieren. Nach den üblichen TAB können Direktheizkörper bis 2 kW unmittelbar aus dem vorhandenen Netz gespeist werden. Besonders in der Übergangszeit lassen sich damit auch die Warmwasser-Zentralheizungen ergänzen, die durch ihre witterungsgeführte Regelung oft träge auf schnelle Temperaturänderungen reagieren. Besonders für die Frostfreihaltung oder in Räumen, in denen eine Heizung eher sporadisch erforderlich ist, können Direktheizungen aus Kostengründen als eine Alternative zu den übrigen Heizungssystemen gesehen werden.

2.4.4.1 *Aufbau*

Eine Konvektorheizung läßt sich grundsätzlich in zwei Gruppen unterteilen. Die eine Gruppe stellt die Geräte mit Lüfter dar, die andere diejenigen Geräte, die als reine Konvektoren arbeiten. Zu den Geräten mit Lüfter zählen alle Lufterhitzer, die landläufig auch als Heizlüfter gehandelt werden. Die Anschlußleistung liegt schaltbar in Stufen bis 2000 W. Die Gebläse sind oft unabhängig davon auch in Stufen schaltbar und mit der Heizung über einen Thermostaten gesteuert. Zum inneren Aufbau gehören natürlich entsprechende Übertemperatursicherungen. Häufig verfügen diese Geräte auch über Zeitschaltuhren, mit denen die Einschaltzeit begrenzt werden kann oder vorgewählt wird, um zu einer bestimmten Zeit den Raum zu erwärmen. Ein Beispiel für ein solches Gerät ist in *Bild 2.4.4.1-1* dargestellt. Zur Luftbewegung dienen je nach Ausführung Axiallüfter oder auch Tangentiallüfter.

Ventilatorheizer VH 226

- Moderne Produktgestaltung, besonders flach, nur 10,5 cm tief
- Temperaturwahl von 5 °C bis 35 °C mit Frostschutzstellung
- Energiesparende Bereichsbegrenzung des Temperatur-Wählknebels

Bild 2.4.4.1-1
Heizlüfter 2 kW
(Werkbild: AEG)

Bei der Installation sind die Herstellerangaben hinsichtlich der Montageabstände zu berücksichtigen. Ein freier Luftaustritt ist in jedem Fall zu gewährleisten. Auch seitliche Abstände von Wänden oder sonstigen Einbauteilen müssen eingehalten werden. Das gilt in besonderem Maße auch für brennbare Gegenstände, die sich durch längere Einschaltzeit des Gerätes aufheizen können.

Ein weiterer Typ der Direktheizgeräte ist in *Bild 2.4.4.1-2* dargestellt. Hierbei handelt es sich um einen Radiator, der mit Öl als Wärmeträger gefüllt ist. Die Hülle entspricht einem normalen Konvektor, wie er aus der Warmwasserheizung bekannt ist. Er arbeitet mit einer Luftumwälzung aufgrund der Konvektion und als Strahlungsheizkörper. Die Geräte besitzen einen eingebauten Temperaturbegrenzer. Das Haupteinsatzgebiet gleicht den Geräten, die mit Lüfter beschrieben wurden. Hauptvorteil ist jedoch die völlige geräuschlose Arbeitsweise.

Als Ergänzungsheizungen bei Fußbodenspeicherheizungen können Unterflurkonvektoren besonders gut eingesetzt werden. Diese lassen sich in den dicken Speicherestrichschichten gut unterbringen. Die Anordnung sollte dabei bevorzugt unter den Fenstern und Außentüren erfolgen, um die dort einfallende Kaltluft zu kompensieren, wenn der Einsatz es erfordert.

2.4.4.2 Dimensionierung

Der nach DIN 4701 festgelegte Normwärmebedarf für den zu beheizenden Raum darf auch bei diesen Direktheizungen um 15 % größer gewählt werden. Da die Geräte meist als Zusatzheizungen oder als Ergänzungsheizungen betrieben werden, ist die Dimensionierung nach der TAB des jeweiligen EVU bzw. nach den Sonderabkommen notwendig. Meist wird bei dem Betrieb von Speicherheizungen 1/3 der Speicherheizleistung als Direktheizung freigegeben.

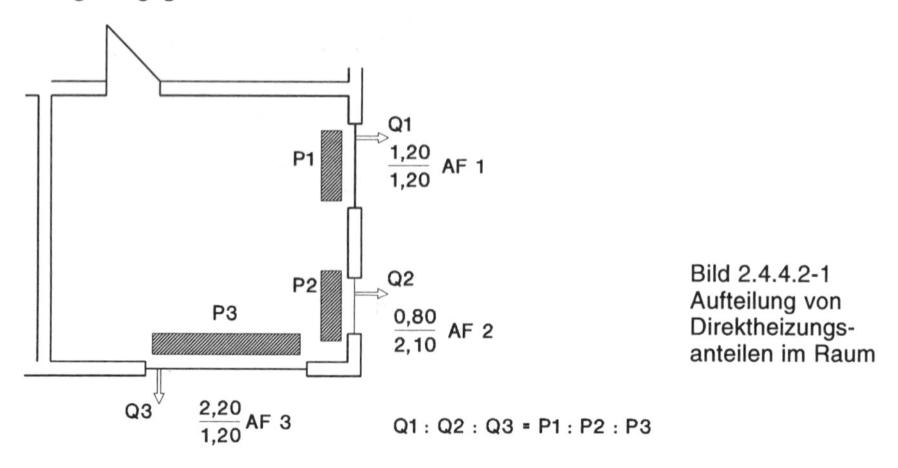

Bild 2.4.4.2-1 Aufteilung von Direktheizungsanteilen im Raum

Bei mehreren Fenstern in einem Raum sollte die gesamte zur Disposition stehende Heizleistung für die Zusatzheizung auf die Größe der Fenster und Außentüröffnungen abgestimmt werden. Das Prinzip ist im *Bild 2.4.4.2-1* dargestellt.

2.4.4.3 Regelung

Die Regelung der Direktheizungen erfolgt hauptsächlich über Thermostate im Gerät. Eine Regelung über Raumtemperaturregler ist ebenfalls möglich, schränkt jedoch den flexiblen Einsatz aufgrund der erforderlichen Vorplanung der Leitungsführung stark ein. Bei der Verwendung von externen Raumtemperaturreglern ist die Schaltleistung der Temperaturregler auf die Leistungsaufnahme der Heizgeräte abzustimmen.

Im Zusammenhang mit Speicherheizungen erfolgt die Regelung der Geräte über das für die Direktheizungen erweiterte Regelungsystem der Speicherheizung. Dazu sei angemerkt, daß auch die meisten Blockspeicherheizungen über die Einbaumöglichkeit einer Zusatzheizung als Direktheizung verfügen. Dabei handelt es sich um separate Heizelemente, die direkt im Luftkanal untergebracht sind. Die Freigabe der Direktheizung erfolgt dabei auch über den Raumthermostaten, der für die Entladung zuständig ist.

3 Anlagenheizungen

3.1 Rohrbegleitheizungen

Grundsätzlich besteht für nahezu jedes Medium in einem Rohr in einer Umgebung mit geringerer Temperatur als die Mediensolltemperatur die Gefahr der Unterkühlung. Dieses Problem stellt sich besonders bei wasserführenden Rohrleitungen in frostgefährdeter Umgebung, gleich ob das Wasser im Rohr ständig fließt oder nicht. Bei Abschaltung der Entnahme oder der Zirkulationspumpe, z. B. im Störungsfall, tritt der Schaden ungewollt auf. Auch im Bereich der Prozeßtechnik ist es in vielen Fällen erforderlich, Medien durch Rohrleitungen zu transportieren und hierbei wegen der Viskosität eine Mindesttemperatur oder im Rahmen der Fertigungsverfahren mit einer höheren als der Umgebungstemperatur zu führen. In

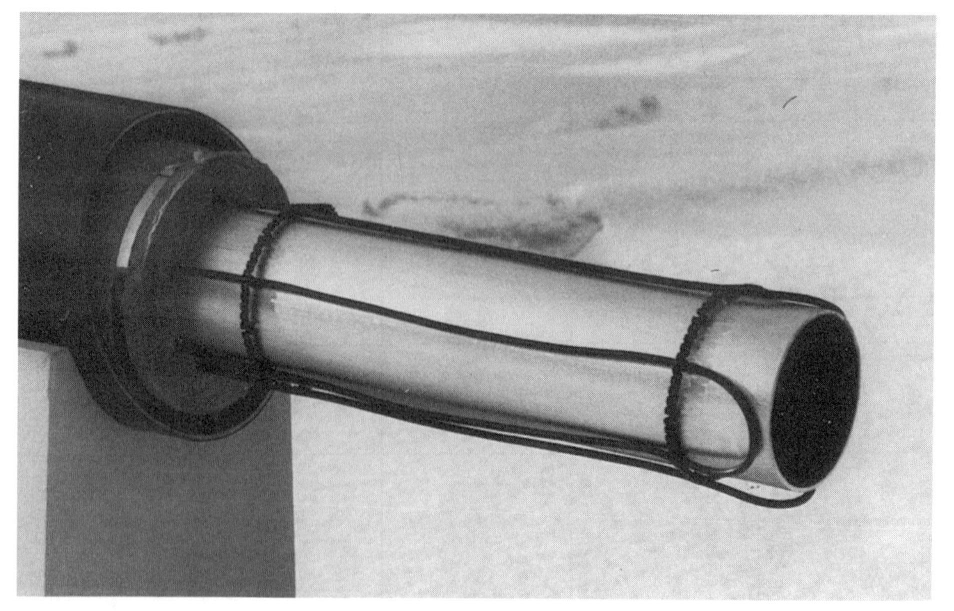

Bild 3.1-1 Rohr mit Rohrbegleitheizung (Werkbild: Thermo System Technik, Isernhagen)

diesen Fällen reicht es oft nicht aus, die Rohrleitungen ausschließlich zu dämmen. Die Dämmung verhindert lediglich die Auskuhlung über einen bestimmten Zeitraum, in dem die Wärmeabgabe an die Umgebung mehr oder minder reduziert wird. Damit wird jedoch nicht verhindert, daß nach einer bestimmten Zeit die Temperatur für das Medium auf einen kritischen Wert absinkt.

3.1.1 Wärmebedarf von Rohrleitungen

Die Grundgleichung für den Wärmebedarf durch Transmission, die im Abschnitt 1.1.7.2. bereits erläutert wurde, gilt auch in diesem Fall. Dabei entspricht der Berechnungsweg dem dort dargestellten Beispiel. Für die Ermittlung von R_λ gilt wegen der Hohlzylinderform der Dämmung die Gleichung für die mittleren Durchmesser,

Gleichung 3.1.1-1:

$$d_m = \frac{d_a - d_i}{\ln \frac{d_i}{d_a}}$$

und damit für die mittlere Fläche, durch die die Wärme hindurchtritt:

Gleichung 3.1.1-2:

$$A_m = \frac{d_a - d_i}{\ln \frac{d_a}{d_i}} \cdot \pi \cdot l$$

Darin bedeuten:

A_m	= mittlere Fläche	in m^2
d_i	= Innendurchmesser der Dämmung	in m
d_a	= Außendurchmesser der Dämmung	in m
l	= Länge der Rohrleitung	in m

Den Wärmeübergangszahlen a kommt bei dieser Betrachtung eine besondere Bedeutung zu. Während die Zahl des Wärmeübergangs aus dem Medium über das Rohr in die Dämmung vernachlässigbar ist, muß die Wärmeübergangszahl von der Dämmung in die Umgebungsluft nach außen in einen Faktor für die Konvektion und einen Faktor für die Strahlung aufgeteilt werden.

Gleichung 3.1.1-3:

$$a_a = a_k + a_s$$

Darin bedeuten:

a_a = Wärmeübergangszahl nach außen in W/m^2
a_k = Wärmeübergangszahl für den Konvektionsanteil in W/m^2
a_s = Wärmeübergangszahl für den Strahlungsanteil in W/m^2

Für den Konvektionsanteil kann die von *Schrack* im Abschnitt 1.1.3.2 angegebene Gleichung benutzt werden. Diese führt bei Rohren mit sehr geringem Durchmesser zu einem starken Ansteigen der Wärmeübergangszahl.

Der Strahlungsanteil wird nach den in Abschnitt 1.1.3.3 genannten Gleichungen bestimmt. Dieser Anteil läßt sich für die unterschiedlichen Anwendungsfälle nur empirisch ermitteln. Im Bereich von Außenrohrtemperaturen bis 200 °C läßt sich der nahezu lineare Wert mit folgender Gleichung beschreiben:

Gleichung 3.1.1-4:

$$a_s = 4 + 0{,}33\ t_a$$

Darin bedeutet:

a_s = Wärmeübergangszahl durch Strahlung
t_a = Rohraußentemperatur.

In der Praxis ist die Ermittlung der erforderlichen Randbedingungen äußerst problematisch. Es kann dabei mit hinreichender Genauigkeit von einer Gesamtwärmeübergangszahl ausgegangen werden, die von *Heilmann*, *Koch* und *Crammerer* wie folgt beschrieben wird:

Gleichung 3.1.1-5:

$$a_s = 9{,}4 + 0{,}052\ (t_i - t_a)\ W/m^2$$

Darin bedeuten:

a_a = Wärmeübergangszahl nach außen in W/m^2
t_i = Medientemperatur in °C
t_a = Umgebungstemperatur in °C.

Diese Gleichung gilt für ein gedämmtes Rohr mit einer Temperaturdifferenz unter 150 K zwischen Medium und Umgebung.

Zusammenfassend kann damit der Wärmedurchgang durch die Dämmung eines Rohres mit der Ableitung über den Wärmedurchgangswiderstand mit der folgenden Grundgleichung beschrieben werden:

Gleichung 3.1.1-6:

$$R = \frac{1}{a_i} + \frac{s}{\lambda} + \frac{1}{a_a}$$

Darin bedeutet:

$$s = \frac{d_i - d_a}{2}$$ Dämmstoffdicke in m.

Dies in die vorgenannten Gleichungen eingesetzt, ergibt für den Wärmedurchgangswiderstand der Dämmung

Gleichung 3.1.1-7:

$$R = \frac{1}{a_i} + \frac{(d_a - d_i)}{2 \cdot \lambda} + \frac{1}{a_a}$$

Für die k-Zahl der Anordnung bedeutet das

Gleichung 3.1.1-8:

$$k = \frac{1}{\frac{1}{a_i} + \frac{d_a - d_i}{2 \cdot \lambda} + \frac{1}{a_a}}$$

Damit läßt sich unter Berücksichtigung der vorher gemachten Annahmen die abgeführte Leistung bestimmen, wobei die Vernachlässigung des Wärmeübergangs vom Medium in die Wärmedämmung bereits berücksichtigt wurde. Den unterschiedlichen Flächenansätzen beim Wärmedurchgang durch die Dämmung und beim Übergang von der Dämmung in die Umgebung ist dabei ebenfalls Rechnung getragen.

Die Grundgleichung hierzu ist im Abschnitt 1.1.7.2 beschrieben. Die Anwendung auf dieser Situation ist durch den Wegfall des inneren Wärmeübergangs etwas verändert. Nach Zusammenfassung und Einsetzen in die Gleichung 1.1.7.2-5 ergibt sich die nachfolgende Gleichung für den Wärmebedarf einer Rohrleitung in ruhender Luft.

Gleichung 3.1.1-9:

$$P = \frac{\pi \cdot (t_i - t_a) \cdot (d_a - d_i)}{\left(\frac{\frac{d_a}{d_i}}{2 \cdot \lambda} + \frac{1}{[\,9{,}4 + 0{,}052\,(t_i - t_a)]} \right) \cdot \ln \frac{d_a}{d_i}} \cdot l$$

Darin bedeuten:
P = durch die Anordnung gehende Leistung in W
d_a = Außendurchmesser der Dämmung in m
d_i = Innendurchmesser der Anordnung in m
l = Rohrleitungslänge in m
$t_i - t_a$ = Temperaturdifferenz zwischen Medium und Umgebung in K
λ = Wärmeleitfähigkeit der Dämmung in W/m K
ln = natürlicher Logarithmus
π = 3,14

Diese Gleichung gilt für Rohrleitungen in stehender Luft. Eine Anpassung an die Luftbewegung kann über die Korrektur der Wärmeübergangszahl a_a erfolgen. Dabei sind ausschließlich empirische Ermittlungen zugrundelegbar. Nach *Schwarz* folgt die Änderung von a_a auf der Luvseite und der Leeseite der im *Bild 3.1.1-1* dargestellten Gesetzmäßigkeit.

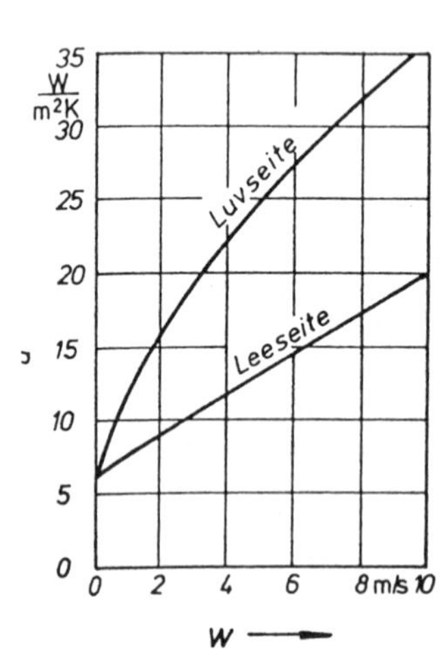

Bild 3.1.1-1 Wärmeübergangszahl in Abhängigkeit von der Windgeschwindigkeit und derAnströmungsseite

Wird vorausgesetzt, daß sich die eine Hälfte der Rohrleitung auf der Luv- und die andere auf der Leeseite befindet, gilt der folgende, für die Praxis hinreichende Zusammenhang im Bereich bis zu einer Windgeschwindigkeit von 10 m/s.

Gleichung 3.1.1-10:

$$a_{aw} = 7 + 2,25\ w$$

Darin bedeuten:
a_{aw} = Wärmeübergangszahl bei Windbelastung in W / m² K
w = Windgeschwindigkeit in m/s.

Diese Gleichung wurde aus dem Bild 3.1.1-1 entwickelt. Aus diesem Diagramm läßt sich der Korrekturfaktor für die Windbeaufschlagung von außenliegenden Rohrleitungen mit für die Praxis hinreichender Genauigkeit ermitteln.

3.1.1.1 Auskühlung von Rohrleitungen

Die Auskühlung läßt sich mathematisch nachweisen, indem der Wärmedurchgang durch das Dämm-Material bestimmt wird. Die für die Rohrleitung gültigen Wärmeabgabebedingungen durch Strahlung und Konvektion bilden dabei die zu erwartende Leistung, mit der die Wärmemenge des Mediums abnimmt. Auszugleichen ist dies durch das Produkt aus spezifischer Wärme und Temperaturdifferenz zum kritischen Wert, so daß damit die Eckdaten für die Berechnung festliegen. Das *Bild 3.1.1.1-1* zeigt diesen Fall für ein mit Wasser gefülltes Stahlrohr von DN 50 bei –12 °C in windstiller Umgebung. Die Dämmung wurde mit einem Wert von 50 mm bei 0,004 W/m^2K angenommen. Für den Fall des Windaufschlags kann in dieser Situation mit dem Mittelwert von a_a gerechnet werden.

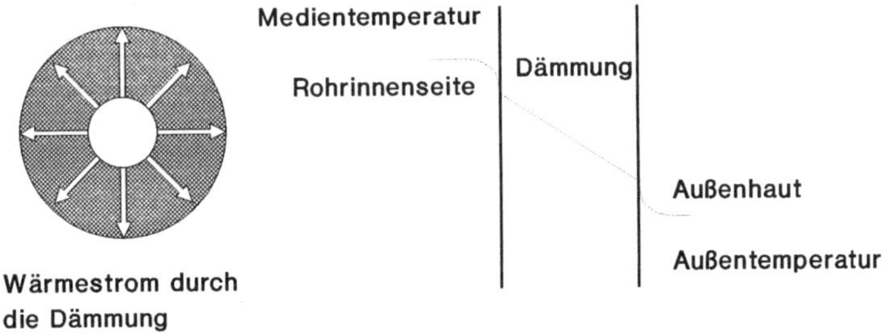

Bild 3.1.1.1-1
Abkühlung eines Mediums in einer Rohrleitung

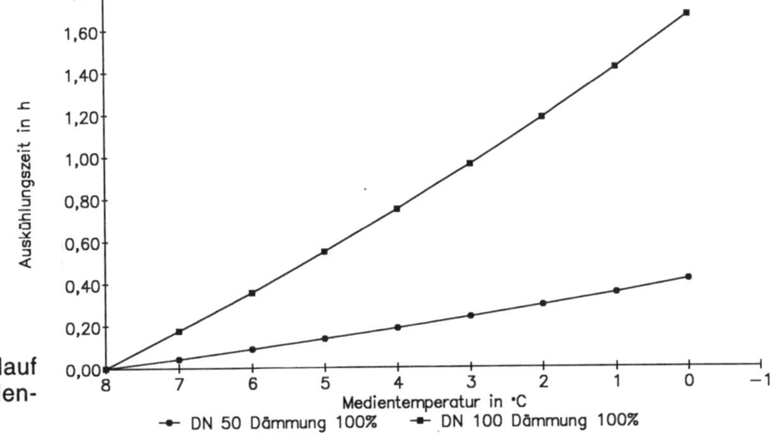

Bild 3.1.1.1-2
Temperaturverlauf einer auskühlenden Leitung

Das bedeutet praktisch, daß diejenige Wärmemenge dem Rohr zugeführt werden muß, die durch die Temperaturdifferenz zwischen Medientemperatur und Mindest-Umgebungstemperatur an die Umgebung abgegeben wird. Dabei ist einsichtig, daß zunächst einmal die Rohrleitung gedämmt werden sollte, um den Energieaufwand in Grenzen zu halten.

3.1.1.2 Dämmung von Rohrleitungen

Hierbei stehen dem Projektanten eine Reihe von Verordnungen und DIN-Vorschriften hilfreich zur Verfügung, nach denen die unterschiedlichen Rohrleitungssysteme behandelt werden müssen. In erster Linie sind dies folgende Unterlagen:

DIN 1988 Teil 2, Technische Regeln für Trinkwasserinstallation (TRWI), Planung und Ausführung; Bauteile Apparate, Werkstoffe, Technische Regel des DVGW.

In der DIN 1988 ist die Mindestdämmung von sogenannten kaltgehenden Trinkwasserleitungen beschrieben. Tabelle 3.1.1 zeigt die unterschiedlichen Mindestdicken der Dämmung in verschiedenen Einbausituationen.

Für warmgehende Rohrleitungen gilt diese DIN nicht. Sie fallen unter die Vorschriften der Heizungsanlagen-Verordnung (HeizAnlV) zum Energieeinsparungsgesetz (EnEG), das auch den Schutz von allen Heizungsrohrleitungen vor Wärmeverlusten vorschreibt.

Tabelle 3.1.1.2-1: Mindestdämmung von Kaltwasserrohrleitungen

Einbausituation	Dämmschichtdicke in mm bei 0,040 W/mK
Rohrleitung frei verlegt im nicht beheizten Raum	4
Rohrleitung frei verlegt im beheizten Raum	9
Rohrleitung im Kanal, ohne warmgehende Rohrleitungen	4
Rohrleitung im Kanal, neben warmgehenden Rohrleitungen	13
Rohrleitung im Mauerschlitz, Steigleitung	4
Rohrleitung in Wandaussparung neben warmgehenden Rohrleitungen	13
Rohrleitung auf Betondecken	4

Tabelle 3.1.1.2-2 Mindestdämmung von Warmwasserrohrleitungen und Zirkulationsleitungen

Einbausituation	Rohrabmessung DN	Dämmschichtdicke bei 0,040 W/mk
Verteilleitungen in Kellern mit und ohne Begleitheizung; alle zirkulierenden WW-Leitungen	10 – 20 25 – 32	26 mm 38 mm
Alle WW-Leitungen mit l.Heizung;	8 – 20	13 mm
alle WW-Leitungen in Nichtwohngeb.;	25 – 32	19 mm
Leitungen und Armaturen in Wand- oder Deckendurchbrüchen, Kreuzungsbereichen von Rohrleitungen und an Rohrleitungsverbindungen sowie an zentralen Rohrnetzverteilern.	8 – 20 25 – 32	13 mm 19 mm
Nichtzirkulierende WW-Stichleitungen in Wohnungen	10 – 20	13 mm

Für die Dämmung von sonstigen Rohrleitungen gelten neben den technischen Vorschriften natürlich auch wirtschaftliche Erwägungen. Je dicker eine Dämmung ist, um so geringer ist der normale Wärmeverlust im Betrieb. Damit sinken auch die Betriebskosten für den Betrieb der Rohrleitung. Im Endeffekt bedeutet dies für eine elektrische Rohrbegleitheizung, daß diese mit einer geringeren Leistung dimensioniert werden kann als es bei unzureichender Dämmung der Fall wäre. Das hat zur Folge, daß die aufzuwendende Energiemenge sinkt und somit auch die Betriebskosten der Rohrbegleitheizung.

Den praktischen Aufbau der Dämmung von Rohrleitungen zeigt das *Bild 3.1.1.2-1*

Es ist ein besonderes Augenmerk auf die Wärmeverteilung unter der Dämmung zu legen. Die besten Ergebnisse werden dabei mit einer Aluminiumfolie erzielt, die nach der Montage der Rohrbegleitheizung unter die Dämmung gewickelt wird. Hierdurch kann in der entstehenden Luftschicht zwischen Rohrleitung und Folie die Temperaturverteilung auch bei Kunststoffrohren recht gleichmäßig erfolgen.

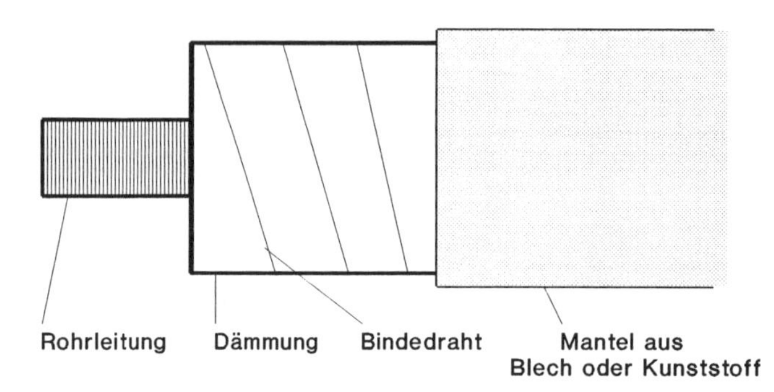

Bild 3.1.1.2-1 Dämmung von Rohrleitungen

3.1.1.3 Grundsätzlicher Aufbau von Rohrbegleitheizungen

Durch die Verwendung einer Dämmung ist der Einsatz der Rohrbegleitheizung erst sinnvoll geworden. Es ist nun das Ziel, auch den Material- und Montageeinsatz so gering wie möglich zu halten. Die durch das Heizkabel erzeugte Wärme soll auf einfachste Weise unter die Dämmung gebracht werden. Dazu wird das Heizkabel unterhalb der angesprochenen Al-Folie gestreckt am Rohr entlanggeführt. Durch die Folie begünstigt und durch die hohe Wärmeleitfähigkeit eines Metallrohres unterstützt, kann sich die Wärme unter der Dämmung rund um das Rohr ausbreiten und die durch die Dämmung nach außen gehende Wärmemenge ausgleichen. Durch diese Maßnahmen kann das häufig beobachtete Umwickeln der Rohrleitung mit dem Heizkabel unterbleiben. Bei Kunststoffrohren ist jedoch zu beachten, daß das Heizkabel eine gute Verbindung zum Rohr haben sollte, damit die Wärme dort gut abgegeben werden kann. Dies erreicht man, wenn das Heizkabel mit einer Klebefolie, z. B. mit der üblicherweise zum Abdichten der Dämmung verwendeten metallhaltigen Folie, in Längsrichtung überklebt wird. Dieses Ankleben wird um so wichtiger, je höher die Heizleistung und somit die Betriebstemperatur des Heizkabels wird. Rohre bis DN 100 sollten mit zwei parallel geführten Heizleitungen beheizt werden, die im Winkel von ca. 60° unten am Rohr angebracht sind. Bei Beachtung der vorgenannten Punkte kann auch hier auf ein Umwickeln verzichtet werden; bei Rohrdicken darüber ist die Verwendung von 4 parallelen Heizleitern sinnvoll, um eine gute Wärmeverteilung sicherzustellen.

Bei einer außen liegenden Rohrleitung sollte beachtet werden, daß diese nach Eingang in einen Raum noch ca. 0,5 m weiter beheizt wird, um ein Auskühlen an der Wandübergangsstelle zu vermeiden. Bei Vorhandensein von Armaturen und wärmeableitenden Befestigungen sind entsprechende Zulagen zum Wärmebedarf zu machen. Sie gehen aus der *Tabelle 3.1.1.3-1* für die Frostschutzheizung hervor.

Tabelle 3.1.1.3-1 Zulagen für die Berücksichtigung von Armaturen an Rohrleitungen

Armatur	Zulage
Flanschpaar	0,1 m
Ventil oder Schieber	0,3 m
Rohraufhängung	15 %

Die Längenangaben entsprechen dem zusätzlich an dieser Stelle erforderlichen Wärmebedarf, der dem Wärmebedarf der laufenden Rohrbegleitheizung entspricht. Die Werte sind auf eine Temperaturdifferenz von 30 K bezogen.

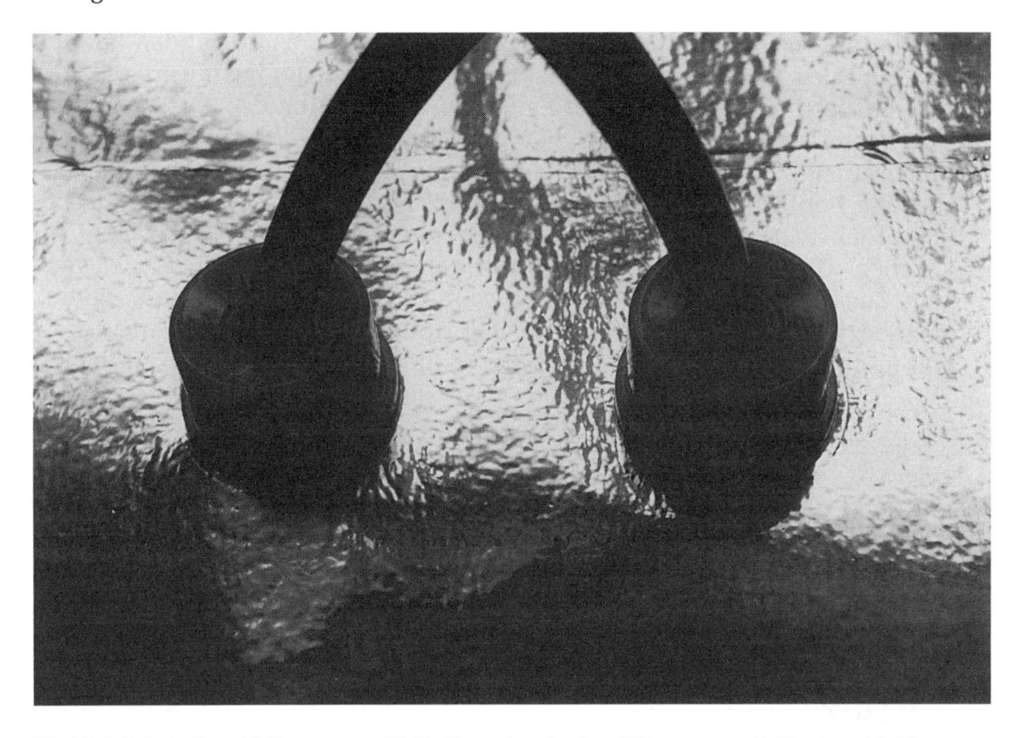

Bild 3.1.1.3-1 Durchführung von Kaltleitern durch eine Dämmung mit Blechverkleidung

Besondere Beachtung ist den Ausführungen der Kaltleiter sowie der Temperaturfühler aus der Dämmung zu widmen. Die größten Probleme ergeben sich hier bei gedämmten Rohrleitungen mit Blechummantelung, da bei der Durchführung durch den Blechmantel die Leitungen an scharfen Kanten beschädigt werden können. Eine Durchführung aus Kunststoff ist in diesen

Fällen unerläßlich, damit etwaigen Spätschäden vorgebeugt wird. Das Bild 3.1.1.3-1 zeigt eine solche Anordnung zur Durchführung durch einen Blechmantel.

3.1.1.4 Elektrische Sicherheit von Rohrbegleitheizungen

Grundsätzlich handelt es sich bei Rohrbegleitheizungen um elektrische Anlagen, die aufgrund ihrer Art und Verwendung in den Bereich der DIN VDE 57 100 fallen. Damit ist auch eine Schutzmaßnahme gegen zu hohe Berührungsspannung erforderlich. Da der Betrieb mit einer Kleinspannung in vielen Fällen unrealistisch ist, muß im Fehlerfall auf eine Schutzmaßnahme durch Abschaltung zurückgegriffen werden. Dabei bietet sich als einzig funktionsfähige Lösung die FI-Schutzschaltung an. Da es sich bei den Heizleitungen um Teile mit recht unterschiedlichen Widerständen handelt und ein Körperschluß an einer beliebigen Stelle angenommen werden kann, ist eine sichere Abschaltung im Fehlerfall allein durch das Auslösen eines Überstromschutzorgans nicht möglich. Nur der FI-Schutzschalter kann sicher einen Fehlerstrom feststellen und mit hinreichender Sicherheit eine zu hohe Berührungsspannung vermeiden. Um im Fehlerfall auch tatsächlich einen Fehlerstrom zum Schutzleiter zu erzeugen, sind Heizkabel für Rohrbegleitheizungen unbedingt mit einem Schutzleitergeflecht zu versehen. Zusätzlich ist auch das Rohrsystem in den Hauptpotentialausgleich einzubeziehen. Dadurch ist eine sichere Ableitung des Fehlerstromes möglich und die Auslösung des FI-Schutzschalters im Fehlerfall gewährleistet.

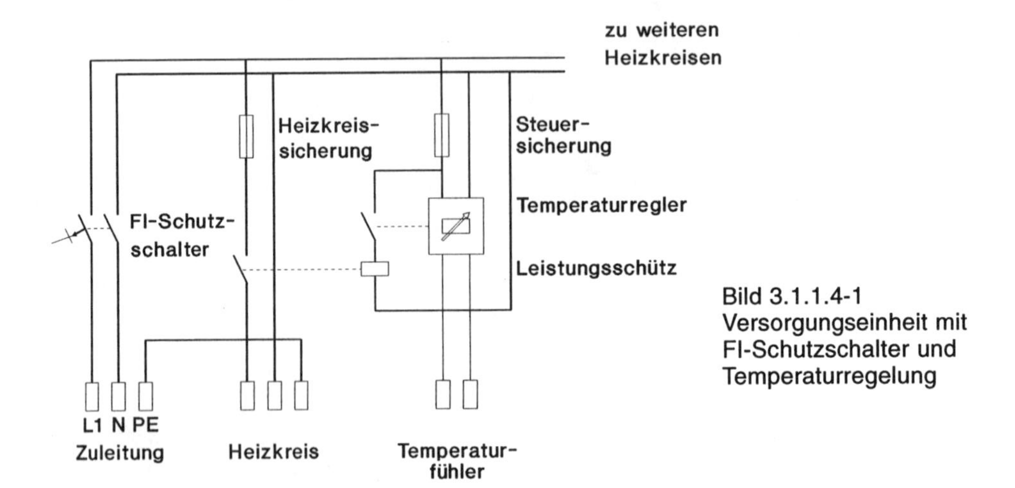

Bild 3.1.1.4-1
Versorgungseinheit mit FI-Schutzschalter und Temperaturregelung

3.1.1.5 Temperaturregelung von Rohrbegleitheizungen

Um die Betriebstemperatur der Heizleitung sowie des Mediums in der Rohrleitung nicht zu überschreiten, ist bei der Verwendung von Heizleitungen mit Festwiderstand eine Temperaturregelung erforderlich. Diese Temperaturregelung muß bei der Beheizung von Medien zum Viskositätserhalt um einen Temperaturbegrenzer erweitert werden, um eine eventuelle Überhitzung bei Ausfall des Reglers zu vermeiden. Verwendung finden hier Kapillarrohrregler, *Bild 3.1.1.5-1*, und elektronische Regler, wie im *Bild 3.1.1.5-2* dargestellt. Normalerweise sind diese Regler in einem Gehäuse untergebracht, in das auch die Zuleitung geführt wird und aus dem die elektrische Verdrahtung ausgeführt werden kann. *Bild 3.1.1.5-3* zeigt hierzu das Beispiel einer umfangreicheren Rohrbegleitheizungsanlage.

Rechts: Bild 3.1.1.5-1
Kapillarrohr-
Temperaturregler

Unten: Bild 3.1.1.5-2
Elektronischer
Temperaturregler

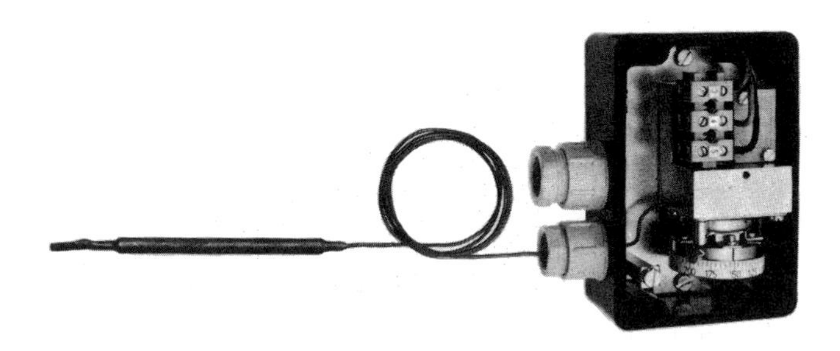

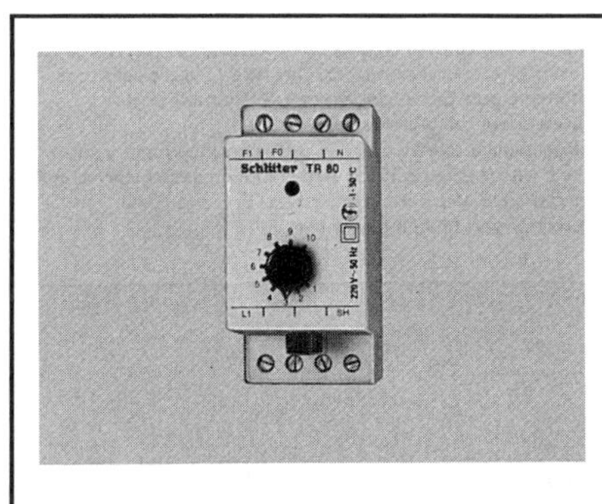

TR 80 als Temperatur-Begrenzer für Elektro-Fußbodenheizung, zur Steuerung von Randzonen- und Dachrinnenbeheizung, zur Regelung von Wasser- und Raumtemperaturen und für Rohrbegleitheizungen einsetzbar.
Temperaturerfassung mit Universalfühler
1 Regelkreis, in 3 Temperaturbereich-Ausführungen lieferbar, Kontroll-Lampe

Technische Daten
220 V 50 Hz, Leistungsaufnahme 7 Watt
Umgebungstemperatur -1 °C bis +50 °C
Ausgangskontakt 5 A bei 220 V
Sicherung 5 AF
Gehäuse vollisoliert
Funkschutzklasse N

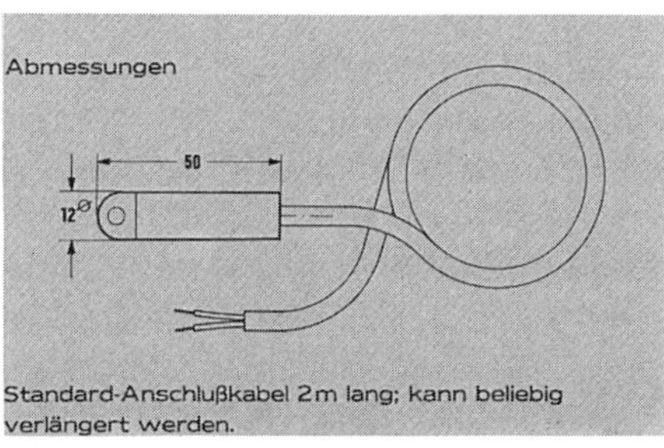

Abmessungen
50
12⌀
Standard-Anschlußkabel 2m lang; kann beliebig verlängert werden.

Wertetabelle

Temperatur	Ohm	Temperatur	Ohm
—20 °C	18000	+ 30 °C	1300
—15 °C	13000	+ 40 °C	850
—10 °C	9500	+ 50 °C	580
— 5 °C	7200	+ 60 °C	400
0 °C	5400	+ 70 °C	280
+ 5 °C	4100	+ 80 °C	200
+ 10 °C	3100	+ 90 °C	150
+ 15 °C	2450	+ 100 °C	110
+ 20 °C	2000		

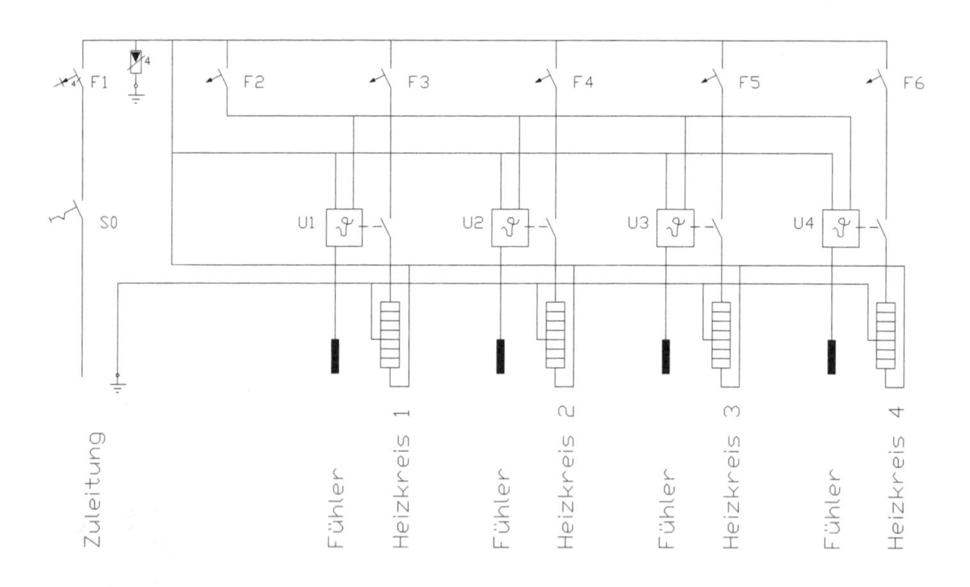

Bild 3.1.1.5-3 Stromlaufplan einer umfangreichen Rohrbegleitheizungsanlage

Bei der Verwendung von selbstbegrenzenden Heizleitungen, wie im Abschnitt 1.3.2 beschrieben, ist eine Temperaturregelung in der genannten Form nicht erforderlich. Es kann auf einen zusätzlichen Temperaturregler verzichtet werden, weil die Heizleitung nur eine bestimmte maximale Temperatur annimmt, auch wenn die Wärme nicht abgeführt wird. Das bedeutet, daß eine Zerstörung durch Überhitzung wie bei der Festwiderstands-Rohrbegleitheizung nicht passieren kann. Die selbstbegrenzende Heizleitung heizt jedoch auch noch mit einer zwar sehr geringen, jedoch merklichen Leistung, wenn die Mindesttemperatur des Mediums längst erreicht oder überschritten ist. Das bedeutet nicht unerhebliche Verluste. Diese werden dadurch vermieden, daß die Heizleitungen über einen Lufttemperaturregler nur dann eingeschaltet werden, wenn die Gefahr der Unterkühlung für das Medium besteht. Bei Frostschutzheizungen ist dies der Temperaturbereich unter 0 °C. Im übrigen Zeitraum ist die Heizungsanlage abgeschaltet. Für diese Art des Betriebs reicht grundsätzlich ein Temperaturregler für einen ganzen Anlagenbereich mit gleichen thermischen Bedingungen aus. Hier ist es jedoch erforderlich, daß die gesamte Anlage aus einem zentralen Schaltschrank versorgt wird. Der Temperaturregler ist dann an der kältesten Stelle der Anlage zu montieren. Dies ist z. B. wegen der Windbelastung die Nord-Westseite.

3.1.1.6 Überwachung der Funktionsfähigkeit

Grundsätzlich besteht die Forderung zur Überwachung der Funktionsfähigkeit einer Rohrbegleitheizungsanlage nicht, jedoch erweist sie sich von Zeit zu Zeit als recht zweckmäßig, insbesondere dann, wenn sicherheitsrelevante Anlagen versorgt werden müssen. Der Abschnitt 3.1.4 zeigt dabei den besonderen Fall von Sprinklerleitungen, die der Bereitstellung von Löschwasser dienen.

Bei der Funktionsüberwachung stellt ein zweiter, gegenüber der Temperaturregelung der Rohrbegleitheizung eigenständigiger Regler die einfachste Art der Überwachung dar. Er sollte aus Gründen der Unabhängigkeit von Hilfsspannungen ein Kapillarrohrregler sein. *Bild 3.1.1.6-1* zeigt diese Anordnung. Die Spannung für die Meldung »Rohrtemperatur über Minimum« wird aus der Versorgungsspannung der Heizung erzeugt, so daß die Störungsmeldung auch bei Spannungsausfall eine frühzeitige Störungsbeseitigung einleiten kann. Dieses Verfahren eignet sich auch für selbstbegrenzende Heizleitungen.

In anderen Fällen läßt sich eine Rohrbegleitheizung dadurch überwachen, daß das Einschaltkriterium über den Temperaturregler beim Unterschreiten der Mindesttemperatur festgestellt wird. Nach dem Einschalten wird der Strom gemessen und mit dem Sollwert verglichen. Einfache Geräte zur Überwachung stellen dabei lediglich einen Stromfluß innerhalb einer vorgegebenen Bandbreite fest. Wird dieser Strom nach Wärmeanforderung durch den Temperaturregler nicht festgestellt, kann davon ausgegangen

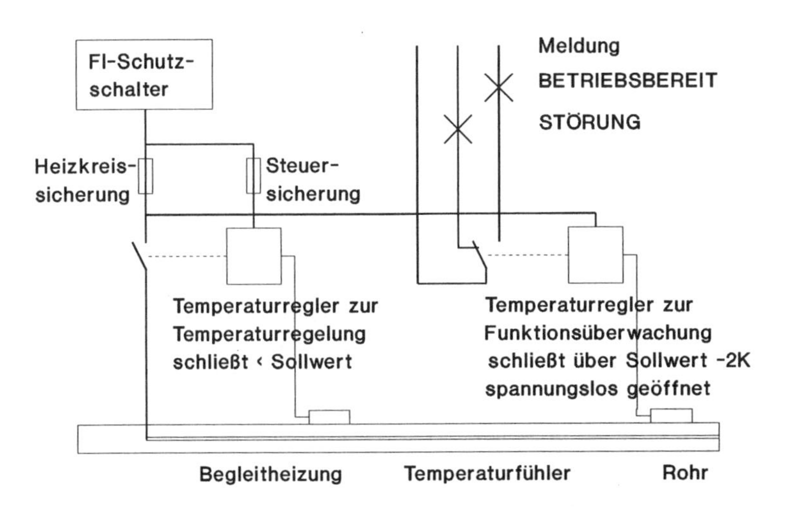

Bild 3.1.1.6-1 Temperatur- und Funktionsüberwachung von Rohrbegleitheizungen

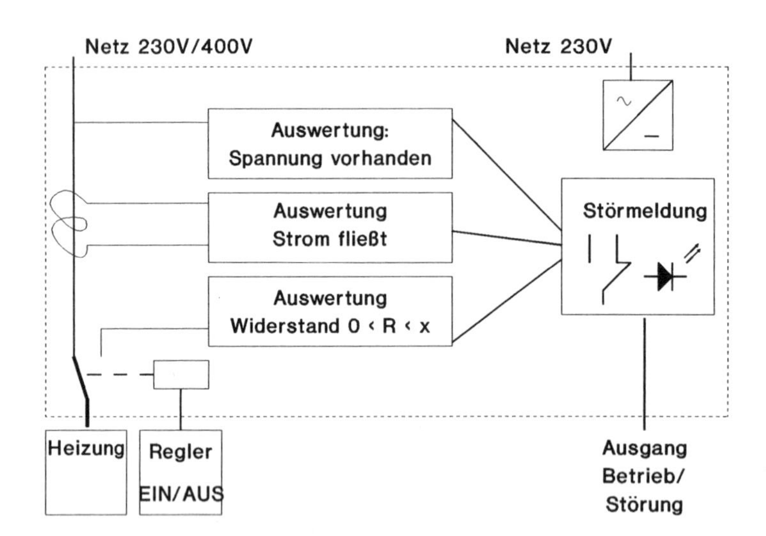

Bild 3.1.1.6-2
Heizleitungsüberwachungsgerät

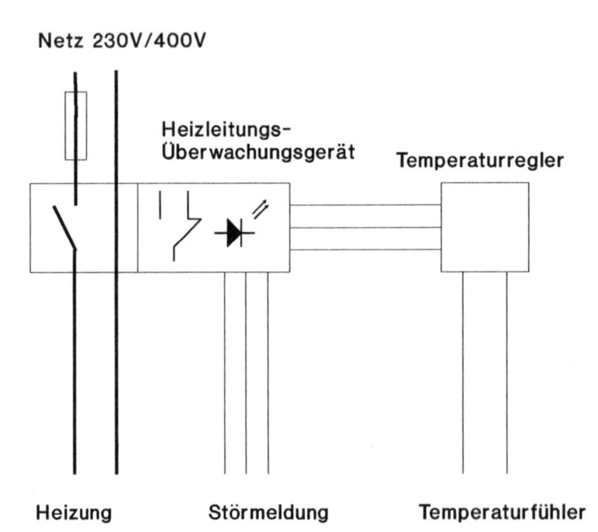

Bild 3.1.1.6-3
Rohrbegleitheizung mit Heizleitungsüberwachungsgerät

werden, daß die Rohrbegleitheizung nicht funktionsfähig ist. Es wird ein Alarm ausgelöst oder die Betriebsbereitmeldung abgeschaltet. Die Schaltung eines solchen Überwachungsgerätes zeigt *Bild 3.1.1.6-3*.

Bei selbstbegrenzenden Heizleitungen ist die Überwachung in der vorgenannten Form nicht möglich, da die Stromaufnahme der Heizleitung von der Umgebungstemperatur abhängt und somit nicht als Kriterium für die Funktion ausgewählt werden kann. In diesem Fall bietet sich die erstgenannte Lösung mit dem zweiten Temperaturregler nach *Bild 3.1.1.6-2* an. Darüber hinaus sind spezielle Geräte entwickelt worden, die auch hier eine Überwachung zulassen.

3.1.1.7 Installationshinweise für Rohrbegleitheizungen

Zwar ist die Montage von Rohrbegleitheizungen unproblematisch, jedoch sollten die Herstelleranweisungen immer befolgt werden. Hierbei handelt es sich um Grundbedingungen für eine spätere Gewährleistung, falls einmal ein Fehler auftritt. Einige grundsätzliche Montagehinweise sind nachfolgend zusammengestellt:

- Fertig konfektionierte Heizleitungen dürfen nicht gekürzt oder verändert werden. Ein Kürzen der angeschlossenen Kaltleiter ist erlaubt.
- Die Verbindungsmuffen zwischen Heizleiter und Kaltleiter dürfen keinem Zug oder Druck ausgesetzt und nicht geknickt werden.
- Bei der Installation ist für eine gute Wärmeübertragung zu dem beheizten Rohr zu sorgen, um ein örtliches Überhitzen der Heizleiter zu verhindern. Die Heizleiter sind im unteren Drittel des zu beheizenden Rohres zu befestigen.
- Die Heizleiter sind untereinander mit einem Mindestabstand von ca. 2 cm zu verlegen. Ein Kreuzen der Heizleiter ist außer bei selbstbegrenzenden Heizleitungen in jedem Fall verboten.
- Bei der Beheizung von Kunststoffrohren, z.B. HT-Rohr oder ähnlich, ist der gesamte Verlauf der Begleitheizung mit einer Al-Klebefolie zu versehen, so daß die Wärme über einen größeren Bereich gut verteilt wird und es zu keiner Überhitzung des Rohrmaterials kommen kann. Im Bedarfsfall ist ein Temperaturbegrenzer an der Heizleitung zu verwenden.
- Der Temperaturfühler ist mit einem ausreichenden Abstand von den Heizleitungen im oberen Teil des Rohres mit einem guten Wärmeübergang zum Rohr zu montieren. Ein Überkleben mit einer metallenen Klebefolie ist wegen einer besseren Temperaturübertragung zum Rohr zu empfehlen.
- Bei der Durchführung von Kaltleitern und Fühlerleitungen durch die Dämmung sind die Leitungen vor Beschädigung zu schützen. Dies gilt besonders bei Blechmänteln. Eine Verwendung von Leitungsdurchführungen aus Kunststoff ist hier unbedingt erforderlich.
- Der elektrische Anschluß der Heizung darf nur von einem zugelassenen Elektroinstallateur vorgenommen werden. Die einschlägigen sowie die für den Einbauort geltenden besonderen Vorschriften des Betreibers oder

des EVU sind einzuhalten; besonders gilt dies für den Brand- und Ex-Schutz.

- Die Heizelemente dürfen nur an die vom Hersteller angegebene Anschlußspannung angeschlossen werden.
- Als Schutzmaßnahmen gegen zu hohe Berührungsspannung ist die FI-Schutzschaltung, gem. VDE 0100 Teil 410, mit einem Auslösestrom < 0,3 A zu verwenden. Das um Heizleiter bzw. Kaltleiter liegende Metallgeflecht ist in die Schutzmaßnahme einzubeziehen.
- Der Kurzschlußschutz ist mit Schutzorganen vorzunehmen und auf die Dimension der Heizleitung sowie der Kaltleiter abzustimmen. Gleiches gilt für den Schutz gegen Überlast.
- Vor Inbetriebnahme der Heizung ist der Isolations- und Durchgangswiderstand mit geeigneten Meßgeräten zu ermitteln und mit den Herstellerdaten zu vergleichen.

3.1.2 Frostschutzheizung

Die Frostschutzheizung soll ein Medium, das sich in einer gedämmten Rohrleitung befindet, vor dem Einfrieren schützen. Dazu wird die Maximaltemperatur in der Regel zwischen 0 °C und 5 °C eingestellt. Diese Temperatur erlaubt es auch, bei sehr rasch fallenden Außentemperaturen innerhalb der Dämmung schnell genug eine ausreichende Wärmemenge bereitzustellen.

Das zweite Kriterium zur Auslegung der Heizung stellt die minimale Umgebungstemperatur dar. Hierzu kann die Temperaturtabelle 1 aus der DIN 4701, Normaußentemperaturen, zugrunde gelegt werden. Als Mittelwert für die Berechnung eignet sich die Temperatur von –15 °C.

Weiterhin ist die Kenntnis über den Aufbau der zu beheizenden Rohrleitung wichtig. Die erforderlichen Daten hierzu sind die Rohrdicke, die Dämmschichtdicke und die Wärmeleitfähigkeit der Dämmung. Da sich die Verwendung von nicht isolierten und wärmeleitenden Rohrleitungsbefestigungen und der Einsatz von Armaturen auch auf den Wärmebedarf auswirkt, ist die Anzahl dieser Geräte sehr wichtig. Einige Hersteller von Rohrbegleitheizungen verwenden zur Erfassung der notwendigen Daten Formblätter, in denen der Anwender die erforderlichen Angaben macht, so daß eine gezielte Bearbeitung erfolgen kann. Die Berechnung der Heizleistung sowie die Ermittlung der erforderlichen Heizleitungen wird dann in der Regel mit einem EDV-Programm ausgeführt. *Bild 3.1.2-1* zeigt einen solchen Projektierungsbogen.

Projektierungsbogen Rohrbegleitheizung

An Fax. Nr. Absender: Firma

Firma

Sachbearbeiter: ....

Telefon: ....

Telefax: ....

Projektierung und Angebot

Bitte bieten Sie uns auf Basis der nachfolgenden Angaben eine Rohrbegleitheizung an.

Projekt: ....

Rohrlänge:.................. Rohrdurchmesser:................

Rohrmaterial:............... Ventilzahl:....................

Lage: innen ( ) außen ( ) Verlegehöhe:...................

Medium im Rohr :........... Spez. Wärme:...................

Medientemperatur:........... Umgebungstemperatur:...........

Isoliermaterial:............ Isolierdicke:..................

EX-Vorschriften:........... Chem. Belastung:...............

Spannung am Ort:........... Sonstiges:.....................

....

Angaben zum Montageort:

( ) Industriebetrieb ( ) Landwirtsch. Betriebsstätte
( ) Außenanlagen ( ) Wohnungsbau
( ) Tiefgarage ( ) Baustelle

bitte ankreuzen

Bild 3.1.2-1 Projektierungsbogen einer Rohrbegleitheizung

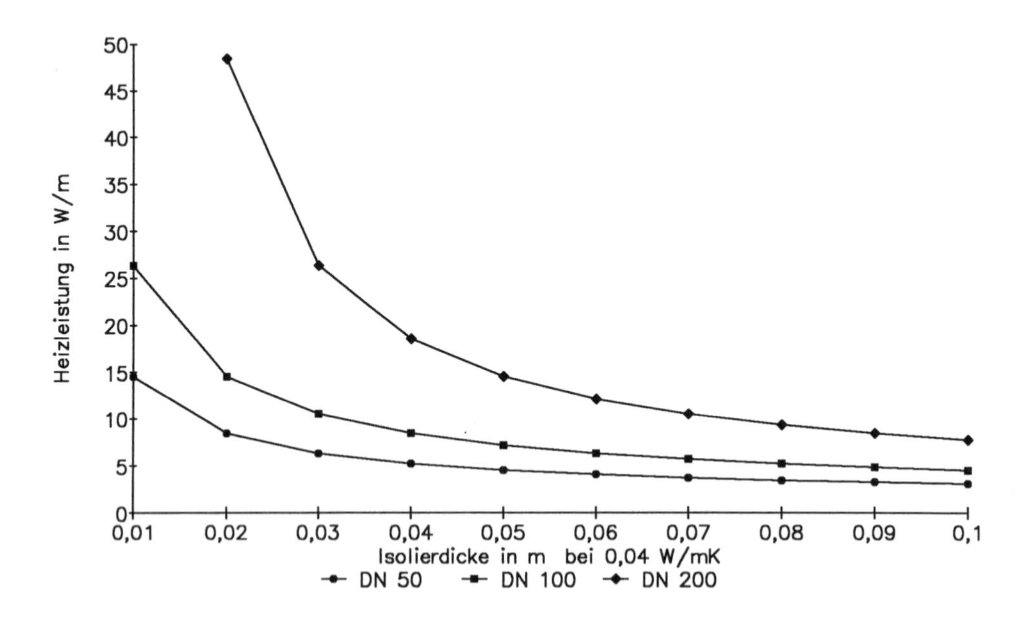

Bild 3.1.2-2 Wärmebedarf gedämmter Rohrleitungen zum Frostschutz bei -15°C Umgebungstemperatur

Um einen schnellen Überblick über die zu erwartende Heizleistung zu erhalten, sind Tabellen und Diagramme entwickelt worden, die die erforderliche Heizleistung in Abhängigkeit von den Rohrleitungsdurchmessern darstellen. Eine Darstellung des Wärmebedarfs in Abhängigkeit von der Dämmschichtdicke bei unterschiedlichen Rohrleitungsdicken zeigt das *Bild 3.1.2.-2.*

Da die Armaturen von Rohrleitungen auch den Wärmebedarf erhöhen, ist hierfür eine Zulage erforderlich. Das kann dadurch erreicht werden, daß eine bestimmte Länge der errechneten Heizleitung um die Armatur gewickelt wird. Der zusätzliche Wärmebedarf einer solchen Armatur sollte demzufolge als Zuschlag zu der zu beheizenden Rohrleitung angegeben werden, um die Berechnung zu vereinfachen.

Einige Beispiele für diese Zulagen gibt die Tabelle 3.1.2-1 für den Frostschutz von Rohrleitungen an.

Dies sei an einem Fall erläutert:

Eine wasserführende Rohrleitung mit dem Nenndurchmesser DN 50 soll zum Frostschutz beheizt werden. Die gestreckte Länge beträgt 25 m zwischen drei Gebäuden. Vor jedem Gebäude befindet sich ein Absperrschieber. Die Wanddicke der Gebäude beträgt 0,4 m. Wie groß muß die Heizleistung der Rohrbegleitheizung sein, wenn die Außenmindesttemperatur -15 °C beträgt?

gestreckte Rohrlänge		25,0 m
3 Wände	0,4 m	1,2 m
3 Zulagen für den Innenraum	0,5 m	1,5 m
3 Zulagen für Armaturen DN 50	0,3 m	0,9 m
korrigierte Rohrlänge		28,6 m

Nach Bild 3.1.2-1 wird für die Frostschutzbeheizung der vorgenannten Rohrleitung eine Leistung von 8 W/m erforderlich. Damit stehen für die Auslegung der Heizung alle erforderlichen Daten zur Verfügung.

Bei der Verwendung von Parallelheizleitungen ist die geforderte Heizleistung/Meter mit 8 W/m zu erbringen. Dies gilt für Festwiderstandsheizleitungen ebenso wie für die selbstregelnden Heizleitungen. Bei den erstgenannten ist jedoch auf jeden Fall ein Temperaturregler einzusetzen, um eine Überhitzung zu vermeiden.

Bei Verwendung einer Einleiterheizleitung ist die doppelte Menge Heizleitung erforderlich, da das Ende der Heizleitung zum Anfang zurückgeführt werden muß, um den Stromkreis zu schließen. In diesem Fall muß jeder Meter Heizleitung eine Wärmeleistung von 4 W/m aufbringen. Die dabei erforderliche Heizleitungsmenge beträgt l = 57,2 m, einschließlich der Zulagen. Die Armaturen sind in diesem Fall mit je 0,3 m Heizleitung zu umwickeln.

Damit stehen folgende Ergebnisse zur Verfügung:

Bei Parallelheizleitungen erforderlich:

Leistung für die Rohrleitung	8 W/m
Heizleitung je Armatur	0,3 m= 2,4 W/Stück
erforderliche Heizleitungslänge	28,6 m bei 8 W/m

Bei Einleiterheizleitung erforderlich:

Leistung für die Rohrleitung	2 · 4 W/m = 8 W/m
Heizleitung je Armatur	2 · 0,3 m = 2,4 W/Stück
erforderliche Heizleitungslänge	57,2 m bei 4 W/m

Damit stehen die Entscheidungsgrundlagen für die Preisermittlung bzw. für die erforderliche Ausschreibung oder Bestellung fest. Durch weitere Berechnung läßt sich auch der geeignete Heizleitungstyp bei Einleiterheizkabeln ermitteln. Dazu ist zusätzlich die Festlegung der Versorgungsspannung notwendig.

Bei einer Heizleistung von 4 W/m Heizschleife ergibt dies eine Gesamtleistung der Heizschleife von:

$$P_S = l_H \cdot P_M = 57{,}2\ \text{m} \cdot 4\ \text{W/m} = 228{,}8\ \text{W}$$

Darin bedeuten:
P_S = Leistung der Heizschleife in W
P_M = Leistung Beheizung je Meter in W/m
l_H = Heizschleifenlänge in m

Der daraus resultierende Heizleiterwiderstand pro Meter berechnet sich bei Anschluß an 230 V wie folgt:

$$R_m = \frac{U^2}{P_S \cdot l_H} = \frac{230^2\ V^2}{228{,}8\ W \cdot 57{,}2\ m} = 4{,}04\ \Omega/m$$

Darin bedeuten:
P_S = Leistung der Heizschleife in W
R_M = Heizleiterwiderstand pro Meter in Ω /m
l_H = Heizschleifenlänge in m
U = Versorgungsspannung in V

Der nächste Widerstandswert aus der Herstellerreihe ergibt sich nach Tabelle 1.3.1.1-2 mit 4 Ω /m. Für die Gesamtanlage sind demzufolge erforderlich:
1 Stück Heizschleife aus 57,2 m Heizleitung mit 4 Ω /m.

3.1.3 Viskositätserhalt

In der Regel werden in industriellen Anlagen flüssige Medien aller Art durch Rohrleitungen transportiert. Hierbei ist es wichtig, daß diese Medien auch mit der für die Prozeßweiterführung richtigen Temperatur am Ziel ankommen. Es tritt eine ähnliche Problemstellung wie bei der Frostschutzbeheizung auf. Der durch die Temperaturdifferenz zur Umgebung auftretende Wärmeverlust muß ausgeglichen werden. In dem Fall, daß die Eingangstemperatur geringer ist als die Temperatur am Ende der Rohrleitung, kann die zur Temperaturerhöhung notwendige Wärmemenge direkt am Rohr erzeugt werden.

Einsatzbereiche für Rohrbegleitheizungen zum Viskositätserhalt lassen sich in vielen Anlagen finden. Der nächste Einsatzfall z. B. ist die Heizölleitung, die von einem Außentank in den Tankraum führt. Weitere Anwendungen führen über die Lebensmittelindustrie, in der Fette zu den Brateinrichtungen transportiert werden müssen, bis in die chemische Industrie.

Die Berechnung einer solchen Anordnung soll daher einmal für Fette an einem Beispiel dargestellt werden.

Der Wärmebedarf einer Rohrleitung zum Transport eines Mediums, das eine Betriebstemperatur halten soll, ist zu ermittelt. Dazu stehen folgende Werte zur Verfügung.

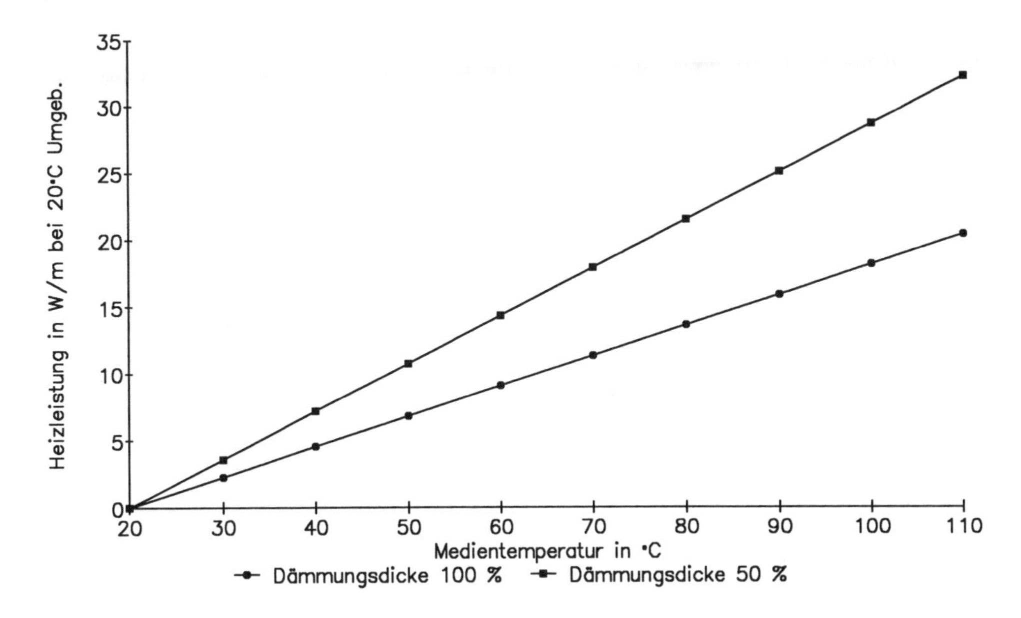

Bild 3.1.3-1 Wärmebedarf zum Temperaturerhalt gedämmter Rohrleitungen bei 20°C Umgebungstemperatur

Rohrleitungslänge	156 m
Rohrleitungsdurchmesser	50 mm
Dämmung	50 mm
λ der Dämmung	0,04 W/mK
Medientemperatur	55 °C
Umgebungstemperatur	20 °C.

Nach Gleichung 3.1.1-9 kann der erforderliche Wärmebedarf der Rohrleitung ermittelt werden. Dieser beträgt:

$$P = \frac{\pi \cdot (t_i - t_a) \cdot (d_a - d_i)}{\left\{ \frac{d_a - d_i}{2 \cdot \lambda} + \frac{1}{[9{,}4 + 0{,}052\,(t_i - t_a)]} \right\} \ln \frac{d_a}{d_i}} \cdot l$$

$$P = \frac{3{,}14 \cdot (55 - 20) \cdot (0{,}15 - 0{,}05)}{\left\{ \frac{0{,}15 - 0{,}05}{2 \cdot 0{,}04} + \frac{1}{[9{,}4 + 0{,}052 \cdot (55 - 20)]} \right\} \ln(0{,}15 / 0{,}05)} \cdot 156\ \mathrm{W}$$

$$P = \frac{10{,}99}{(\ 1{,}25 + 0{,}099\ ) \cdot 1{,}099} \cdot 156\ \text{W}$$

$$P = 7{,}32 \cdot 156\ \text{W}$$

$$P = 1{,}142\ \text{KW}$$

Zum Temperaturerhalt ist eine Heizleistung von 1,142 KW auf der Rohrleitungsstrecke gleichmäßig zu verteilen.

Für den Fall, daß eine Temperaturerhöhung des Mediums in der Rohrleitungsstrecke erfolgen soll, ist diese berechnete Heizleistung um den Teil zu erhöhen, der zur Erwärmung des Mediums erforderlich ist. Diese Temperierungs-Heizleistung kann nach der Gleichung 1.2.1-1 ermittelt werden. Dazu ist es erforderlich, den Materialdurchlauf zu kennen. Dieser ist entweder mit der Fließgeschwindigkeit als Massenstrom oder als Volumenstrom anzugeben.

Die in dem Beispiel 3.1.3.1 berechnete Rohrleitung soll das Medium erwärmen. Dazu sind weitere Angaben gemacht:

Eingangstemperatur des Mediums	15 °C
Ausgangstemperatur des Mediums	55 °C
Massenstrom	250 kg/h
Dichte	1,6 kg/dm^3
Spezifische Wärmekapazität	3,5 kJ/kg K

Die gesamte erforderliche Heizleistung setzt sich nun zusammen aus den Verlusten durch die Dämmung und der zur Erwärmung erforderlichen Leistung.

$$P_G = P_V + P_T$$

Darin bedeuten:

P_G	= erforderliche Gesamtleistung	in W
P_V	= Verluste durch die Dämmung nach Beispiel 3.1.3.1	in W
P_T	= erforderlich Heizleistung zum temperieren	in W

Für die Erwärmung der durchfließenden Masse ist unter Berücksichtigung eines thermischen Wirkungsgrades von 85 % folgende Leistung erforderlich:

$$P_T = \frac{m \cdot c \cdot (\ t_E - t_0\ )}{\eta}$$

$$P_T = \frac{250\ \text{kg/h} \cdot 3{,}5\ \text{kWs/kg K} \cdot (\ 55 - 15\ )\ \text{K}}{0{,}85}$$

$$P_T = 11{,}43\ \text{kW}$$

Dieses Ergebnis in die Gesamtgleichung eingesetzt ergibt:

$P_G = P_V + P_T$
$P_G = 1{,}142 \text{ kW} + 11{,}43 \text{ kW}$
$P_G = 12{,}57 \text{ kW}$

Diese Heizleistung wird gleichmäßig auf die Rohrleitung aufgebracht. Es ist zu beachten, daß bei einer Reduzierung des Massenstroms die zugeführte Wärmeleistung nicht abzuleiten ist. Dies kann zu einem unerwünschten Temperaturanstieg führen.

Eine Messung der Medientemperatur mit nachgeschalteter Regelung der Heizleistung kann dabei Abhilfe schaffen.

Der Widerstand der Heizleitung wird für dieses Beispiel wie folgt ermittelt:

Um die Gesamtleistung auf das Rohr gleichmäßig zu verteilen, ist die folgende Heizleistung je Meter Rohr erforderlich:

$$P_l = \frac{P_G}{l}$$

$$P_l = \frac{12570 \text{ W}}{156 \text{ m}} = 81 \text{ W/m}$$

Für diesen Leistungsbedarf sind bei der Verwendung von Heizleitungen mit einer Leistung von 20 W/m mindestens 4 Leitungen erforderlich, die parallel am Rohr verlaufen. Unter Berücksichtigung einer Drehstromversorgung mit symmetrischer Belastung ergeben sich drei Leiterschleifen am Rohr. Der Gesamtwiderstand einer Schleife beträgt dann, wenn eine dreiphasige Versorgung mit 400 V zugrundegelegt wird, je Phase:

$$R_g = \frac{U^2}{\frac{P_g}{3}}$$

$$R_g = \frac{400^2 \text{ V}^2}{4207 \text{ W}} = 38 \, \Omega$$

Daraus läßt sich der Meterwiderstand der Heizleitung bestimmen:

$$R_l = \frac{R_g}{l} = \frac{38 \, \Omega}{156 \text{ m} \cdot 2} = 0{,}12 \, \Omega/\text{m}$$

Diese Leitung wird jedoch nicht hergestellt. Daher ist die Leitung mit dem nächsten Widerstandswert auszuwählen. Er beträgt 0,14 Ω/m.

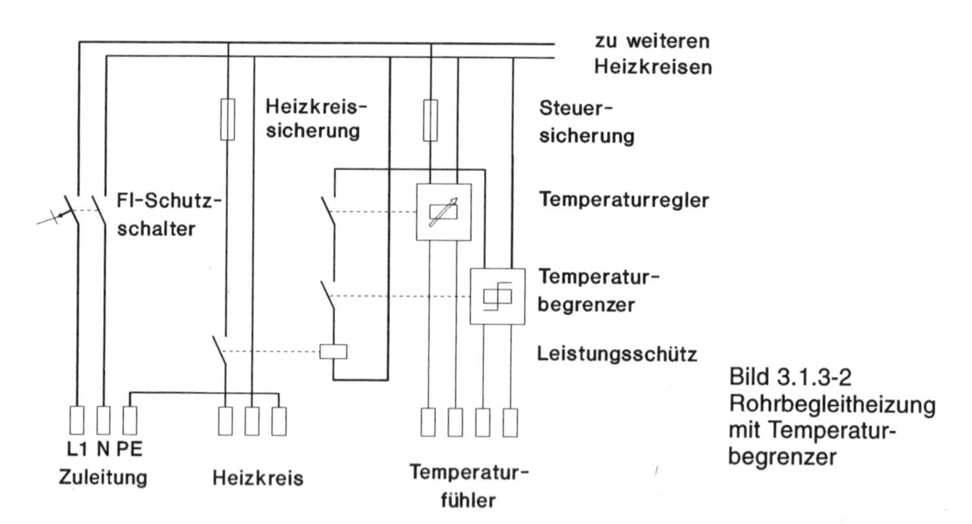

Bild 3.1.3-2 Rohrbegleitheizung mit Temperaturbegrenzer

Für die vorgenannte Beheizung sind also erforderlich: 3 Stück Heizschleifen, bestehend aus je 312 m Heizleitung, mit einem Widerstand von 0,14 Ω/m.

Den Stromlaufplan der erforderlichen Anordnung zeigt *Bild 3.1.3-2.* Hierbei wurde berücksichtigt, daß die zu transportierenden Medien eine maximale Temperatur von 63 °C vertragen und darüber hinaus nicht mehr verwendet werden können. Aus diesem Grund wurde ein Temperaturbegrenzer eingesetzt, der ein weiteres Ansteigen der Temperatur durch Abschalten der Heizleitung verhindert. Als Schutzmaßnahme gegen unzulässig hohe Berührungsspannungen wurde die Fehlerstromschutzschaltung eingesetzt.

3.1.4 Sicherheitsrelevante Beheizungen

Die wohl im Hochbau wichtigste Art der sicherheitsrelevanten Beheizungen stellt die von naßgehenden Sprinklerleitungen dar. Sicherlich ist es das Ziel eines jeden Sanitär-Fachplaners, diese Situation zu vermeiden. Leider ist es aber unter Kostengesichtspunkten nicht immer möglich, eine trockene Strecke einzusetzen, wenn ein frostgefährdeter Bereich gekreuzt wird. Grundsätzlich sollte eine Begleitheizung nach den Vorstellungen des VdS vermieden werden. Ist es dennoch erforderlich, so müssen folgende allgemeine Richtlinien beachtet werden:

- Für Begleitheizungen bis 3kW Anschlußleistung kann die Energieversorgung aus dem Schaltschrank der Sprinklerpumpe entnommen werden. Darüber hinaus ist ein eigener Schaltschrank zu errichten. Dieser muß aus der gleichen Energiequelle versorgt werden wie die Sprinkleranlage selbst.

- Die Heizung ist über die gesamte Länge doppelt anzulegen. Die Heizkreise sind parallel zu führen und so auszulegen, daß bei Ausfall eines Heizkreises der andere die Temperatur allein auf +5 °C halten kann.
- Jeder Heizkreis muß durch mindestens drei separate Temperaturfühler gesteuert werden, und zwar gleichmäßig auf der Rohrleitung verteilt. Bei Bedarf sind weitere Untertemperaturfühler auf der Länge anzubringen.
- Es sind je Heizkreis folgende Meldungen vorzusehen:
  Betriebsanzeige,
  Übertemperatur ohne Entsperrtaste,
  Temperaturfühlerausfall,
  Sicherung ausgelöst,
  Heizband defekt,
  Übertemperatur.
- Die Heizelemente sollten mit hochtemperaturfestem Isoliermaterial z. B. PTFE und mit einem Schutzgeflecht aus rostfreiem Edelstahl ausgestattet sein.
- Die Heizleitungen sollten mit einem Festwiderstandssystem ausgestattet sein, um den Sicherheitsanspruch mittels genauer Überwachung der Anlage zu gewährleisten.
- Im Schaltschrank ist der gut lesbare Hinweis »Rohrbegleitheizung für Sprinkleranlage« anzubringen.
- Die Ummantelung der Sprinklerleitung ist mit Isoliermaterial der Klasse A nach DIN 4102 vorzunehmen.
- Die technische Dokumentation der Anlage ist durch den VdS zu genehmigen. Die Abnahme der Gesamtanlage erfolgt vor Ort.

An Feuerlöschleitungen in Tiefgaragen kann vermehrt der Einsatz von selbstbegenzenden Heizleitungen beobachtet werden.

3.1.5 Fetthaltige Abwasserleitungen

Große Probleme bilden fetthaltige Abwässer in Leitungen, die über Strecken horizontal verlaufen und in denen das Abwasser auf den Erstarrungspunkt der ablaufenden Fette abkühlt. Das ist in der Regel der Fall, wenn diese Abwasserleitungen bis zum Fettabscheider durch normale Kellerräume oder direkt durch die Sohle des Gebäudes verlaufen. Ganz besonders gefährdet sind diese Leitungen bei Durchführung durch Außenbereiche oder Tiefgaragen. Diese Abwasserleitungen wachsen von innen zu, und nach kurzer Zeit ist eine Verstopfung vorprogrammiert. Dieser Vorgang kann nur unterbunden werden, wenn die Abwasserleitungen auf einer Mindesttemperatur von 65 °C gehalten werden. Dies ist besonders wichtig im Bereich von Bögen, in denen sich die Abwässer kurz stauen. In diesen Fällen handelt es sich in der Regel um Leitungen in der Größenordnung DN 100 und größer. Um hierbei eine gleichmäßige Wärmeverteilung über den gesamten Rohrumfang zu erreichen, sollten 4 Heizleitungen gleichmäßig über den Umfang verteilt werden. Bei Kunststoffrohren ist es wegen der hohen Leistung, die je Meter Heizleitung aufgewendet werden muß, unbedingt erforderlich, die Wärmeverteilung mit einer Folie zu verbessern, die über die Heizleitung geklebt wird. Hierdurch sinkt die Gefahr der Beschädigung des Rohres, und die Wärme wird gleichmäßig auf den Umfang des Rohres verteilt. Besondere Aufmerksamkeit ist den Revisionsöffnungen für Reinigungszwecke zu widmen. Diese werden oft nicht oder weniger gedämmt als das übrige Rohr. Daher ist hier der Wärmebedarf größer, was durch eine kleine Zulage von Heizleitung kompensiert werden kann.

Für die Ermittlung des Wärmebedarfs kann auf die unter Abschnitt 3.1.3 aufgeführten Berechnungsverfahren zurückgegriffen werden. Dabei ist die für den Umgebungsort niedrigste Temperatur anzusetzen. In Tiefgaragen sollte zusätzlich berücksichtigt werden, daß durch die Querlüftung durchaus Außentemperaturen auftreten können. Die Mindesttemperatur sollte in diesem Fall daher immer auf den schlechtesten Fall der Temperaturtabelle aus DIN 4701 bezogen sein.

3.1.6 Rohrbegleitheizungen im Ex-Bereich

Im Bereich der Chemischen Industrie sind Rohrbegleitheizungen, die durch einen Ex-Bereich führen, an der Tagesordnung. Wesentlich für die Beurteilung der erforderlichen Maßnahmen sind hier die Entscheidungen der zuständigen Gewerbeaufsichtsämter. Die Anforderungen, die an Rohrbegleitheizungen in diesen Bereichen gestellt werden, beziehen sich hauptsächlich auf die thermische Sicherheit der Heizelemente und auf die elektrische und mechanische Sicherheit der Anlage.

Grundsätzlich haben alle Bauteile, die in einem Ex-Bereich eingebaut werden sollen, eine Prüfung der Physikalisch Technischen Bundesanstalt (PTB) zu bestehen. Diese Institution vergibt nach Prüfung die Zulassungen zur Verwendung in bestimmten Ex-Bereichen. Die erfolgreich bestandene Prüfung wird durch die Erteilung einer PTB-Prüfnummer auf dem Produkt dokumentiert. Zusätzlich erhält jedes geprüfte Produkt ein Prüfzertifikat, aus dem die genaue Produktbeschreibung und deren Verwendung im Ex-Bereich hervorgeht. Diese Bescheinigung ist Grundlage für den prüfenden Sachverständigen der Ex-Anlage, ob das vorliegende Produkt für den vorgesehenen Einsatzfall geeignet ist. Aus diesem Grund ist es immer empfehlenswert, vor der Montage einer Rohrbegleitheizung im Ex-Bereich Kontakt mit dem zuständigen Sachverständigen aufzunehmen und die Anlagenkonfiguration im einzelnen zu diskutieren. Dieses Vorgespräch erspart in den meisten Fällen eine Menge vermeidbaren Ärgers.

Um eine Vorauswahl treffen zu können, hier einige grundsätzliche Hinweise zur Errichtung von Rohrbegleitheizungen in Ex-Anlagen:

- Es sollten immer die gleichen Grundsätze gelten wie bei der allgemeinen Elektroinstallation. Das bedeutet, daß möglichst alle Einrichtungen zum Schalten und Regeln außerhalb des Ex-Bereichs installiert werden sollten. Das gilt insbesondere für Schaltschränke mit Sicherungen, Reglern und Schützen.
- Die verwendeten Heizleitungen benötigen einen geprüften Übergang von der Heizleitung zur Kaltleitung. Diese Muffen besitzen die Zulassung nur für den Heizleitungstyp, für den die Prüfung erfolgte. Darüber hinaus ist die maximal erreichbare Temperatur der Heizleitung im Störungsfall zu berücksichtigen.
- Bei der Anordnung der erforderlichen Regler und Begrenzer ist ebenfalls auf die Zulassung zu achten. Dies gilt auch für Temperaturfühler, die an elektronische Temperaturregler angeschlossen werden und die erfahrungsgemäß mit sehr kleinen Spannungen arbeiten. In besonderen Fällen sind spezielle elektronische Trenneinrichtungen in den Fühlerleitungen erforderlich, die die im Fehlerfall auftretende Zündenergie begrenzen.

Für die Berechnung der Heizelemente gelten die gleichen Verfahren wie die bisher unter Abschnitt 3.1.3 genannten. Das gilt auch für die Grundsätze bei der Verlegung der Heizleitungen.

3.2 Freiflächenheizungen

Nicht nur in betrieblichen Bereichen, an Verladerampen und ähnlichen Einrichtungen, sondern auch im Wohnungsbau finden heute Freiflächenheizungen vermehrt Anwendung. Ein wichtiger Grund für den steigenden Bedarf an solchen Systemen liegt sicherlich in dem neuen Sicherheitsbewußtsein der Anwohner. Es ist nicht gewährleistet, daß der Betreiber einer Wohnanlage durch die Beauftragung eines Hausmeisters seiner Verkehrssicherungspflicht in Bezug auf Schee- und Eisfreihaltung hinreichend nachkommen kann. Dies trifft besonders für Tiefgarageneinfahrten zu, die auch bei nächtlichem Schneefall oder Eisregen gefahrlos passierbar sein müssen. Darüber hinaus bestehen Forderungen der Gewerbeaufsichtsämter, außenliegende Flucht- und Rettungswege, z. B. Freitreppen und Dachflächen, bis zur Fluchtebene schnee- und eisfrei zu halten, so daß im Ernstfall eine gefahrlose Flucht über diese Wege möglich ist. Eine Lösung dieser und ähnlicher Probleme ist nur sinnvoll möglich, wenn automatisch abtauende Einrichtungen, wie z. B. Freiflächenheizungen, eingesetzt werden.

Für die Energieversorgung dieser Anlagen stehen oft mehrere Energieresourcen zur Verfügung. In Industriebetrieben, die über eine Reihe von Restwärmequellen verfügen, ist der Einsatz von Warmwasser über ein Rohrsystem sinnvoll und für den Betrieb kostengünstig. Steht diese Energiequelle nicht zur Verfügung, kommt der elektrische Strom zum Einsatz. Als Wärmequelle dienen dabei Heizleitungen, die direkt in den Belag der Fläche eingebracht werden.

3.2.1 Bestimmung der Heizleistung von Freiflächenheizungen

Die zur Schnee- und Eisfreihaltung von Freiflächen aufzuwendende Leistung ist wesentlich davon abhängig, wie groß die Schneefallmenge am Einsatzort ist und mit welchen Mindesttemperaturen gerechnet werden muß. Aus der bereits erwähnten DIN 4701 lassen sich die Werte für die Mindesttemperatur ableiten. Die Werte für den Schneefall sind in der Tabelle 3.2.1-1 auszugsweise zusammengefaßt.

Tabelle 3.2.1: Schneefall in Deutschland

Ort	Höhe über NN in m	Schneefall cm/h	Schneegewicht kg/m^2
Schleswig	43	1,3	1,06
Kiel	7	1,1	0,95
Bremen	4	0,6	0,51
Hannover	53	1,0	0,90
Münster	64	0,7	0,62
Düsseldorf	38	0,9	0,86
Aachen	202	1,1	1,08
Gießen	150	0,8	0,67
Frankfurt	110	0,9	0,76
Würzburg	259	1,0	0,91
Nürnberg	335	1,3	0,96
Stuttgart	286	1,2	0,98
Freiburg	269	1,3	1,11
München	527	1,9	1,25
Passau	409	1,8	1,19
Garmisch	714	3,0	2,19
Oberstorf	810	3,5	1,86

Zur Bestimmung der erforderlichen Heizleistung soll von einem Beharrungszustand ausgegangen werden, der sich in der Regel nach kurzer Betriebszeit einstellt. Die dazu erforderliche Leistung läßt sich, aus drei verschiedenen Komponenten zusammengesetzt, verstehen.

Es wird von jeder Oberfläche, die wärmer ist als die Umgebung, eine Energie zur kälteren Umgebung abgegeben. Für die Freiflächenheizung trifft das in zwei Richtungen zu. Einmal nach oben an die Luft und einmal nach unten an das Erdreich. Weiterhin muß die zum Schmelzen des gefallenen Schnees erforderliche Schmelzwärme aufgebracht werden. Dabei muß von einer über die Oberfläche der Heizebene abzuführenden Wärmemenge ausgegangen werden, die wie folgt bestimmt werden kann.

Gleichung 3.2.1-1:

$$P_{Ao} = \alpha_o \; (t_o - t_L)$$

Darin bedeuten:

P_{Ao}	= über die Oberfläche abgeführte Heizleistung	in W/m^2
α_o	= Wärmeübergangszahl der Oberfläche in die Luft	(ca. 12 W/m^2K)
t_o	= Oberflächentemperatur	in °C
t_L	= Lufttemperatur	in °C

Um die in das Erdreich abgeführte Wärmemenge zu bestimmen, ist die Annahme einer gleichmäßigen Wärmedurchgangszahl erforderlich.

Gleichung 3.2.1-2:

$$P_{AE} = k^{'} (t_m - t_E)$$

Darin bedeuten:

P_{AE}	= die in das Erdreich abgeführte Heizleistung	in W/m^2
$k^{'}$	= mittlere Wärmedurchgangszahl durch das Erdreich (ca. 1,2 W/m^2K)	
t_m	= Temperatur in der Heizebene	
t_E	= mittlere Temperatur im Erdreich (ca. 10 °C)	

Um die in das Erdreich abgeführte Wärmemenge zu bestimmen, ist die zu erzeugende Wärmemenge, die den auf der Oberfläche liegenden Schnee zum schmelzen bringt, nachfolgend bestimmt. Dabei ist der Wert auf einen Schneefall von 1 cm/h normiert. Bei davon abweichenden Schneefallmengen ist dieser Wert entsprechend zu berichtigen.

Gleichung 3.2.1-3:

$$P_{As} = m \cdot q$$

Darin bedeuten:
P_{As} = erforderliche Leistung zur Schneeschmelze in W/m^2
m = Schneemasse bei Schneefall 1 cm/m^2h bei 125 kg/m^3
q = Schmelzwärme von Schnee 335 kJ/kg oder 93 Wh/kg.

Die für die Beheizung insgesamt erforderliche Leistung setzt sich zusammen aus den einzelnen Komponenten:

Gleichung 3.2.1-4:

$$P_{AF} = P_{Ao} + P_{AE} + P_{As}$$

Darin bedeutet:

P_{AF} = die erforderliche Heizleistung je Flächeneinheit in W/m^2.

Abschließend ein Beispiel zur Leistungsbestimmung einer Freiflächenheizung:
Eine Freiflächenheizung soll unter folgenden Bedingungen dimensioniert werden:

minimale Lufttemperatur	= –15 °C
gewünschte Oberflächentemperatur	= 5 °C
Wärmedurchgangszahl durch das Erdreich	= 12 W/m^2
mittlere Temperatur in der Heizebene	= 30 °C
Schneemasse	= 1 cm/m^2 h.

Daraus soll P_{AF} die Leistung, die je m^2 zu beheizender Fläche erforderlich ist, bestimmen. Den Lösungsansatz hierzu bilden die Gleichungen 3.2.1-1 bis 3.2.1-4.

$$P_{AF} = P_{Ao} + P_{AE} + P_{As}$$

$$P_{AF} = \alpha_o \cdot (t_o - t_L) + k' \cdot (t_m - t_E) + m \cdot q$$

$$P_{AF} = 12\ (3 - (-15))\ W/m^2 + 1{,}2\ (30 - 10)\ W/m^2 + 1{,}25 \cdot 93\ W/m^2$$

$$P_{AF} = 216\ W/m^2 + 24\ W/m^2 + 116\ W/m^2$$

$$P_{AF} = 356\ W/m^2$$

Mit dieser Zahl steht ein Richtwert zur Verfügung, der an die jeweiligen Klimadaten des Montageortes angepaßt werden muß. Grundsätzlich ist aber ersichtlich, welche Leistungsanteile für die einzelnen Komponenten aufgebracht werden müssen. Diese verändern sich dann je nach Schneefallmenge und Außentemperatur. Eine Reduzierung läßt sich z. B. für den Fall annehmen, daß der Schneefall auf den Temperaturbereich von 0 °C bis –5 °C beschränkt ist. Damit reduziert sich der Leistungsanteil P_{Ao} auf

$$P_{Ao} = \alpha_o \, (t_o - t_L)$$

$$P_{Ao} = 12 \, (3 - (-5) \, W/m^2$$

$$P_{Ao} = 96 \, W/m^2$$

und somit die gesamte Leistung auf

$$P_{AF} = P_{Ao} + P_{AE} + P_{As}$$

$$P_{AF} = 96 \, W \; + 24 \, W + 116 \, W/m^2$$

$$P_{AF} = 236 \, W/m^2$$

Um bei der trockenen Fläche das tiefe Auskühlen zu verhindern, ist es sinnvoll, eine Mindesttemperatur zu halten. Diese sorgt dann bei plötzlich auftretendem Regen oder Schneefall für eine kurze Reaktionszeit der Heizung, indem die Belagsmasse bereits vorgewärmt ist. Damit kann die notwendige Heizleistung zur Temperaturerhaltung auf einen der Schmelzleistung ähnlichen Wert reduziert werden.

In dem vorgenannten Beispiel ist die Schmelzleistung $P_{As} = 120 \, W/m^2$. Nach Umstellung der Grundgleichung läßt sich die Temperaturdifferenz zwischen Oberfläche und Umgebung ermitteln.

$$P_{Ao} = \alpha_o \, (t_o - t_L)$$

$$\Delta t = \frac{P_{Ao}}{\alpha_o}$$

$$\Delta t = \frac{120 \, W/m^2 \, K}{120 \, W/m^2}$$

$$\Delta t = 10 \, K$$

Die trockene Fläche wird mit der für die Schmelzwärmeerzeugung notwendigen Heizleistung, einer Temperaturdifferenz zwischen Außentemperatur und Oberfächentemperatur von 10 K, aufrechterhalten. Auch dieser Wert ist abhängig von den übrigen Klimadaten. Er reduziert sich, wenn die Umgebungstemperaturen ansteigen. Das bedeutet, daß im Bereich der Schneefalltemperatur von 0 °C bis –5 °C die Fläche mit 5 °C vorgeheizt werden kann, um den frisch fallenden Schnee verzögerungfrei abtauen zu lassen. Einige Hersteller gehen dabei sogar so weit, daß die Heizung im trockenen Zustand nur mit einem Drittel der für das Abtauen erforderlichen Heizleistung betrieben wird.

3.2.2 Tiefgarageneinfahrten

Tiefgarageneinfahrten stellen einen Haupteinsatzbereich von Freiflächenheizungen dar. Alle bereits gemachten Bemerkungen treffen ausnahmslos auch für die Tiefgarageneinfahrten zu. *Bild 3.2.2-1* zeigt eine Tiefgarageneinfahrt mit den verlegten Heizelementen und dem aufgebrachten Gußasphalt.

Bild 3.2.2-1 Einbringung einer Freiflächenheizung in eine Tiefgarageneinfahrt mit Gußasphaltdecke

3.2.2.1 Planung von beheizten Tiefgarageneinfahrten

Wichtig für die Installationsplanung von Freiflächenheizungen auf Tiefgarageneinfahrten ist ein gültiger Architektenplan. Dieser muß als Grundriß und als Schnitt zur Verfügung stehen. Zusätzlich zum Schnitt sollten vorhandene Fahrbahntrennungen und Gehsteige bekannt sein, ebenso die Arbeitsweise, in der die einzelnen Teile betoniert werden. Dies ist schon deshalb sehr wichtig, weil einige dieser Bauteile durchaus im Grundwasser liegen können. Die Besonderheiten bei der Verarbeitung und Durchquerung von WU-Beton seien nur am Rande erwähnt. Hier ist eine enge Zusammenarbeit mit dem Architekten erforderlich, insbesondere auch hinsichtlich der Erstellung von Durchführungen für Leitungen und Rohre.

Die Entwässerung der Einfahrt sollte ebenfalls im Plan eingetragen sein. Diese befindet sich meist als Rinne an der unteren Kante der Fahrbahn. Auch sie ist zu beheizen, damit das Schmelzwasser, das sich dort unten ansammelt, auch abfließen kann. Ein weiteres Augenmerk ist auf die in der Fahrbahn befindlichen Baukörperfugen zu richten. Diese dürfen, da die voneinander getrennten Baukörper gegenläufige Bewegungen ausführen können, nicht von den Heizleitungen überquert werden. Da die Heizleitungen auf beiden Seiten festliegen, besteht die Gefahr, daß sie reißen. Das Queren mit Kaltleitern ist nur im Notfall zu empfehlen und dann ausschließlich unter besonderen Maßnahmen, die eine Zerstörung der Leitung in jedem Fall verhindern.

Zur Vereinfachung der Installation sollten Leerrohre von einer zentralen Verteilerstelle oder vom Schaltschrank zu den Enden der Heizmatten geführt werden, um die Kaltleiter zu führen. Dazu ist vor Beginn der Bauarbeiten ein Verlegeplan anzufertigen. Dieser Verlegeplan enthält die genaue Lage der erforderlichen Heizmatten sowie die Endpunkte der Kaltleiter und die Fühlerposition. Des weiteren sind die mit dem Kunden und dem Architekten abgestimmten Positionen des Schaltschranks (zur Versorgung der Freiflächenheizung) und die eventuell erforderlichen Positionen von Verteilerkästen einzutragen. *Bild 3.2.2.1-1* zeigt die Verkleinerung eines solchen Verlegeplans. Je nach Größe des Objekts kann dieser Verlegeplan in

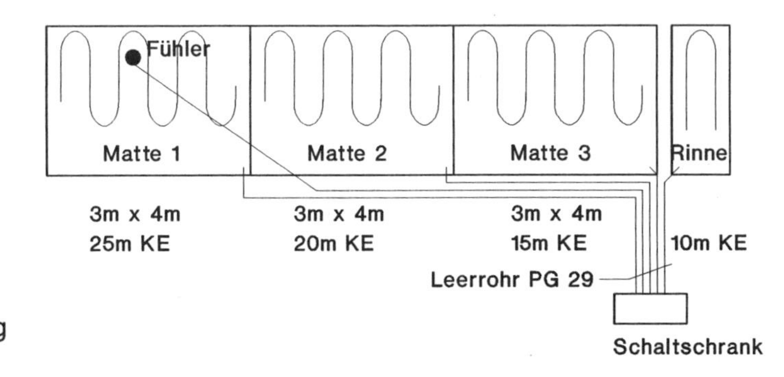

Bild 3.2.2.1-1
Verlegeplan einer Freiflächenheizung

den Grundriß Maßstab 1 : 50 des Architekten eingezeichnet werden. Eine Vergrößerung auf 1 : 20 ist durchaus üblich, wenn es sich um kleinere Objekte handelt oder wenn die Positionen von Fühler und Leerrohr sehr genau festzulegen sind.

Wichtig ist die Kontrolle der fertig verlegten Heizelemente und der Anschlußmuffen. Diese sollten nach Beendigung der Arbeiten exakt eingemessen werden, um bei einer späteren Fehlersuche ein Wiederauffinden zu erleichtern. So wird aus dem Verlegeplan gleichzeitig ein Revisionsplan.

3.2.2.2 Aufbau und Montage von Freiflächenheizungen

Der Aufbau der Freiflächenheizung richtet sich nach dem verwendeten Bausystem der Rampe und deren Oberbelag. Bei Rampen aus Beton wird in der Regel eine Unterlage aus konstruktivem Betonbauwerk erstellt. Diese kann durchaus »naß in naß« mit der Deckschicht eingebracht werden. In diesem Fall ist es erforderlich, die für die Kaltleiterverlegung vorgesehenen Leerrohre an die Monierung der Konstruktion anzubinden, damit sie bei Einbringung des Betons nicht verrutschen. Die Heizmatten werden, um ein Aufschwimmen an die Betonoberfläche zu verhindern, unter einer Baustahlmatte befestigt. Dies kann mit einfachem Draht erfolgen, der um die Mattenstege geschlungen wird. Bei Einbringung des Betons ist auf die Höhenlage der Heizmatte zu achten. Sie ist parallel zur späteren Oberfläche mit einem Abstand von ca. 3 bis 5 cm zu verlegen. Da der Beton in der Regel aus einer Pumpe oder einer Betonbombe mit recht großem Druck auf die Einfüllstelle trifft, ist den Muffen in diesem Moment eine besondere Aufmerksamkeit zu widmen. Trifft der Betonschwall eine Muffe, kann unter ungünstigen Umständen der Kaltleiter von dem Heizleiter abreißen. Dies führt bei laufender Betonierung zu erheblichen Problemen mit den Betonbauern und sollte unter allen Umständen vermieden werden. *Bild 3.2.2.2-1* zeigt einen Schnitt durch eine beheizte Betonrampe.

Nach den Erfahrungen des Autors ist die Montage von Freiflächenheizungen in Beton eine Leistung, die mit einer Reihe von Unwägbarkeiten verbunden ist.

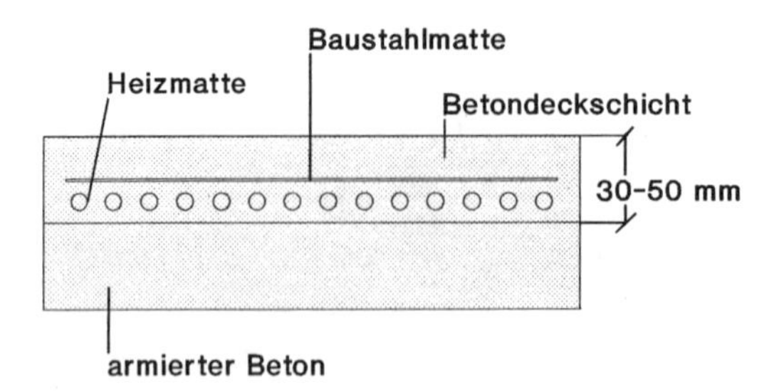

Bild 3.2.2.2-1 Aufbau der Freiflächenheizung in Betonrampen

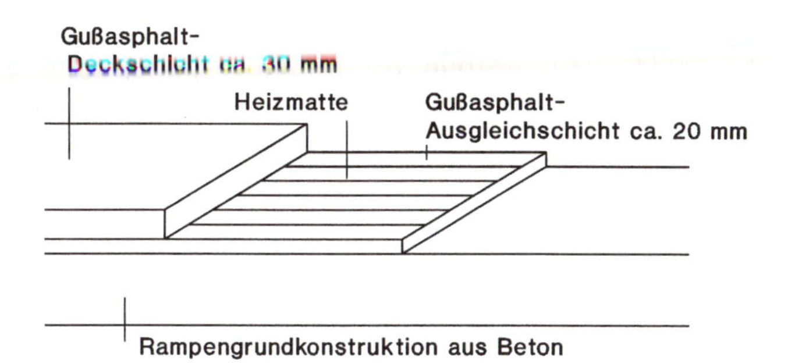

Bild 3.2.2.2-2 Aufbau der Freiflächenheizung in Gußasphalt

Einfacher stellt sich die Installation einer Freiflächenheizung in einer mit Gußasphaltdecke geplanten Rampe dar. Nachdem die Betonarbeiten abgeschlossen sind, wird auf der ebenen Betonoberfläche, die mit einer Ausgleichsschicht aus Gußasphalt vorbereitet wurde, die Heizmatte ausgelegt. Um ein Aufschwimmen der Heizelemente zu verhindern, werden die Stege der Heizmatten auf die Ausgleichsschicht genagelt.

3.2.2.3 Berechnung von Freiflächenheizungen

Ziel der Berechnung ist es, die erforderliche Heizmattenzahl und deren Größe unter Berücksichtigung der für die Beheizung notwendigen Flächenleistung zu ermitteln. Dazu sollten folgende Punkte als Eckwerte der Berechnung zugrundeliegen:

- Die erforderliche Flächenleistung wurde gemäß Abschnitt 3.2.1 ermittelt oder der *Tabelle 3.2.2.3-1* entnommen.
- Die Heizleistung ist gleichmäßig auf die drei Außenleiter aufzuteilen.
- Der Heizleiterabstand sollte kleiner als 10 cm sein.
- Der Heizleiterabstand ist über alle Matten des gleichen Wärmebedarfs gleichmäßig auszuführen.
- Die Absicherung der Heizmatten ist auf die zur Verfügung stehenden Kaltleiterquerschnitte abzustimmen.

In folgendem Berechnungsbeispiel soll zur Ermittlung der erforderlichen Heizleistung die Tabelle 3.2.2.3-1 herangezogen werden. Sie wurde auf Basis der in Abschnitt 3.2.1 erläuterten Verfahren ermittelt. Diese Tabelle besitzt eine hinreichende Genauigkeit zur Ermittlung der Heizleistung einer Tiefgarageneinfahrt für einen mittleren Schneefall von 0,7 cm/h. Es wird davon ausgegangen, daß die Einfahrt direkt über dem Erdboden liegt. In davon abweichenden Temperatur- und Schneefallgebieten sowie bei konstruktiven Sonderfällen ist auf eine Berechnung nach dem Muster von Abschnitt 3.2.1 zurückzugreifen.

Tabelle 3.2.2.3-1: Leistungsbedarf einer Freiflächenheizung

Konstruktion unter der beheizten Fläche	Leistung in W/m²
Erdreich	ca. 280
geschlossener Raum	ca. 250
freitragend, offen	ca. 350

Der im Bild 3.2.2.1-1 dargestellte Grundriß zeigt eine Fahrbahnbreite von 3 m und eine Fahrbahnlänge von 12 m. Am unteren Ende befindet sich eine Abwasserrinne, die sich über die gesamte Fahrbahnbreite erstreckt.

Die schrittweise Lösung der Planung erfordert zunächst die Ermittlung der notwendigen Flächenleistung. Diese, aus *Tabelle 3.2.2.3-1* entnommen, beträgt für den Anwendungsort $P_{AF} = 280\ W/m^2$. Die Heizfläche beträgt nach den Grundrißvorgaben:

Fahrbahnbreite $b = 3$ m,
Fahrbahnlänge $l = 12$ m,

$$A = l \cdot b = 3\ m \cdot 12\ m = 36\ m^2$$

Daraus folgt bei gleichmäßiger Aufteilung auf die drei Außenleiter eine Mattenleistung von

$$P_M = 1/3 \cdot P_{AF} \cdot A$$

$$P_M = 1/3 \cdot 280\ W / m^2 \cdot 36\ m^2$$

$$P_M = 3360\ W$$

Bei Anschluß an 230 V fließt bei dieser Leistung ein Strom von:

$$I = \frac{P_M}{U} = \frac{3360\ W}{230\ V} = 14{,}6\ A$$

Damit kann die Absicherung und der Querschnitt der Kaltleitung festgelegt werden. Bei größeren Heizungsanlagen ist es sinnvoll, die Heizmatten nicht, wie hier vorgeschlagen, in Sternschaltung, sondern in Dreieckschaltung an 400 V zu betreiben. Dadurch lassen sich größere Flächen mit einer Heizmatte auslegen, was zur Folge hat, daß sich der Leitungsaufwand an Kaltleitern erheblich reduziert und die Muffenzahl geringer wird. Die Möglichkeit der Vorheizung in Sternschaltung, mit der dann zur Verfügung stehenden Drittel-Leistung in Sternschaltung, ist ein weiterer Vorteil.

Die Ermittlung des Heizleitungstyps setzt die Festlegung der Heizmattengröße und Heizmattenleistung und den geplanten Heizleiterabstand voraus. Die Normwerte der Heizleitungswiderstände sind der Tabelle 1.3.1.1-1 zu entnehmen:

Heizmattengröße	A_M	$= 12\ m^2$
Heizmattenleistung	P_M	$= 3360\ W$
Heizleiterabstand	a_{max}	$= 10\ cm$

Zunächst wird hieraus der Gesamtwiderstand der Heizmatte errechnet:

$$R_M = \frac{U^2}{P_M}$$

$$R_M = \frac{230^2\ V^2}{3360\ W}$$

$$R_M = 15{,}74\ \Omega$$

Dieser Gesamtwiderstand führt zu dem Heizleiterwiderstand über die mögliche Länge der zu verarbeitenden Heizleitung, unter Berücksichtigung der Heizleiterbelastung. Es kann bei guter Wärmeableitung davon ausgegangen werden, daß eine Leistung von ca. 25 W/m ableitbar ist. Das bedeutet für die geplante Matte:

$$l = \frac{3360\ W}{25\ W/m} = 134\ m$$

Diese Länge darf nicht unterschritten werden, da sonst die Heizleitung überlastet wird. Aus dem vorgegebenen Heizleiterabstand von 10 cm, einer Mindestlänge von 10 m/m^2 und einer Mattengröße von 12 m^2 ergibt sich eine Heizleiterlänge von:

$$l = 12\ m^2 \cdot 10\ m/m^2 = 120\ m$$

Diese ist jedoch kürzer als die berechnete Länge nach der ableitbaren Heizleistung. Das bedeutet, daß der Heizleiterabstand kleiner wird als 10 cm. Unter Berücksichtigung der möglichen Heizleiterabstände von vorhandenen Abstandhaltern erfolgt mittels der verfügbaren Heizleiterwiderstanswerte eine Optimierung. Das zur Verfügung stehende Raster beträgt 2,5 cm und damit der nächst kleinere Heizleiterabstand 7,5 cm. Die Heizleiterlänge von 13,33 m/m²

$$l = 12\ m^2 \cdot 13{,}33\ m/m^2 = 160\ m.$$

Die erforderliche Heizleitung läßt sich nun mit dieser Leitungslänge bestimmen.

$$R_m = \frac{R_M}{l}$$

$$R_m = \frac{15{,}74\ \Omega}{160\ m}$$

$$R_m = 0{,}1\ \Omega/m$$

Dieser Wert ist in der Tabelle 1.3.1.1-1 vorhanden. Wäre das nicht der Fall, müßte auf den nächstliegenden Wert zurückgegriffen werden. Dabei muß die Rechnung hinsichtlich der maximal ableitbaren Wärmemenge und der Flächenleistung nochmals überprüft werden.

Zur Bestimmung der Heizleitung in der Rinne kann eine erforderliche Heizleistung von ca. 80 W/m angenommen werden. Das führt zu folgenden Eckdaten:

Heizmattenlänge $A_M = 3$ m

Heizmattenleistung $P_M = 240$ W.

Daraus folgt eine Mindestheizleiterlänge von

$$l = \frac{240\ W}{25\ W/m} = 9{,}6\ m$$

Das bedeutet, daß ein einmaliges Hin- und Zurückführen der Heizleiter nicht zu der geforderten Mindestlänge führt. Somit sind vier Längen erforderlich. Das ergibt eine Heizleiterlänge von

$$l = 4 \cdot l = 4 \cdot 3\ m = 12\ m.$$

Die Heizleitung soll an 230 V angeschlossen werden. Damit wird der Mattenwiderstand ermittelt.

$$R_M = \frac{U^2}{P_M}$$

$$R_M = \frac{230^2\ V^2}{240\ W}$$

$$R_M = 220\ \Omega$$

Unter Berücksichtigung der Heizleiterbelastung führt dieser Gesamtwiderstand über die mögliche Länge der zu verarbeitenden Heizleitung.

$$R_M = \frac{220\ \Omega}{12\ m}$$

$$R_M = 18{,}3\ \Omega/m$$

Der diesem berechneten Wert am nächsten liegend Normwert beträgt 18 Ω /m. Dieser Wert kann durchaus verwendet werden. Damit sind die Daten der zu fertigenden Freiflächenheizung ermittelt. Der zugehörige Mattenplan geht aus dem Bild 3.2.2.1-1 hervor. Eine zweispurige Einfahrt kann nun aus der einen Spur hergeleitet werden. Lediglich der geplante Schaltschrank ist durch drei Mattenabgänge und einen Rinnenabgang zu vergrößern.

Die Länge der Kaltleiter kann nach Eintragung der Heizmatten in den Grundrißplan ermittelt werden. Die maximale Kaltleiterlänge beträgt 25 m für die entfernteste Matte, 20 m für die mittlere Matte und 15 m für die dem Schaltschrank nächste Matte. Für die Rinne sind 10 m Kaltleiter vorzusehen.

Zusammenfassend noch einmal die Ergebnisse. Erstellt werden:

3 Stück Heizmatten	Abmessungen	3 x 4	m
	Anschlußspannung	230	V
	Stromaufnahme	15	A
	Leistung	3450	W
	Mattenwiderstand	16	Ω
	Heizleitung	0,1	Ω/m
	Heizleiterlänge	160	m
	Kaltleiterlänge	15, 20 und 25 m	

1 Stück Heizmatte	Abmessungen	3 x 0,1	m
	Anschlußspannung	230	V
	Stromaufnahme	1	A
	Leistung	240	W
	Mattenwiderstand	216	Ω
	Heizleitung	18	Ω/m
	Heizleiterlänge	12	m
	Kaltleiterlänge	10	m

Diese Werte, sowie die Ergebnisse der Isolationsmessung an den Enden der Kaltleiter, sollten der Mattenlieferung auf die Baustelle beigefügt werden, so daß eine Überprüfung der eingebauten Matten möglich wird. Bei unterschiedlichen Kaltleiterlängen oder unterschiedlichen Mattengrößen ist eine Numerierung der Matten unumgänglich. Diese Nummern sind in dem erstellten Mattenplan wiederzufinden.

3.2.2.4 Regelung von Freiflächenheizungen

Für die Regelung einer Freiflächenheizung stehen grundsätzlich zwei Verfahren zur Verfügung. Erstens die Temperaturregelung und zweitens die Regelung nach Feuchte und Temperatur.

Das erste Verfahren ist relativ preiswert; jedoch ist die Heizung in Gebieten, in denen wenig Niederschlag fällt und häufig Temperaturen um Null Grad herrschen, ein etwas energieaufwendiges Verfahren. Bei diesem Verfahren wird die Tatsache ausgenutzt, daß ein Niederschlag meistens nur bei Temperaturen bis –5 °C zu erwarten ist. Daher besteht die Regeleinrichtung aus zwei Temperaturreglern, von denen der eine die Heizung bei einer Temperatur von etwa 3°C einschaltet und der zweite die Heizung bei Temperaturen unter –5 °C wieder ausschaltet. *Bild 3.2.2.4-1* zeigt das Einschaltverhalten der Anordnung.

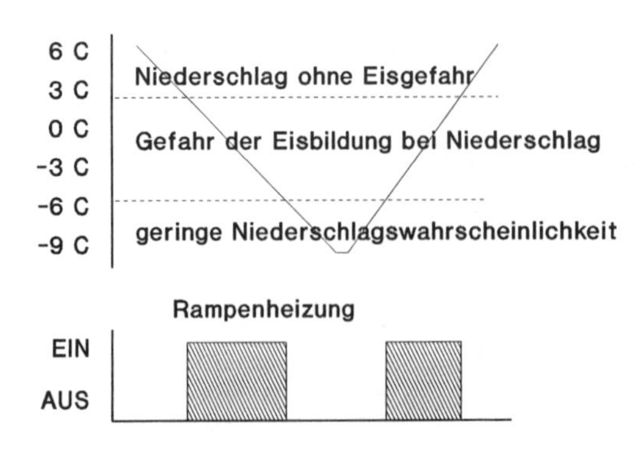

Bild 3.2.2.4-1
Einschaltverhalten von Freiflächenheizungen mit 2 Temperaturreglern

Der Übersichtsplan für die Steuerung ist in *Bild 3.2.2.4-2* dargestellt. Auf die Darstellung der einzelnen Heizkreise wurde dabei verzichtet. Bei der Montage der Temperaturfühler ist zu beachten, daß diese nach einem Defekt auch auswechselbar sind. Aus diesem Grund sind die Fühlerleitungen durch ein Leerrohr zu führen.

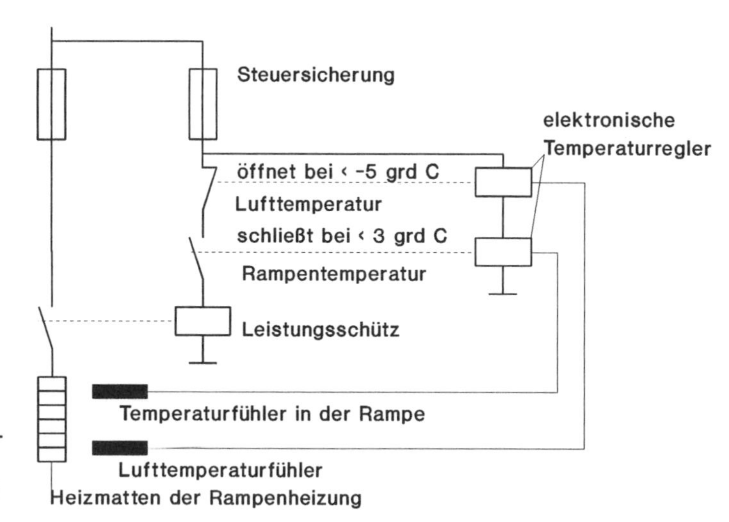

Bild 3.2.2.4-2 Regelung einer Freiflächenheizung mit 2 Temperaturreglern

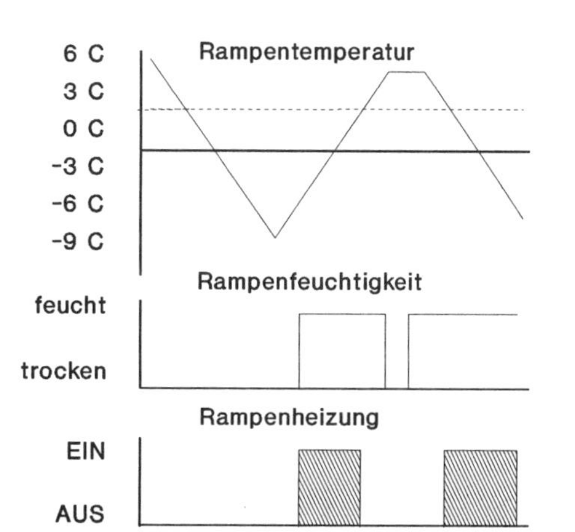

Bild 3.2.2.4-3 Einschaltverhalten einer Freiflächenheizung mit Feuchte- und Temperaturerfassung

Eine weitere Möglichkeit der Regelung einer Freiflächenheizung besteht in der Verwendung einer Temperaturregelung mit einer Feuchteerfassung. Hierbei wird die Einschaltung der Heizung von den beiden Kriterien abhängig gemacht, die zur Glättebildung führen. Ein Fühler erfaßt die Temperatur, und ein zweiter Fühler erfaßt die Feuchtigkeit. Beide können auch in einem Gehäuse untergebracht sein. Das Einschaltverhalten einer solchen Regelung zeigt *Bild 3.2.2.4-3*.

In diesem Fall ist die Positionierung des Feuchtefühlers ein wichtiger Punkt, der für die einwandfreie Funktion der Heizung eine wesentliche Rolle spielt. Die Angaben der Reglerhersteller sind auf das genaueste zu beachten. Dabei ist auch ein möglicher Defekt und das damit verbundene Auswechseln der Fühler einzukalkulieren. Die Montage in einem Fühlergehäuse und die Leitungsführung in einem Rohr sind obligatorisch. Empfehlenswert sind auch Feuchte- und Temperaturfühler, die mittels Stecker angeschlossen werden. In diesem Fall ist das Auswechseln ohne Abklemmen und Herausziehen der Fühlerzuleitung möglich, die in der Regel 5- bis 7- adrig ist. Ein weiterer Vorteil der Verwendung von Leergehäusen besteht darin, daß der empfindliche Fühler nicht schon während der Belagsarbeiten eingesetzt werden muß.

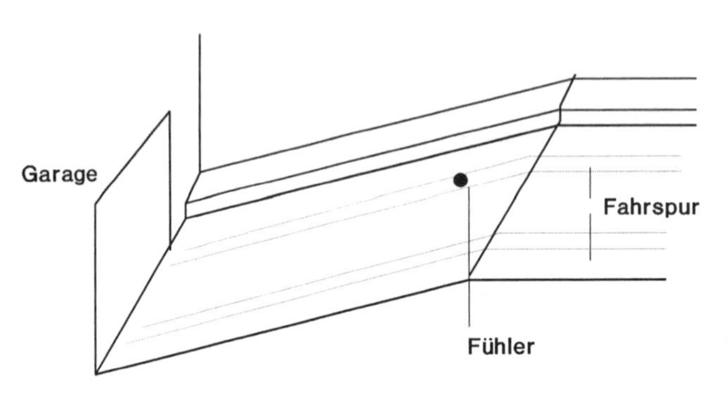

Bild 3.2.2.4-4 Position der Feuchte- und Temperaturfühler

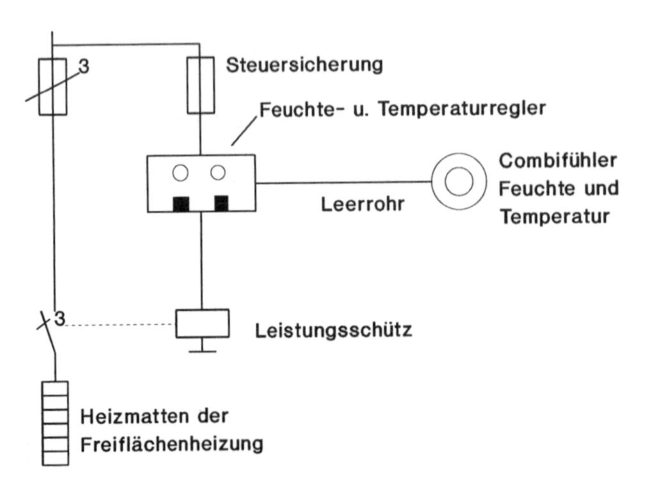

Bild 3.2.2.4-5 Regelung einer Freiflächenheizung nach Temperatur und Feuchte

Der Stromlaufplan einer Regelung nach Temperatur und Feuchte ist in Bild 3.2.2.4-5 gezeigt. Auf die Darstellung der Heizkreise und der sonstigen Einrichtungen wurde hierbei verzichtet. Eine Umgehung der Regelung mittels Handschalter sollte vorgesehen werden, um die Anlage unabhängig von der Regeleinrichtung überprüfen zu können.

3.2.2.5 Installation von Freiflächenheizungen

Die für die Installation von Freiflächenheizungen geltenden Vorschriften weichen von Hersteller zu Hersteller etwas ab. Sie sind hauptsächlich von den verwendeten Materialien abhängig. Einige allgemein gültige Hinweise seien nachfolgend aufgeführt. Die Beachtung der Herstellervorschriften ist für den Installateur der Anlage jedoch in jedem Fall bindend und steht über diesen Hinweisen.

Verarbeitungshinweise und Installationsanleitung für Freiflächenheizungen

1. Die Heizleiter fertig konfektionierter Heizmatten dürfen nicht gekürzt oder verändert werden. Ein Kürzen der angeschlossenen Kaltleiter ist erlaubt.

2. Die Verbindungsmuffen zwischen Heizleiter und Kaltleiter dürfen keinem Zug oder Druck ausgesetzt und nicht geknickt werden.

3. Bei der Einbringung ist eine gute Umschließung der Heizleiter zu gewährleisten, damit ein örtliches Überhitzen der Heizleiter verhindert wird. Die Heizleiter sind mit einer Mindestüberdeckung von 2 cm Gußasphalt bzw. 3 bis 5 cm Beton zu verlegen. Der Abstand zur Oberfläche ist konstant zu halten.

4 Die Verarbeitungstemperatur des Gußasphalts darf die maximal zulässige Temperatur der Heizleiter gemäß Datenblatt nicht überschreiten. Eine zu hohe Temperatur führt zur Zerstörung der Heizleiter.

5. Die Heizleiter sind untereinander mit einem Mindestabstand von ca. 2 cm zu verlegen. Ein Kreuzen der Heizleiter ist in jedem Fall verboten. Kreuzen von Heiz- und Kaltleitern ist nur erlaubt, wenn dadurch die Mindestüberdeckung nicht unterschritten wird.

6. Der Temperaturfühler ist mit einem ausreichenden Abstand von den Heizleitungen zu installieren. Gleiches gilt für den Combifühler für Feuchte und Temperatur. Die in den Verlegeplänen vorgegebene Position der Fühler ist einzuhalten.

7. Bei der Durchführung von Kaltleitern und Fühlerleitungen durch Installationsrohre sind die Leitungen vor Beschädigung durch zu hohe Zugkräfte zu schützen. Muffen dürfen unter keinen Umständen einer Zugbelastung ausgesetzt werden. Heizleiter dürfen unter keinen Umständen in Installationsrohren verlegt werden.

8. Der elektrische Anschluß der Heizung darf nur von einem zugelassene Elektroinstallateur vorgenommen werden. Die einschlägigen sowie die für den Einbauort geltenden besonderen Vorschriften, insbesondere der für den Brand- und Ex-Schutz, sind einzuhalten. Die Heizelemente dürfen nur an die vorgegebene Anschlußspannung angeschlossen werden.

9. Als Schutzmaßnahmen gegen zu hohe Berührungsspannung ist die FI-Schutzschaltung, gemäß VDE 0100 Teil 410, mit einem Auslösestrom < 0,3 A zu verwenden. Das um Heizleiter bzw. Kaltleiter liegende Metallgeflecht ist in die Schutzmaßnahme einzubeziehen.

10. Der Kurzschlußschutz und der Schutz gegen Überlast der Leitungen ist mit geeigneten Schutzorganen vorzunehmen und auf die Dimension der Heizleitung sowie der Kaltleiter und deren eventuell vorhandenen Verlängerungen abzustimmen.

11. Vor Inbetriebnahme der Heizung ist der Isolations- und Durchgangswiderstand der Heizmatten mit geeigneten Meßgeräten zu ermitteln und mit den Herstellerdaten zu vergleichen. Die Ergebnisse sind in eine Prüfliste einzutragen und den Revisionsplänen beizufügen.

Die Verlegung der Heizmatten erfolgt nach den vom Hersteller der Heizung mitzuliefernden Mattenplänen. Dabei ist von zwei verschiedenen Mattenherstellungen und Verlegearten auszugehen. Einige Hersteller verwenden ein bestimmtes Breitenraster in Verbindung mit der erforderlichen Heizleistung. Die Heizmatten haben dann ein Rechteckformat, dessen Länge abhängig von der Form der zu beheizenden Fläche und der zu erbringenden Leistung ist. Diese Heizmatten sind durch Auftrennen an den Stegen auf die jeweils erforderliche Form zu bringen und örtlich an die zu beheizende Fläche anzupassen. Dies gestaltet sich bei Rundungen erwiesenermaßen recht problematisch. Dabei ist ein nicht unerheblicher Montageaufwand erforderlich, der dazu dient, die gelieferten Heizmatten mit gleichen Abständen auf der zu beheizenden Fläche zu verteilen. Ein weiteres Herstellungsverfahren, das jedoch im Gegensatz zu dem vorgenannten von Hand ausgeführt wird, ist die Anpassung der Heizmatten an die Form der zu beheizenden Fläche. Hierbei lassen sich Rundungen in der Heizfläche genau so einfach auslegen wie gerade Stücke. Der Arbeitsaufwand durch Anpassung ist in diesen Fällen erheblich geringer. Grundsätzlich sollte eine Fläche zunächst mit den Matten gemäß Mattenplan ausgelegt werden. Dabei sind dann erforderliche Verschiebungen noch möglich. Erst danach ist mit dem Befestigen der Matten zu beginnen. Nach dem Verlegen der Kaltleiter und der Fühler sind die Muffen einzumessen und in den Revisionsplan einzutragen. Diese Maßnahme erleichtert das spätere Suchen eines Fehlers.

3.2.3 Beheizung von Fluchttreppen

Bei Fluchttreppen, die im Außenbereich verlaufen, ist es erforderlich, daß diese Treppen schnee- und eisfrei gehalten werden, damit eine Flucht gefahrlos erfolgen kann. Die Notwendigkeit einer Eisfreihaltung ohne Streumitteleinsatz trifft ebenso für Treppenanlagen und Eingangsbereiche aus Naturstein zu, da dieser bei Streumitteleinsatz Schaden nehmen kann. Dies ist besonders bei Marmor der Fall.

In diesen Fällen kann durch die Beheizung der Anlage mittels elektrischer Freiflächenheizung das Problem gelöst werden. Der Wärmebedarf der Heizung läßt sich nach dem gleichen Verfahren berechnen wie in Abschnitt 3.1.1 für Freiflächenheizungen aufgezeigt.

Die Planung ist unter Berücksichtigung der Ausführung der Treppenanlage zu erstellen. Dabei sind die beiden Ausführungsarten, freitragende Treppe aus Werkstein und Ortbetontreppe mit einer Steinauflage, zu unterscheiden.

Die von den Architekten zur Verfügung gestellten Pläne, und hier besonders die Schaltpläne, sind bei der Planung der Anlage die wichtigsten Grundlagen. Sollte sie in einem frühen Stadium bereits begleitet werden können, so ist es empfehlenswert, bereits bei der Durchbruchplanung des Architekten und Statikers die erforderlichen Maueröffnungen für die Führung der Kalt- und Versorgungsleitungen anzugeben, um ein späteres Bohren, insbesondere durch Betonwände, zu vermeiden. Das gleiche gilt natürlich auch für mögliche Leitungswege in Ort- oder Fertigbetonkonstruktionen der Treppe. Eine genaue Kenntnis der späteren Ausführung der Heizungsanlage ist dabei natürlich die Voraussetzung.

Aus der Kenntnis der vorgenannten Pläne entstehen dann zunächst die Mattenpläne, die den Aufbau der Heizmatten sowie die Aufteilung der Heizgruppen und die Zuteilung der Stromkreise erkennen lassen. Diese Pläne sind für die Installation und für die spätere Revision der Anlage unerläßlich. In den Mattenplänen finden sich alle elektrischen Daten der erstellten Heizelemente sowie deren mechanische Abmessungen und räumliche Zuordnung in der Treppenanlage wieder.

3.2.3.1 Beheizte Werkstein-Freitreppenanlagen

Bei der Werksteintreppe, die in der Werkstatt des Treppenstufenherstellers erstellt wird, sind die einzubringenden Heizelemente als Einzelelemente, mit einer entsprechenden Anschlußleitung an Kaltleitern, vorzufertigen. Diese werden dann in die Stufe eingegossen. In der Regel ist ein Verbinden der einzelnen Treppenstufen miteinander, wegen der Herstellungsverfahren, in der Werkstatt nicht möglich. Es muß deshalb davon ausgegangen werden, daß die einzelnen Treppenstufen auch einzelne Heizelemente erhalten. Das bedeutet natürlich nicht, daß jede der Stufen an die Versorgungsspannung angeschlossen werden muß; vielmehr ist die Zusammenschaltung zu Gruppen möglich. Dies kann dann vor Ort geschehen.

Bild 3.2.3.1-1 Beheizte freitragende Freitreppe aus Betonwerkstein

Die Entscheidung, an welcher Stelle eine Verbindung zwischen den an den Heizelementen befindlichen Kaltleitern und den Versorgungsleitungen vorzunehmen ist, kann wegen des meist weiten Baufortschritts örtlich getroffen werden. Dies gilt um so mehr, als auch der Treppenhersteller seine Maße an der fertigen Unterlage der zu erstellenden Treppe nimmt.

Zusätzlich zu den Heizelementen ist noch zu berücksichtigen, daß eine Regelung, z. B. nach Temperatur oder nach Temperatur und Feuchte, die

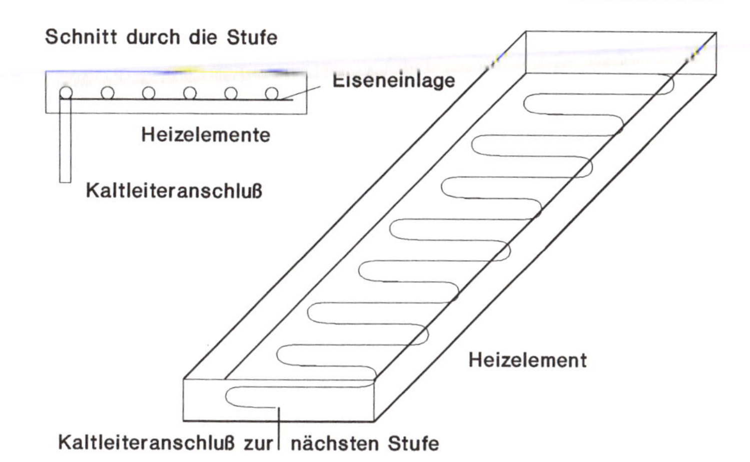

Bild 3.2.3.1-2
Lage der Heizelemente in einer Werksteintreppe

entsprechenden Fühler erfordert. Diese sollten ebenfalls in die Stufen eingelassen werden, um direkt an der richtigen Stelle die erforderlichen Daten aufzunehmen. Diese Fühler erfordern eine zusätzliche Versorgungsleitung, deren Verbindung zum Steuerschrank einzuplanen ist. Eine Verlängerung der Fühlerleitung ist in den meisten Fällen nötig. Bei der Planung von freitragenden Werksteintreppen muß zusätzlich für eine geschützte Verlegung der Zuleitungen gesorgt werden.

3.2.3.2 Aufbau von beheizten Ortbeton-Freitreppen

Wird eine Treppenanlage mit einer Steinauflage errichtet und beheizt, so sollte bei einer Werksteinauflage versucht werden, die Heizelemente in diese Auflage einzubauen und wie im vorgenannten Fall zu verfahren. Ist

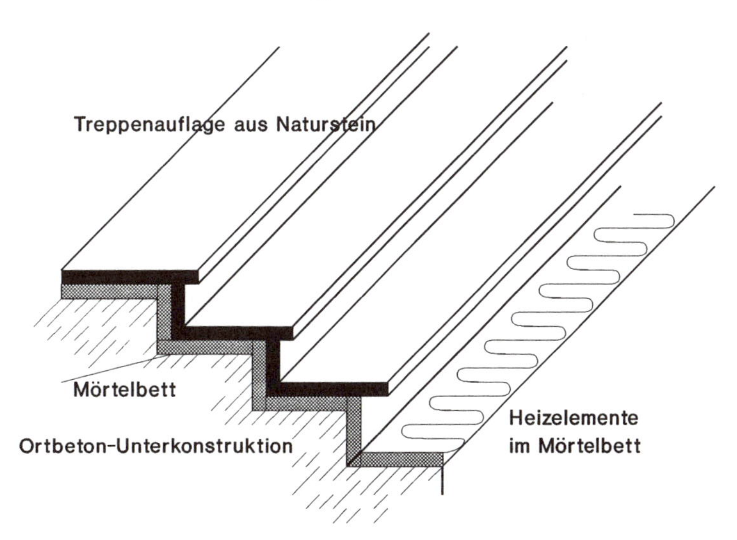

Bild 3.2.3.2-1
Heizelemente in einer Treppe mit Natursteinauflage

Bild 3.2.3.2-2 Heizelemente in einer Treppe mit Winkelstufenauflage (Werkbild: Thermo System Technik, Iserhagen).

dies nicht möglich, muß darauf hingewirkt werden, daß die Auflagenstärke so gering wie möglich gehalten wird. Ein Maß von 4 cm bis 5 cm darf dabei unter keinen Umständen überschritten werden. Wird die Auflagenstärke zu groß, ist eine ausreichende Aufheizung der Stufenoberfläche wegen der geringen Wärmeleitfähigkeit nicht mehr zu gewährleisten bzw. nur unter Einsatz stark erhöhter Flächenleistung möglich. Die Heizelemente werden in diesem Fall in das Mörtelbett, in welches die Treppenauflage eingebettet wird, eingelegt. Dies sollte so hoch wie nur möglich geschehen, damit die Wärme direkt nach oben in die Auflage eindringen kann. Bei dieser Treppenart kann das Heizelement, bei entsprechender Ausformung der senkrechten Teile der Treppe, auch komplett als große Heizmatte, je nach Leistung, über mehrere Stufen gelegt werden. Das hat den Vorteil, daß die Anzahl der erforderlichen Kaltleiter verringert wird und damit die Anzahl der Muffen und Verbindungen reduziert werden kann.

3.2.3.3 Beheizte Fluchttreppenanlagen

Bei der Beheizung von Fluchttreppen kann meistens davon ausgegangen werden, daß es sich um Stahltreppen handelt. Die Montage von Gitterheizmatten, wie sie in den vorgenannten Fällen beschrieben wurde, entfällt hier. Eine Befestigung dieser Matten unter den oft recht kleinen Stufen bereitet größere Probleme. Dies besonders, da ein Eingießen oder Einbetten, wie in den beiden vorherigen Beispielen, ausgeschlossen ist.

Eine der möglichen Lösungen liegt in der Verwendung von Siliconheizmatten, wie in Kapitel 1.3.3.3 beschrieben. Diese werden unter die meist aus Stahlblech gefertigten Stufen geklebt. Dadurch findet ein vorzüglicher Temperaturübergang von der Heizmatte auf die Treppenstufe statt. Auch ist die Wärmeleitfähigkeit des Stufenmaterials sehr groß, so daß die Wirkung der Beheizung nach dem Einschalten sehr schnell einsetzt und die Treppe schnee- und eisfrei gehalten werden kann. Es sollte berücksichtigt werden, daß unter Umständen die Anbringung einer Dämmung unterhalb der Treppenstufe möglich ist. Als Dämmaterial hat sich in diesem Fall Armaflex, welches direkt in die Heizelemente eingearbeitet wurde, als technisch einfachste Lösung herausgestellt. Die Verwendung einer Dämmung hat den Vorteil, daß die Heizleistung etwas reduziert werden kann. Die Wärmestrahlung nach unten wird durch die Dämmung reduziert.

Bild 3.2.3.3-1 Fluchttreppe

3.2.3.4 Berechnung von Freitreppenanlagen

Für Freitreppen, deren Stufen nicht auf dem Erdreich oder dem Gebäude liegen, ist der Wärmeübergang von der Stufe auch nach unten vorhanden. Der für diesen Fall für die Berechnung zugrunde liegende Wärmeübergangswert α beträgt ca. 12 W/m²K. Danach entfällt aus der Grundgleichung 3.2.1.4-1 der Term der Gleichung P_E. Dieser ist durch den Wert der Abstrahlung der Treppenunterfläche (P_U) bei der Berechnung zu berücksichtigen und in die Gleichung 3.2.3.4-1 einzusetzen.

Gleichung 3.2.3.4-1:

$$P_{AU} = \alpha \; (t_o - t_L)$$

Darin bedeuten:

P_{AU} = über die Unterseite der Stufe abgeführte Heizleistung in W/m²
α = Wärmeübergangszahl in W/m²K
t_o = Oberflächentemperatur
t_L = Mindestlufttemperatur.

Damit läßt sich die Heizleistung einer Treppenstufe ermitteln, die unter folgenden Bedingungen eingesetzt werden soll:

Freitragende Treppenstufen aus Werkstein

minimale Lufttemperatur	= –15 °C
gewünschte Oberflächentemperatur	= 5 °C
Wärmedurchgangszahl durch das Erdreich	= 12 W/m²
Mittlere Temperatur in der Heizebene	= 30 °C
Schneemasse	= 1 cm/m² h.

Daraus kann die Leistung P_{AF}, die je m² zu beheizender Fläche erforderlich ist, bestimmt werden. Den Lösungsansatz hierzu bilden die Gleichungen 3.2.1.1-1 bis 3.2.1.4-1

3.2.3.5 Regelung von beheizten Freitreppenanlagen

Genau wie bei der Tiefgarageneinfahrt ist auch bei der Regelung der Heizungsanlage von Freitreppen die Ausführung mit einem Doppelthermostat oder mit Hilfe einer Feuchte- und Temperaturerfassung möglich. Beide Verfahren haben ihre Berechtigung: die Variante mit dem Doppelthermostat in der Anlage mit einer geringen Heizleistung, da die Kosten für eine feuchteabhängige Regelung relativ hoch sind, und die Variante mit der Feuchte-

und Temperaturerfassung unter dem Gesichtspunkt der Energieeinsparung. Eine hinreichende Sicherheit ist bei beiden Verfahren vorhanden. Der Aufbau der Steuerung erfolgt ebenfalls nach dem gleichen Schema wie bei der Freiflächenheizung.

3.2.3.6 Installationshinweise

Die Installation der Treppenbeheizungen hängt davon ab, in welcher Art die Heizelemente in der Anlage liegen. Bei der Werksteintreppe wird der Heizelementehersteller vorher die Möglichkeit haben, vor Ort genau Maß zu nehmen und die Heiz- und Kaltleiter exakt auf die Anlage anpassen können. Bei einer Werksteintreppe, die nicht vor Ort gefertigt wird, müssen alle Maße aus den Plänen des Architekten bzw. des Statikers entnommen werden. Die daraus entstehenden Werte sind in einen Mattenplan einzutragen, der in jedem Fall für die Installation der Heizung zur Verfügung stehen muß.

Für die Verlegung von Heizelementen gelten die gleichen Bedingungen, wie sie auch für die Freiflächenheizungen aufgestellt wurden. Eine besondere Beachtung sollte nur noch einmal auf die Montage der Treppenstufen gelegt werden, wenn die Heizelemente sich im Mörtelbett befinden. Ein sorgsames Beobachten der Verlegearbeiten ist unerläßlich. Leicht hakt eine Schaufel oder eine Maurerkelle an der Heiz- oder Kaltleitung, und mit einem kurzen Ruck ist diese beschädigt, ohne daß ein Vorsatz vorliegt. Die daraus resultierenden Körperschlüsse sind nur unter großen Aufwendungen und in der Regel nur nach Demontage der gesamten Treppenanlage zu beseitigen. Eine größtmögliche Sorgfalt aller beteiligten Gewerke ist deshalb an dieser Stelle unbedingt erforderlich.

3.3 Dachbeheizungen

In einigen Fällen ist es erforderlich, den anfallenden Schnee und das eventuell auftretende Eis, das sich aus dem Schmelzwasser bilden kann und z.B. als Eiszapfen von dem Dach herabhängen kann, zu entfernen oder nicht erst auftreten zu lassen. Dies kann auf technisch sehr einfache Weise dadurch geschehen, daß die gefährdeten Bereiche durch Beheizung erwärmt werden, so daß der Schnee sofort abschmelzen kann und das entstehende Schmelzwasser nicht anfriert. Verwendung finden hier meist elektrische Heizleitungen, die direkt im Bereich der Gefährdung befestigt werden. Dadurch kann der fallende Schnee schmelzen und das Wasser frei abfließen.

3.3.1 Dachrinnenbeheizungen

Indem ein Heizband oder eine Heizleitung in die Dachrinne eingelegt wird, kann der frische Schnee sofort schmelzen. Das Schmelzwasser, das sich in der Dachrinne sammelt, muß danach frei über die Fallrohre abfließen können. Dazu reicht es nicht aus, nur die Dachrinne zu beheizen. Es ist auch das Fallrohr mit in die Beheizung einzubeziehen. Dies muß bis zur Frostfreigrenze der Entwässerung geschehen, da durch den Anfall an Schmelzwasser die Rohröffnungen langsam zuwachsen und ein Rückstau entsteht, der die Dachrinne überlaufen läßt. Das Ergebnis eines solchen Rückstaus ist in *Bild 3.3.1-1* deutlich zu erkennen. Die dabei entstehenden Schäden, z. B. durch abbrechende Eiszapfen, beziehen sich nicht nur auf Personen und Gegenstände, sondern auch auf das Aufbrechen der gesamten Installation durch die Ausdehnung des Eises.

Bild 3.3.1-1 Eiszapfen an einer Dachrinne

3.3.1.1 Planung von Dachrinnenheizungen

Grundlage der Planung bilden die vom Architekten zur Verfügung gestellten Grundrißpläne, Dachaufsichten und Ansichten des Gebäudes. In diese Pläne sind die Fallrohre und die Dachrinnen eingetragen. Sollte dies nicht der Fall sein, so ist der Kontakt mit dem Entwässerungsplaner aufzunehmen. In der Regel ist dies der Fachplaner HLS oder der Fachplaner für die Außenanlagen, der Auskunft über die Lage der Fallrohre geben kann. Aus diesen Plänen kann eine Abwicklung der Heizungsanlage gezeichnet werden. Die Lieferanten von Dachrinnenheizungen stellen fast immer Formblätter zur Verfügung, die schematisch eine solche Anlage darstellen und nach der die wesentlichen Daten für die Bemessung und Herstellung eingetragen werden können. *Bild 3.3.1.1-1* zeigt ein Beispiel für ein solches Maßblatt. Bei komplizierteren Lagen bleibt dem Planer nichts anderes übrig, als eine schematische Abwicklung in Form einer Isometrie zu zeichnen.

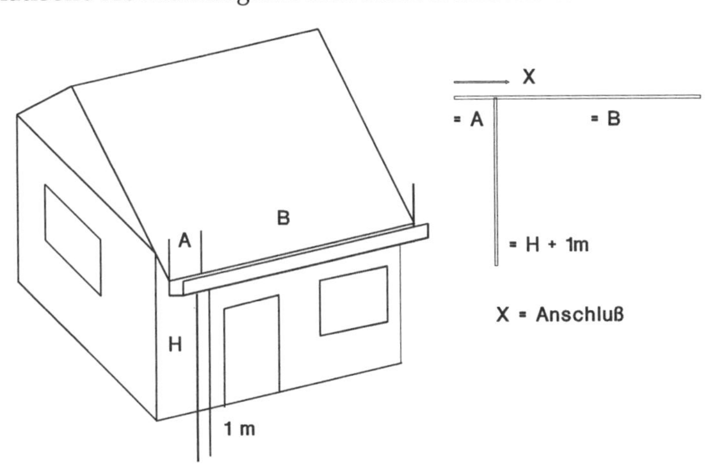

Bild 3.3.1.1-1
Maßblatt zur Erstellung einer Dachrinnenbeheizung als Abwicklung

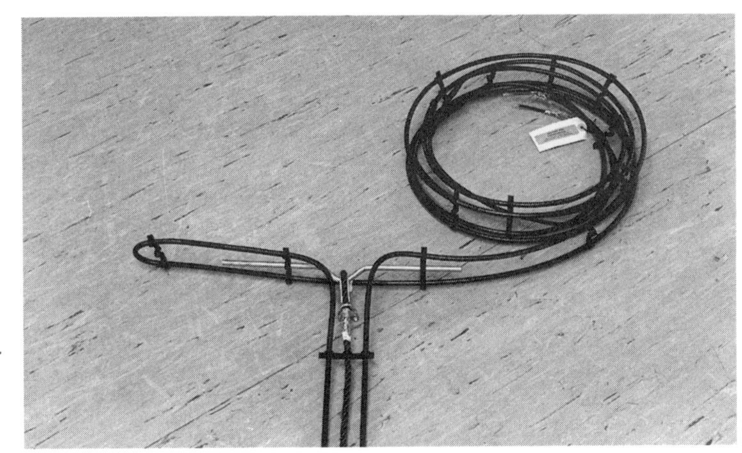

Bild 3.3.1.1.2
Vorgefertigtes Heizelement einer Dachrinnenbeheizung

3.3.1.2 Aufbau und Montage von Dachrinnenheizungen

Der Aufbau hängt davon ab, ob ein Einleiterheizkabel oder ein Heizband verwendet wird. Bei den Einleiterheizkabeln werden, wie auch bei der Rohrbegleitheizung, jeweils zwei parallel geführte Heizleitungen in die Dachrinne bzw. in das Fallrohr geführt. Die Heizleiter sind mit Haltern auf Abstand zu halten und dabei gleichzeitig hinreichend in der Dachrinne zu befestigen. *Bild 3.3.1.2-1* zeigt die Anordnung der Heizleitungen in der Dachrinne. Die Befestigung soll verhindern, daß die Leitungen herauswehen. Aus diesem Grund verwenden einige Hersteller eine Heizleitung, deren Schutzleiter als Bleimantel ausgelegt ist. Aufgrund des hohen Eigengewichts bleiben diese Heizleitungen in der Dachrinne liegen; bei Kunststoffleitungen mit Cu-Geflecht ist dies nicht unbedingt der Fall. Bei der Absenkung in das Fallrohr ist jedoch besonders bei den Bleimantelkabeln auf eine gute Zugentlastung zu achten. Auch auf Einhaltung des Mindestbiegeradius ist zu achten, da der Bleimantel relativ schnell bricht und damit eine Unterbrechung des Schutzleiters zur Folge hat. Gleich den Rohrbegleitheizungen dürfen die beiden Heizleitungen auf keinen Fall ohne Abstand gekreuzt oder nebeneinander hergeführt werden. Die Befestigung der Heizelemente sollte so geartet sein, daß sie leicht aus der Dachrinne entfernt werden kann, damit einer Reinigung der Rinne nichts im Wege steht.

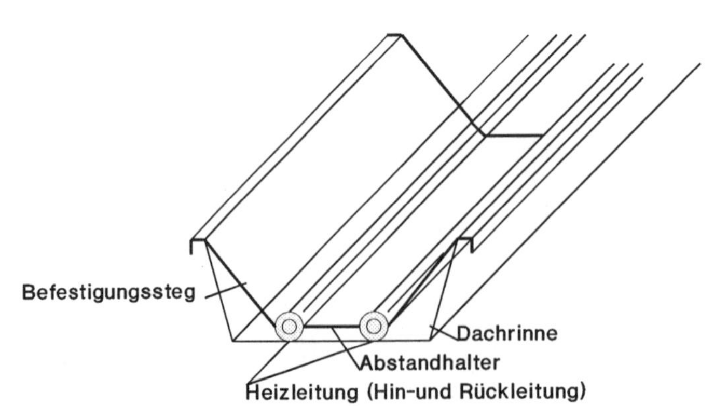

Bild 3.3.1.2-1
Einaderheizleitungen in einer Dachrinne

Bei der Verwendung von selbstbegrenzenden Heizbändern ist die Gefahr der Zerstörung der Heizelemente durch Zusammenliegen nicht gegeben. Die Heizbänder werden einfach in eine Rinne bis 150 mm Nennweite eingelegt und befestigt. Eine Entscheidung zur doppelten Verlegung in einem Fallrohr muß jedoch von Fall zu Fall getroffen werden. Basis bilden hier die Montage- und die Materialkosten, die für eine T-förmige Verteilung an der Stelle des Fallrohrabgangs entstehen. Bei geringen Gebäudehöhen und bei Fallrohren am Ende der Rinne kann z. B. das letzte Rinnenstück mit weitaus geringerem Kostenaufwand doppelt verlegt werden, statt dort eine T-Muffe oder einen Verbindungskasten zu setzen. Insgesamt bildet auch die vom Hersteller genannte maximale Heizkreislänge ein wesentliches Kriterium für diese Entscheidung. Wenn die Heizkreislänge erreicht ist, muß entweder ein neuer Heizkreis begonnen werden, oder die Aufteilung ist zu ändern. Ein Überschreiten dieses Wertes ist wegen der maximalen Absicherung der Heizleitung zum Schutz des eingelegten Versorgungsaderpaares nicht möglich.

Bild 3.3.1.2-2 Selbstbegrenzende Parallelheizleitungen in der Dachrinne

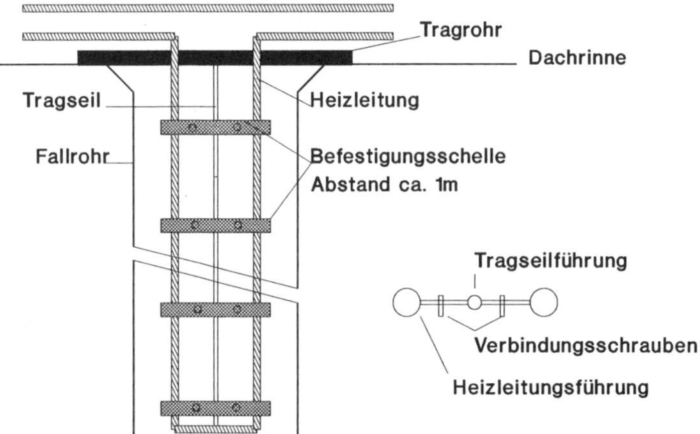

Bild 3.3.1.2-3 Zugentlastung im Fallrohr

3.3.1.3 Berechnung von Dachrinnenheizungen

Die Berechnung von Dachrinnenheizungen aus selbstregulierenden Heizleitungen stellt sich recht unkompliziert dar, da die Hersteller für diesen Zweck spezielle Heizbänder zur Verfügung stellen. Diese sind auf das Abtauen der regulär vorkommenden Schneemassen abgestimmt und auf ca. 30 W/m ausgelegt.

Zu beachten ist jedoch, daß der Einschaltstrom der gesamten Anlage auf die zur Verfügung stehende Stromversorgung abgestimmt ist. Die maximalen Heizkreislängen sind den jeweiligen Planungsdaten der Heizbänder zu entnehmen.

Für die Berechnung einer Dachrinnenheizung aus Einader-Heizleitungen ist zunächst die Gesamtlänge der Dachrinne, einschließlich der Fallrohrlänge unter Berücksichtigung einer Eintauchtiefe in den Boden, bis zur Frostfreigrenze zu ermitteln.

Dem Berechnungsbeispiel liegt das Maßblatt aus Bild 3.3.1.1-1 zugrunde.

Es erfolgt eine Aufteilung der Dachrinnenheizung in zwei Heizkreise, jeweils für die rechte und linke Gebäudeseite. Damit ergeben sich die Heizkreislängen wie folgt:

Dachrinnenlänge	in m	32,0
Fallrohr 1	in m	12,0
Fallrohr 2	in m	12,0
Zulage Fallrohr 1	in m	1,0
Zulage Fallrohr 2	in m	1,0
Zu beheizende Gesamtlänge l_R		58,0

Das bedeutet für die Hin- und Rückführung eine Heizleiterlänge von

$$l_H = 58 \text{ m} \cdot 2 = 116 \text{ m}$$

Bei einer erforderlichen Heizleistung von 30 W/m ergibt dies eine Gesamtleistung der Heizschleife von:

Gleichung 3.3.1.3-1:

$$P_S = l_R \cdot P_M$$

Darin bedeuten:

P_S	= Leistung der Heizschleife	in W
P_M	= Leistung Beheizung je Meter	in W/m
l_R	= beheizte Rinnenlänge	in m

und in den Zahlen des Beispiels

$P_S = 58 \text{ m} \cdot 30 \text{ W/m} = 960 \text{ W}$

Der daraus resultierende Heizleiterwiderstand pro Meter berechnet sich bei Anschluß an 230 V wie folgt:

$$R_m = \frac{U^2}{P_S \cdot l_H} = \frac{230^2 \text{ V}^2}{960 \text{ W} \cdot 116 \text{ m}} = 0{,}48 \ \Omega/\text{m}$$

Der nächste Widerstandswert aus der Herstellerreihe ergibt sich mit 0,5 Ω/m. Für die Gesamtanlage sind demzufolge erforderlich: 2 Stück Heizschleifen mit je 116 m Heizleitung von 0,5 Ω /m.

3.3.1.4 Regelung von Dachrinnenheizungen

Die Regelung einer Dachrinnenheizung kann auf zwei verschiedene Arten erfolgen.

Die einfachere Art geschieht unter den gleichen Bedingungen wie eine Freiflächenheizung, und zwar mittels zweier Thermostate, die auf ca. + 3 °C und – 5 °C eingestellt sind. In diesem Temperaturbereich ist Schneefall möglich. Hier wird die Dachrinnenheizung eingeschaltet, natürlich auch dann, wenn kein Schnee fällt oder der Schnee bereits abgetaut ist. Dieser unnötige Energieaufwand ist bei kleineren Anlagen durchaus vertretbar. Das *Blockschaltbild 3.3.1.4-1* zeigt die Anordnung einer solchen Anlage, und das Regelverhalten dieser Anlage ist im *Bild 3.3.1.4-2* dargestellt.

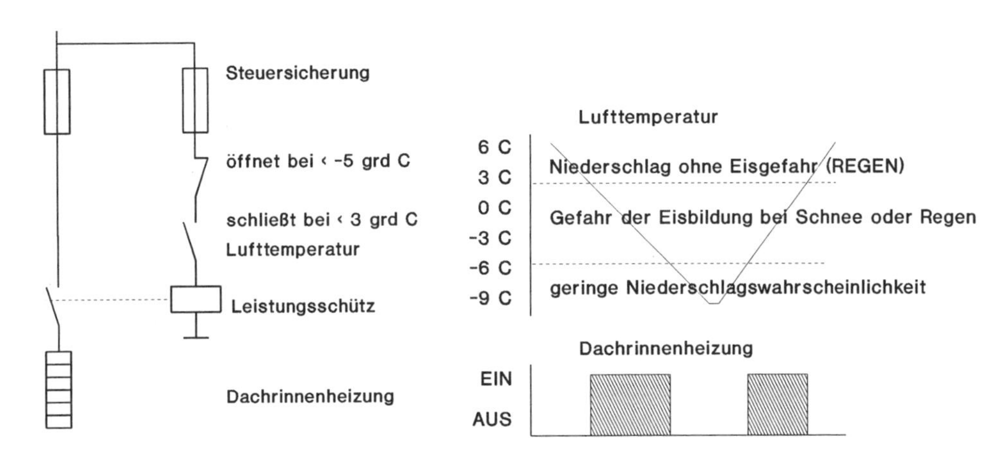

Bild 3.3.1.4-1 Regelschema einer Dachrinnenheizung mit zwei Temperaturreglern

Bild 3.3.1.4-2: Einschaltverhalten von Dachrinnenheizungen mit zwei Temperaturreglern

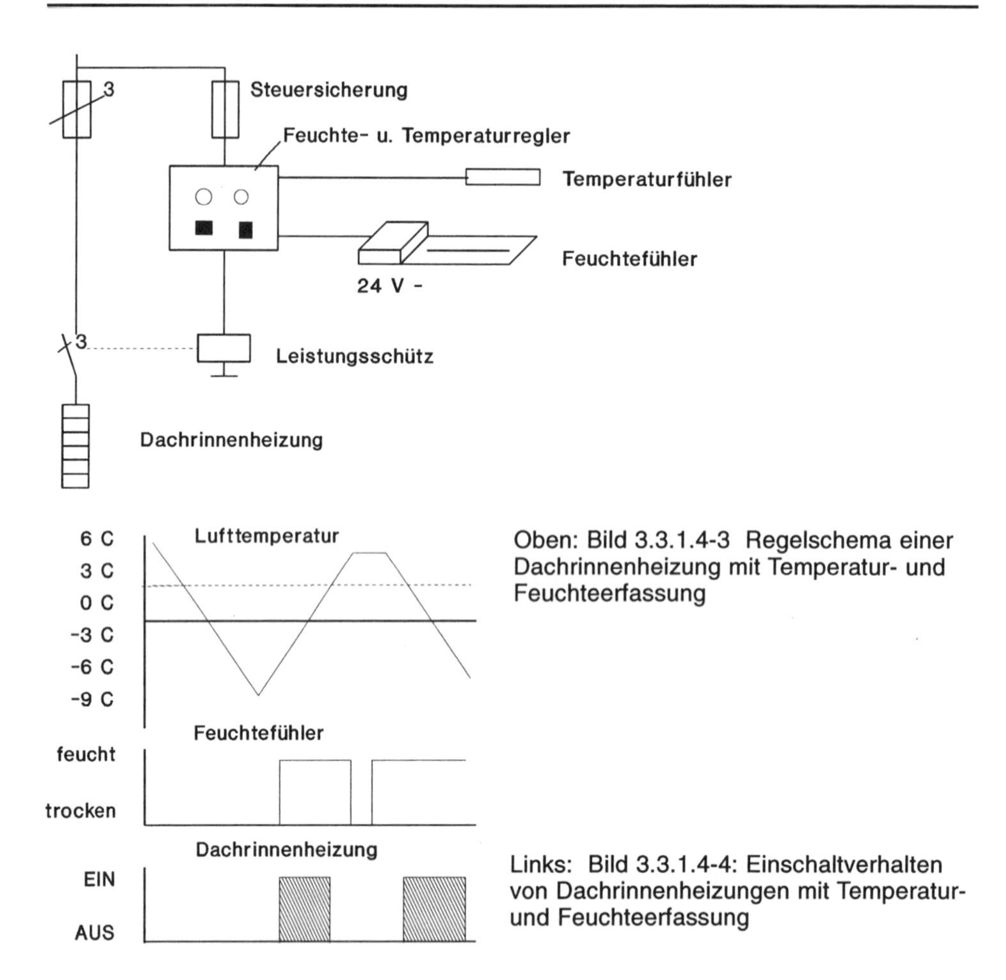

Oben: Bild 3.3.1.4-3 Regelschema einer Dachrinnenheizung mit Temperatur- und Feuchteerfassung

Links: Bild 3.3.1.4-4: Einschaltverhalten von Dachrinnenheizungen mit Temperatur- und Feuchteerfassung

Bei größeren Dachrinnenbeheizungsanlagen ist eine feuchte- und temperaturabhängige Regelung aus Energieeinsparungsgründen unumgänglich. Bei dieser Regelungsart wird die Dachrinnenheizung nur so lange eingeschaltet, wie auch Schnee vorhanden ist. Der Feuchtefühler erkennt hierbei Niederschlag. Im Temperaturbereich um +2 °C wird dann die Heizung unter Auswertung des Feuchtefühlers in Betrieb gesetzt. Bei abgetrocknetem Feuchtefühler und Ablauf einer Mindestheizzeit, die das dauernde Ein- und Ausschalten der Heizung verhindern soll, wird die Dachrinnenheizung wieder abgeschaltet. *Blockschaltbild 3.3.1.4-3* zeigt eine Anordnung zur Regelung einer Dachrinnenheizung mittels Feuchte- und Temperaturerfassung.

3.3.1.5 Installation von Dachrinnenheizungen

Die bereits mehrfach erwähnten Verarbeitungsvorschriften für Heizleitungen gelten auch allgemein für Dachrinnen-Beheizungsanlagen. Darüber hinaus ist bei der Installation zu beachten, daß sich diese Anlagen in der Regel in direkter Berührung mit Anlageteilen der Blitzschutzanlage befinden. Die üblichen Verfahren der Berechnung von Näherungen, wie sie in der DIN VDE 57185 angegeben sind, treffen auch für diese Anlagen zu. Da die erforderlichen Abstände in der Regel nicht eingehalten werden können, sind besondere Maßnahmen gegen Überspannung zu treffen. Dies kann zum Beispiel dadurch geschehen, daß Schutzfunkenstrecken und Überspannungsableiter in die Anlage eingebaut werden. Zusätzlich gelten die folgenden, allgemeinen Hinweise:

Verarbeitungshinweise und Installationsanleitung für Dachrinnenbeheizungen

1. Fertig konfektionierte Heizleitungen dürfen nicht gekürzt oder verändert werden. Ein Kürzen der angeschlossenen Kaltleiter ist erlaubt.
2. Die Verbindungsmuffen zwischen Heizleiter und Kaltleiter dürfen keinem Zug oder Druck ausgesetzt und nicht geknickt werden.
3 Bei Installation in Fallrohren ist für eine gute Zugentlastung der Heizschleife zu sorgen. Ein Knicken der Heizleiter ist unter allen Umständen durch geeignete, dauerhafte Maßnahmen zu vermeiden.
4. Die Heizleiter sind untereinander mit einem Mindestabstand von ca. 2 cm zu verlegen. Ein Kreuzen der Heizleiter ist nur mit dem vorgenannten Abstand erlaubt. Eine sichere Befestigung, auch gegen Herausfallen oder Herauswehen aus der Rinne, ist zu gewährleisten.
5. Bei der Beheizung von Kunststoffrohren ist der gesamte Verlauf der Begleitheizung mit einer Al-Klebefolie zu versehen, so daß die Wärme über einen größeren Bereich gut verteilt wird und es zu keiner Überhitzung des Rohrmaterials kommen kann. Im Bedarfsfall ist ein Temperaturbegrenzer zu verwenden.
6. Der Temperatur- bzw. Feuchtefühler ist mit einem ausreichenden Abstand von den Heizleitungen so zu montieren, daß er mit dem Wetter beaufschlagt wird.
7. Bei der Durchführung von Kaltleitern und Fühlerleitungen durch Rohre sind die Leitungen vor Beschädigung zu schützen. Dies gilt insbesondere bei Blechdurchführungen. Eine Verwendung von Leitungsdurchführungen aus Kunststoff ist hier unbedingt erforderlich.

8. Der elektrische Anschluß der Heizung darf nur von einem zugelassenen Elektroinstallateur vorgenommen werden. Die einschlägigen sowie die für den Einbauort geltenden besonderen Vorschriften sind einzuhalten. Dies gilt vor allem für den Brand- und Ex-Schutz.

9. Die Heizelemente dürfen nur an die vorgegebene Anschlußspannung angeschlossen werden.

10. Als Schutzmaßnahmen gegen zu hohe Berührungsspannung ist die FI-Schutzschaltung gemäß VDE 0100 Teil 410 mit einem Auslösestrom < 0,3 A zu verwenden. Das um Heizleiter bzw. Kaltleiter liegende Metallgeflecht ist in die Schutzmaßnahme einzubeziehen.

11. Der Kurzschlußschutz ist mit Schutzorganen vorzunehmen und auf die Dimension der Heizleitung sowie der Kaltleiter abzustimmen. Gleiches gilt für den Schutz gegen Überlast.

12. Vor Inbetriebnahme der Heizung ist der Isolations- und Durchgangs-Widerstand mit geeigneten Meßgeräten zu ermitteln und mit den Herstellerdaten zu vergleichen.

3.3.2 Sheeddachbeheizung

Bessere Isoliereigenschaften von Glaskonstruktionen bereiten zunehmend Probleme, wenn diese Konstruktionen waagerecht angeordnet sind, wie dies z. B. bei den Sheeddächern im Gewächshausbau häufig vorkommt. Der in den Zwischenraum fallende Schnee kann von unten antauen und dann, bei sinkender Temperatur, gefrieren und somit zur Zerstörung der Konstruktion führen. Abhilfe schafft hier nur das unverzügliche Räumen des Schnees. Diese sehr aufwendige Arbeit kann mit einem elektrischen Heizungssystem, ähnlich wie bei einer Dachrinnenheizung, gelöst werden.

3.3.2.1 Planung von Sheeddach-Heizungen

Grundlage für die Planung stellt der Werkplan des Herstellers, in den meisten Fällen ein Stahlbauer, oder des Architekten dar. Der Maßstab sollte nicht kleiner als 1 : 50 sein. Details sind in 1:20, besser 1:10 darzustellen. Aus diesen Plänen ergibt sich erst der richtige Überblick über die zu errichtende Konstruktion und über die für die Lage der Heizelemente wichtigen Details zur Befestigung und Verlegung. In der Regel wird je Sheed eine

Bild 3.3.2.1-1 Beispiel einer Dachkonstruktion, für die eine Beheizung notwendig werden kann

separate Heizschleife mit eigener Einspeisung gewählt. Die Einspeisung erfolgt aus einer gemeinsamen Verteilung. Eine zentrale Anordnung der Heizkreisverteilung ist anzustreben, um die Stromkreiszuleitungen nicht zu lang werden zu lassen.

3.3.2.2 Aufbau von Sheeddach-Heizungen

Der Aufbau ähnelt dem der Dachrinnenheizung. Zu beachten ist, daß die Heizleitung so verlegt wird, daß ein Reinigen des Sheeds ohne großen Umstand und ohne umständliche Demontagearbeit möglich ist. Das bedeutet, daß die Heizelemente einfach eingelegt werden. Die im Sheed liegende

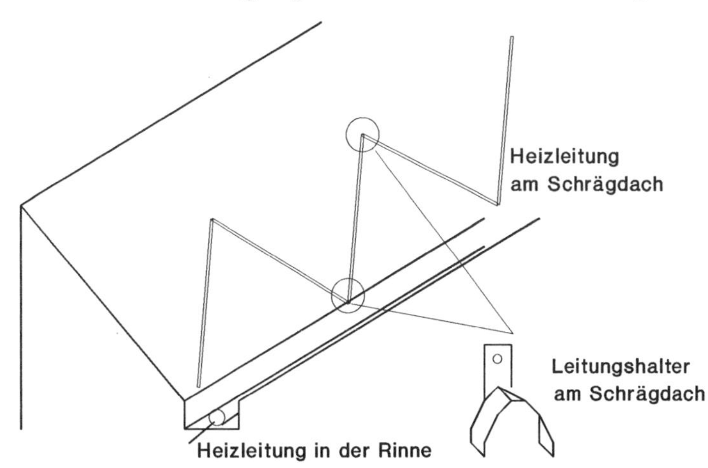

Bild 3.3.2.2-1 Lage der Heizelemente

Heizschleife sollte aufgerollt oder zur Seite gelegt werden können. Bei Breiten über 15 cm und in Gebieten mit großem Schneeaufkommen ist auch auf der Flanke eine Heizschleife anzuordnen. Diese sorgt dafür, daß der Schnee nicht auf dem unteren Teil der Schrägen liegen bleibt, sondern dort auch abschmelzen kann. Damit wird die Rinne weitgehend von Schneemassen freigehalten, und das entstehende Schmelzwasser kann problemlos abfließen. Dies setzt natürlich voraus, daß auch die Fallrohre eisfrei gehalten werden.

3.3.2.3 Berechnung von Sheeddach-Heizungen

Bei der Berechnung kann von einer Heizleistung von ca. 30 W/m Rinne ausgegangen werden. Die zickzackförmig auf den Flanken liegenden Heizleitungen haben eine Leistung von ca. 15 W/m, woraus sich eine Flächenleistung von ca. 20 W/m^2 bis 30 W/m^2 ergibt. Die Ermittlung der erforderlichen Heizleiterwiderstände erfolgt nach dem gleichen Schema, wie dies bei der Dachrinnenheizung beschrieben wurde.

3.3.2.4 Regelung von Sheeddach-Heizungen

In der Regel handelt es sich bei diesen Heizungen um Anlagen größeren Ausmaßes, so daß auf eine feucht- und temperaturabhängige Regelung zurückgegriffen werden sollte. Dies amortisiert sich meist in einer hinreichend kurzen Zeit.

Darüber hinaus sind die gleichen Vorkehrungen gegen Überspannungen durch Blitzschlag zu treffen wie bei der Dachrinnenheizung. Üblicherweise werden die einzelnen Heizkreise in einer gemeinsamen Verteilung zusammengefaßt. Hier sind dann auch die erforderlichen Sicherungen und Schütze untergebracht. Da es sich um eine Anlage nach DIN VDE 57100 handelt, sind auch hier die entsprechenden Schutzmaßnahmen einzuhalten, wie sie im Teil 737 beschrieben sind.

3.3.3 Flachdachbeheizung

Beheizungen von Flachdächern beziehen sich hauptsächlich auf die Eisfreihaltung der Abläufe. Diese führen in vielen Fällen durch das Gebäude, so daß lediglich dafür gesorgt werden muß, daß der Ablauf selbst nicht einfriert. Die Ablage von Schnee auf dem Dach führt nicht zu Problemen, da die Schneelast durch die Statik bereits berücksichtigt ist und zu keiner Überlastung der Gebäudekonstruktion führt.

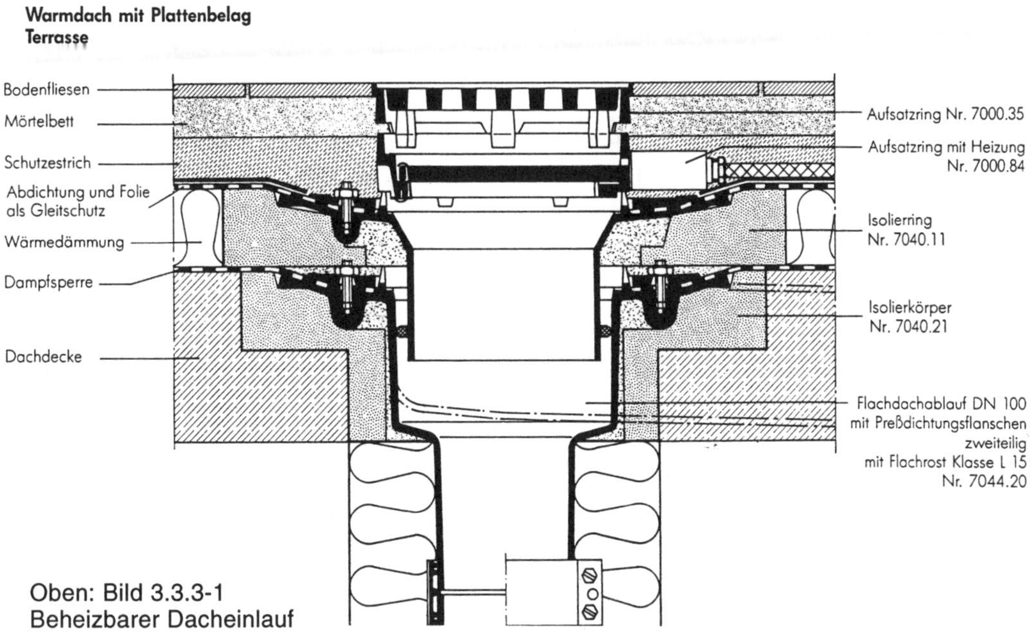

Warmdach mit Plattenbelag
Terrasse

Bodenfliesen
Mörtelbett
Schutzestrich
Abdichtung und Folie als Gleitschutz
Wärmedämmung
Dampfsperre
Dachdecke
Aufsatzring Nr. 7000.35
Aufsatzring mit Heizung Nr. 7000.84
Isolierring Nr. 7040.11
Isolierkörper Nr. 7040.21
Flachdachablauf DN 100 mit Preßdichtungsflanschen zweiteilig mit Flachrost Klasse L 15 Nr. 7044.20

Oben: Bild 3.3.3-1
Beheizbarer Dacheinlauf

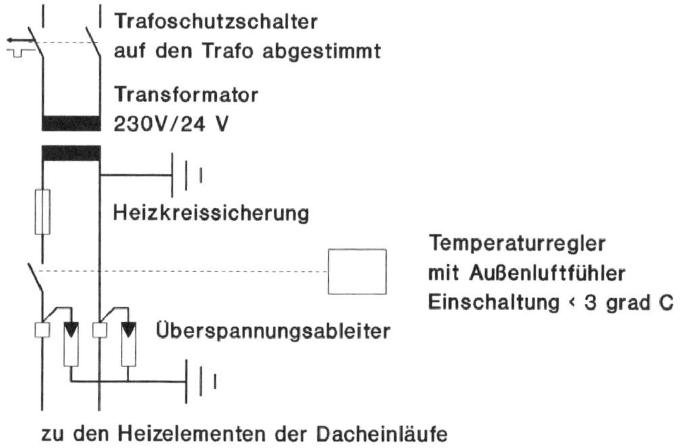

Trafoschutzschalter auf den Trafo abgestimmt
Transformator 230V/24 V
Heizkreissicherung
Temperaturregler mit Außenluftfühler Einschaltung ‹ 3 grad C
Überspannungsableiter
zu den Heizelementen der Dacheinläufe

Rechts: Bild 3.3.3-2
Heizung mit Trafo und Außentemperaturregler

Wesentliche Voraussetzung dafür, daß im Winter keine Schäden durch Eis auftreten, ist eine saubere Entwässerung. In Verbindung mit beheizten Dachgullis, wie in *Bild 3.3.3-1* dargestellt, läßt sich dieses Problem gut bewältigen. Zusätzlich können sternförmig angeordnete Heizschleifen eine unterstützende Wirkung haben, um die Umgebung des Dacheinlaufs schneefrei zu halten. Dadurch wird die Gefahr der Verstopfung reduziert.

Da diese Dachablaufheizungen nur eine kleine Leistung von ca. 30 W haben, ist eine aufwendige Regelung nicht erforderlich. Hier empfiehlt sich die Zweithermostaten-Variante, wie sie bei den Dachrinnenheizungen beschrieben wurde.

Die Installation dieser System wird normalerweise von dem Klempner oder den Sanitärinstallateuren vorgenommen. Dem Elektroinstallateur verbleibt dabei lediglich die Bereitstellung der elektrischen Anschlüsse und die Verantwortung, daß die entsprechenden Vorschriften eingehalten werden. Auf den Überspannungsschutz wird in diesem Zusammenhang nochmals hingewiesen.

4 Industrieheizungen

Der Bereich der Industriebeheizungsanlagen ist sehr umfangreich, erstreckt er sich doch von Rohrbegleitheizungen über die Behälterbeheizung bis zu den unterschiedlichsten Sonderfällen zur Beheizung von Anlagen in der Fertigung. Hierunter fällt auch der gesamte Komplex der Maschinenbeheizung und die Prozeßtemperaturerzeugung mit all ihren Sonderfällen unter Beachtung von chemischen Reaktionen und Ex-Schutz.

Oft lassen sich besondere Probleme der Erwärmung von Medien (zur Durchführung von Prozessen) nur im Sonderfall erfassen. Aus diesem Grund ist eine pauschale Auflistung von Problemlösungen schwierig und nur unter Beachtung des einzelnen Falles sinnvoll. Deshalb wird in diesem Kapitel eine kleine, aber charakteristische Auswahl von Problemfällen und deren Lösungsansatz bis zur fertigen Beheizung beschrieben. Von hier aus kann dann in vielen Fällen eine Allgemeingültigkeit oder ein Lösungsansatz für den neuen, bestimmten Fall abgeleitet werden. Dabei sind die bereits im 1. Kapitel gemachten Aussagen über die Berechnung des Wärmebedarfs für elektrische Beheizungen weiterhin gültig. Auch die grundsätzlichen Aussagen zu den Heizleitungen gelten weiterhin. In einigen Fällen ist jedoch mit Ergänzungen hinsichtlich der chemischen Beständigkeit der Isoliermaterialien zu rechnen. Diese sind allerdings, wie oben beschrieben, stark von der jeweiligen Situation abhängig.

4.1 Behälterheizungen

Bei den Behälterbeheizungen lassen sich grundsätzlich zwei Gruppen von Heizungen unterscheiden: die Außen- und die Innenbeheizung. Die Anwendung hängt von verschiedenen Faktoren ab, wobei der Autor hauptsächlich von zwei Kriterien ausgeht. Wenn möglich, sollten Heizelemente nicht unmittelbar mit chemisch aggressiven Medien in Berührung kommen. Weiter ist beim Ausgleich von Wärmeverlusten die Beheizung an den

Stellen am sinnvollsten, an denen die Wärmeverluste auftreten, nämlich an der Hülle des Behälters. Eine Aufheizung eines Mediums geschieht jedoch nach den bisherigen Erfahrungen am besten im inneren, unteren Teil des Behälters. Dabei sollte aber der Zugänglichkeit der Heizelemente besondere Aufmerksamkeit zuteil werden.

Bild 4.1-1 Tankanlage mit beheizten Tanks

Tankanlagen haben häufig das Problem, daß mit sinkenden Außentemperaturen die gelagerten Medien dickflüssig werden und damit die Pumpenanlagen und die Transportsysteme überlasten. Zwar ist eine stationäre Pumpe im Tanklager noch in der Lage, die Medien zu pumpen, die Pumpe im Transportfahrzeug wird jedoch schnell überlastet, was zu Ausfällen führen kann. Aus diesem Grund ist es erwünscht, die Temperatur in einem Außentank auf einem bestimmten Niveau zu halten. Weiterhin besteht die Anforderung zum Erhalt einer Mindesttemperatur bei allen Medien, die ausflocken oder sich bei zu geringen Temperaturen zerlegen. Dies trifft hauptsächlich bei Emulsionen zu. Einen ähnlichen Effekt kann man auch bei Dieselölen beobachten, die allerdings heute, durch Beimischen von Zusätzen und im Bereich der hier vorkommenden Temperaturen, nicht mehr in dem Maße gefährdet sind. Um eine Beheizung effizient zu gestalten, sind die Tanks gegen Wärmeverluste gedämmt. Die Dämmschichtdicke und das Dämmaterial sind vor Auslegung der Tankbeheizung von der ausführenden Firma der Dämmarbeiten zu erfragen.

4.1.1 Außenhautbeheizung von Behältern

Eine Außenhautbeheizung einer wie im *Bild 4.1-1* dargestellten Tankanlage geschieht am kostengünstigsten mittels Gitterheizmatten, die gleichmäßig über den Umfang verteilt werden. Dabei ist auf die Konstruktion der Außenhaut des Behälters Rücksicht zu nehmen. Aus statischen Gründen sind in bestimmten Höhen Ringe um die Außenhaut gezogen. Die Heizmatten sollten zwischen diesen Ringen ausgelegt werden. Die Befestigung erfolgt dann mittels Spannbändern. Eine Anordnung der Heizmatten am Tank zeigt *Bild 4.1.1-1.*

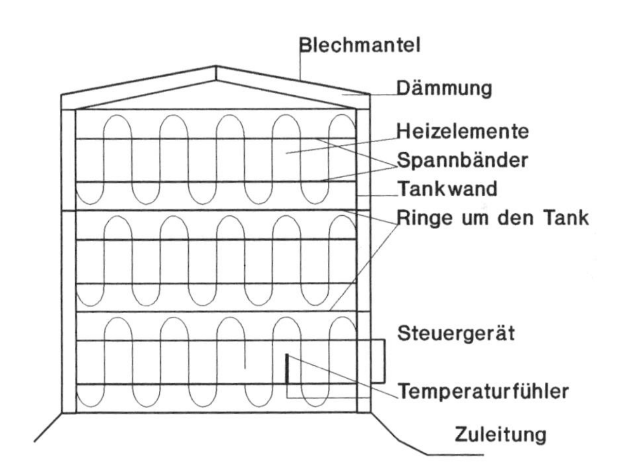

Bild 4.1.1-1 Lage der Heizelemente an einem Tank

Als Beispiel soll eine Beheizung für einen Schmieröltank ausgelegt werden. Die bautechnischen Daten und die Dämmung gehen aus Bild 4.1.1-1 hervor. Das gespeicherte Medium wird mit der Gebrauchstemperatur eingefüllt, so daß durch die Behälterbeheizung keine Aufheizung des Mediums erfolgt. Es ist lediglich die Energie aufzubringen, die aufgrund des Wärmedurchgangs durch die Dämmung dem Medium entzogen wird. Dabei ist von einer Außentemperatur von –15 °C und einer Behälterinnentemperatur von mindestens 10 °C auszugehen.

Außendurchmesser	D_A	= 6,3 m
Höhe (mit zwei Stegen im Abstand von 0,94 m)	H	= 2,8 m
Innentemperatur	t_i	= 10 °C
min. Außentemperatur	t_a	= –15 °C
k-Zahl der Anordnung nach Herstellerangaben	k	= 0,4 W/m² K

Die Flächenberechnung ergibt für die Deckelfläche A_D:

$$A_D = D_a^2 \cdot \pi / 4$$

$$A_D = 6{,}3 \cdot 6{,}3 \cdot 3{,}14/4 \text{ m}^2 = 31 \text{ m}^2$$

Für die Mantelfläche A_U :

$$A_U = D_a^2 \cdot \pi / 4$$

$$A_U = 6{,}3 \cdot \pi \cdot 2{,}82 \text{ m}^2 = 56 \text{ m}^2$$

Die Gesamtfläche A setzt sich aus den beiden Deckelflächen und der Mantelfläche zusammen. Dabei wurde zur Vereinfachung der Berechnung auf eine gesonderte Behandlung der Bodenfläche auch in der folgenden Wärmebedarfsberechnung verzichtet. Für den Wärmebedarf gilt dann:

$$P = A \cdot k \cdot (t_i - t_a)$$

$$P = 118 \text{ m}^2 \cdot 0{,}4 \text{ W/m}^2\text{K} \cdot \big(15 - (-15)\big) \text{ K} = 1416 \text{ W}$$

Da es sich aus bautechnischen Gründen wegen der Stege im Abstand von 0,94 m anbietet, auch die Heizmatten dreizuteilen, kann die Heizleistung auf drei Matten gleichmäßig aufgeteilt werden.

$$P_H = \frac{P}{3} = \frac{1416 \text{ W}}{3} = 472 \text{ W}$$

Damit stehen die Flächen fest, auf denen die Heizmatten verlegt werden können:

Heizmattenlänge

$$l = D_a \cdot \pi = 6{,}3 \text{ m} \cdot 3{,}14 = 19{,}78 \text{ m}$$

Heizmattenbreite b = 9,4 m

Daraus die gewählte Heizmattengröße unter Berücksichtigung von Maßtoleranzen im Behälter und in der Mattenfertigung:

Gewählte Heizmattengröße	19 m x 0,9 m
Heizmattenfläche	17 m²
Heizleistung	472 W

Für die Heizleitungsberechnung werden diese Daten zugrundegelegt. Für die in der Matte unterbringbare Heizleitung gilt bei einem Leiterabstand von 0,1 m, daß auf jeden Quadratmeter 10 m Heizleitung entfallen. Damit sind 170 m Heizleitung für die Herstellung der Matte erforderlich. Das bedeutet zur Kontrolle der maximalen Heizleiterbelastung :

$$P_m = \frac{P_H}{l} = \frac{472 \text{ W}}{170 \text{ m}} = 3 \text{ W/m}$$

Der Wert liegt somit innerhalb der Belastungsgrenzen der Heizleitung. Der Widerstand der Heizleitung folgt aus der Gleichung:

$$R_m = \frac{U^2}{P \cdot l}$$

$$R_m = \frac{230^2 \text{ V}^2}{472 \text{ W} \cdot 170 \text{ m}} = 0{,}659 \ \Omega/\text{m}$$

Nach Tabelle 1.3.1.1-2 kann der Widerstandswert 0,65 Ω /m zur Herstellung der Heizmatten verwendet werden.

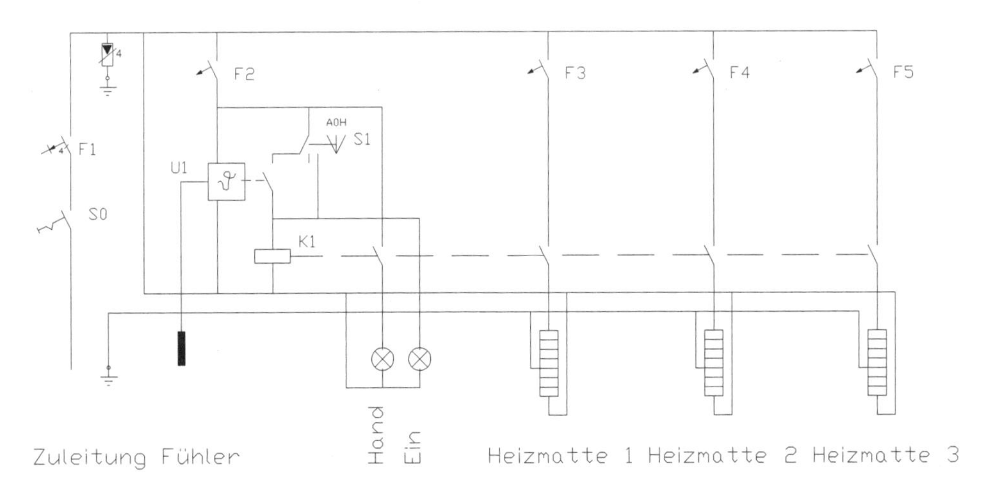

Bild 4.1.1-2 Stromlaufplan einer Tankbeheizungsanlage

Bild 4.1.1-2 zeigt den Stromlaufplan des für den Betrieb der Behälterbeheizung erforderlichen Versorgungsgerätes. Über das normale, für den Betrieb der Heizung erforderliche Gerät wurde ein zusätzlicher Temperaturregler vorgesehen, der bei Unterschreiten einer eingestellten Mindesttemperatur eine Störmeldung auslöst. Darüber hinaus wurde eine Betriebsanzeige der Heizung als potentialfreier Schließer vorgesehen. Der im Eingang angeordnete Überspannungsableiter wurde zur Verhinderung von Überspannungen im System und damit zum Schutz der elektronischen Temperaturregler eingebaut. In Anlagen, die über größere Flächen verteilt aufgebaut sind sowie in allen Anlagen, die über eine Blitzschutzanlage nach VDE 0185 verfügen, ist dieser Überspannungsableiter erforderlich, um einen hinreichenden Schutz für die elektronischen Geräte zu gewährleisten.

4.1.2 Tauchheizung

Bei Behältern, die neben der Aufhebung von Temperaturverlusten auch eine Erwärmung der eingefüllten Medien verlangen, ist eine Beheizung von innen erforderlich. Dies trifft in der Haustechnik am häufigsten für den Fall der Brauchwasserbereitung zu. Die hierzu verwendeten Geräte werden in dem Kapitel 5 beschrieben. An dieser Stelle soll beispielhaft, an zwei in der Technik häufig vorkommenden Anlagen, auf die Probleme der industriellen Technik eingegangen werden.

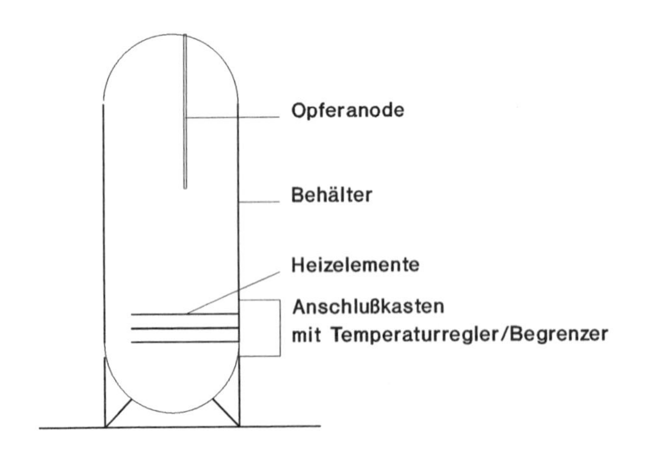

Bild 4.1.2-1 Lage der Heizelemente im Behälter

Aufgrund der direkten Berührung der Heizelemente mit dem Medium, das beheizt werden soll, ergeben sich verschiedene Probleme, die im folgenden angesprochen werden sollen. Um die Energie, die mit dem Heizelement aufgebracht wird, auf das Medium zu übertragen, ist eine Temperaturdifferenz zwischen Heizelement und Medium erforderlich. Im Kapitel 1 wurden die hierzu nötigen physikalischen Grundlagen erläutert. Dabei ist zu berücksichtigen, daß zwar der Wirkungsgrad der Beheizung mit der Höhe der

Temperaturdifferenz ansteigt, dies jedoch auch erhebliche Konsequenzen für das Medium haben kann. Eine zu hohe Oberflächentemperatur kann, z. B. wegen der Zähflüssigkeit des Mediums, nicht hinreichend abgeführt werden. Örtliche Überhitzung, Gasbildung des Mediums und seine Zersetzung wären die Folgen. Organische Fette in der Lebensmittelindustrie würden damit unbrauchbar; unter unglücklichen Umständen könnte es sogar zum Brand oder zur Explosion kommen. Die nachstehende Tabelle enthält einige Richtwerte für die maximalen Oberflächenleistungen, mit denen eine Beheizung ausgelegt werden kann. In jedem Fall ist mit dem Öllieferanten Rücksprache zu nehmen, um sich zu vergewissern, daß die von ihm vorgeschriebenen Flächenleistungen für elektrische Heizkörper eingehalten werden.

Tabelle 4.1.2-1: Zulässige Heizleistung von Tauchheizkörpern zur Beheizung von Medien

Medium	spezifische Belastung
Synthetische Öle	0,6 W/cm^2
Dickflüssige technische Öle Schmieröl Phosphatester	1,0 W/cm^2
Dünnflüssige technische Öle Hydrauliköl Wärmeträgeröl	1,5 W/cm^2
Dünnflüssige Medien Waschlaugen wasserähnliche Flüssigkeiten	3,0 W/cm^2
Heizöl EL	4,0 W/cm^2
Wasser	5,0 W/cm^2

4.1.2.1 Beheizung von Heizöltanks

Ein wesentliches Anwendungsgebiet für Tauchheizkörper stellt die Beheizung von Heizöltanks zur Verhinderung von Paraffinausscheidung dar, um Betriebsstörungen am Brenner zu vermeiden. Hierbei sind einige

Punkte zu beachten. Wegen der Gefahren, die brennbare Flüssigkeiten mit sich bringen, werden die für diesen Einsatzfall vorgesehenen Heizsysteme von den Technischen Überwachungsvereinen geprüft. Diese Sicherheitsprüfung erfolgt nach den Regeln der »Technischen Richtlinien für brennbare Flüssigkeiten« (TRbF). Nach erfolgreich bestandener Prüfung wird dem Gerät eine Zulassung bescheinigt. Das Gerät darf nur in dem in der Zulassung beschriebenen Einsatzbereich verwendet werden. Dabei sind die Einbauvorschriften des Herstellers genau einzuhalten, da sich diese auf die Zulassung beziehen. Das Gerät sollte so montiert werden, daß die angebrachte Zulassungsnummer gut sichtbar zu erkennen ist. Das erleichtert die wiederkehrende Prüfung durch den Sachverständigen. An dem Gerät dürfen keine Veränderungen vorgenommen werden, da sonst die Zulassung erlischt.

Für die Leistungsbestimmung von Tankheizungsanlagen zur Beheizung von Heizöltanks können Richtwerte nach *Tabelle 4.1.2.1-1* angenommen werden.

Tabelle 4.1.2.1-1: Richtwerte zur Ermittlung der Heizleistung bei der Beheizung von Heizöltanks

Ölmenge:	15 000 l	25 000 l	30 000 l	60 000 l	100 000 l
Heizleistung:	3,0 kW	4,5 kW	6,0 kW	7,5 kW	10,0 kW

Die Regelung der Anlage geschieht über zwei Temperaturregler, von denen der eine für die Temperaturerhaltung verantwortlich ist und der zweite bei Erreichen einer Übertemperatur als Sicherheitstemperaturbegrenzer arbeitet. Der Regelbereich der Tankheizung liegt zwischen +2 °C als Einschaltpunk und +7 °C als Ausschaltpunkt. Bei Überschreiten dieser Temperatur reagiert der Sicherheitstemperaturbegrenzer. Nach dessen Ansprechen wird die Heizung bis zur Behebung der Störung abgeschaltet. Eine Wiederinbetriebnahme kann nur nach mechanischer Entriegelung am Gerät erfolgen. Dadurch wird gewährleistet, daß unkontrolliert keine zu hohe Temperatur entstehen kann und das Heizöl im Behälter entzündet wird.

4.1.2.2 Beheizung von Hydrauliköltanks

Ein weiterer Einsatzbereich von direkten Tankbeheizungen besteht in der Beheizung von Hydraulikölbehältern. Diese finden zum Beispiel bei hydraulisch angetriebenen Aufzügen, bei Werkzeugmaschinen, Pressen und Fördergeräten (Bagger und Krane) und ähnlichen Anlagen Verwendung, um den Bewegungsablauf auch bei niedrigen Temperaturen flüssig und ruckfrei zu erhalten.

**flexible Ausführung
mit Anzeigegerät**

Anwendung:
Temperierung von Heizöl EL, um Betriebsstörungen zu verhindern, die durch Paraffinausscheidung hervorgerufen werden.
Einbau schon ab einem Freiraum von 500 mm über dem Tank möglich.

Prüfung:
TÜV nach TRbF 280, Ziffer 1.9 und TRbF 220 Ziffer 6.8, Ausweis Nr. 37/86.

Aufbau:
Ausführung A) Stahl-Flansch DN 150
Ausführung B) Einschraubgewinde G 1 1/2,
ölbeständige, flexible Steigleitung,
3 Stahlmantel-Rohrheizkörper,
Oberflächenbelastung ca. 4 W/cm^2,
Temperatur-Regler, Temperatur-Begrenzer,
Tauchtiefe von 400 bis 2950 mm verstellbar.

Klemmkasten 84 x 84 x 47 mm hoch,
Schutzart IP 65.

Anzeigegerät 130 x 94 x 58 mm hoch,
Schutzart IP 65,
Klemmen und Kontroll-Leuchten
rot: Störung
grün: Anlage betriebsbereit
gelb: Gerät heizt

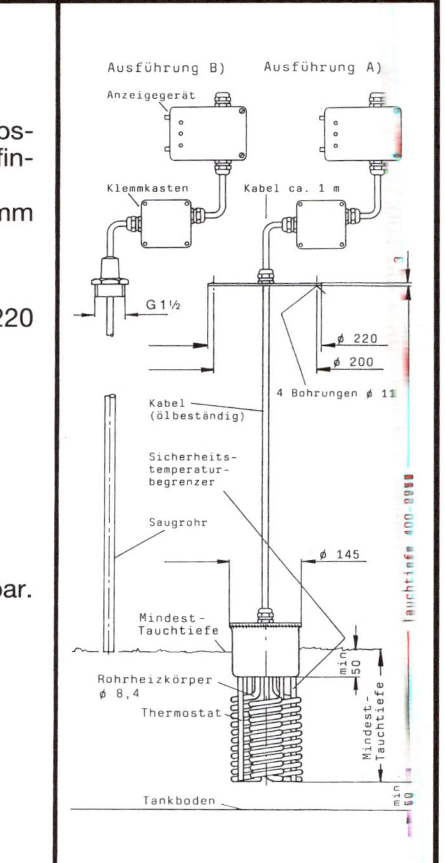

Bild 4.1.2.1-1 Tankheizkörper zur Beheizung von Heizöl in einem Tank - Werkbild HELIOS GmbH, Neuenrade

Zur Dimensionierung kann, bei einem freistehenden Hydraulikbehälter, von einem spezifischen Leistungsbedarf von p_H = ca. 100 W/l K ausgegangen werden. Die erforderliche Heizleistung ist nach folgender Gleichung zu ermitteln:

Gleichung 4.1.2.2-1:

$$P = V \cdot p_H \cdot (t_M - t_a)$$

Darin bedeuten:

P	= erforderliche Heizleistung der Beheizung	in W
V	= Volumen des zu beheizenden Hydrauliköls	in dm^3
p_H	= spezifische Heizleistung 100 W/l K	
t_M	= Medientemperatur	in °C
t_a	= Außentemperatur	in °C

Für einen Hydraulikölbehälter in einer Mindestumgebungs-Temperatur von 0 °C und einem Fassungsvermögen von 500 l, in dem eine Betriebstemperatur von 10 °C gehalten werden soll, ergibt sich danach folgender Leistungsbedarf:

$$P = 500\ l \cdot 100\ W/lK \cdot 10\ K = 500\ W.$$

Damit sind 500 W zur Aufrechterhaltung der Betriebstemperatur des Hydrauliköls erforderlich.

Die Regelung geschieht auch hier über einen Temperaturregler, der in unmittelbarer Nähe des Heizelementes untergebracht ist. Um eine punktuelle Überhitzung zu vermeiden, sind die maximalen Oberflächenleistungen, die sich aus der Viskosität ergeben, zu beachten. Ein Sicherheitstemperaturbegrenzer ist nicht erforderlich, jedoch zur Erhöhung der Sicherheit zu empfehlen.

4.1.2.3 Chemische Beständigkeit von Mantelwerkstoffen

Der weitere Einsatz von Heizelementen zur direkten Beheizung von Medien hängt ganz wesentlich von der chemischen Beständigkeit des Mantelmaterials gegenüber des zu beheizenden Mediums ab. Bei der Beheizung von chemischen Bädern ist daher unbedingt die Verträglichkeit zu überprüfen. Einige Materialien für direkt beheizte Bäder gibt die nachstehende Tabelle. Darüber hinaus kann der Betreiber der Bäder in der Regel auch Auskunft über die Verträglichkeit von Werkstoffen machen.

Tabelle 4.1.2.3-1: Mantelwerkstoffe und deren chemische Verträglichkeit mit direkt beheizten Medien

Medium	Mantelwerkstoff	Manteltemperatur in ° C
Öl	Stahl	300
Diphyl	Stahl	200
Teer	Stahl, Chromnickelstahl	260
Asphalt	Stahl, Chromnickelstahl	260
Phosphatlauge	Chromnickelstahl	150
Salze	Stahl, Chromnickelstahl	500
Galvanikbäder	Chromnickelstahl	100

4.1.2.4 Korrosionsschutz

Es besteht eine Wechselwirkung zwischen dem Heizelementematerial und dem Behältermaterial. Bei unsachgemäßer Materialauswahl kann die dadurch entstehende Korrosion zur Zerstörung des Behälters und des angeschlossenen Rohrsystems führen. Dies tritt besonders bei der Beheizung von Brauchwasser auf. Viele Schäden an Brauchwasserbehältern hätten sich bei Auswahl eines geeigneten Korrosionsschutzverfahrens vermeiden lassen. Ein besonderer Korrosionsschutz besteht in der Verwendung von Opfer-Anoden. Hierbei wird der Umstand ausgenutzt, daß ein in der elektrochemischen Spannungsreihe an unedlerer Stelle stehendes Material sich auflöst, wenn es mit einem Elektrolyt und einem edleren Material zusammenkommt. Ziel ist es dabei, der Zersetzung des im System befindlichen unedelsten Materials durch Zugabe eines noch unedleren Materials, z. B.

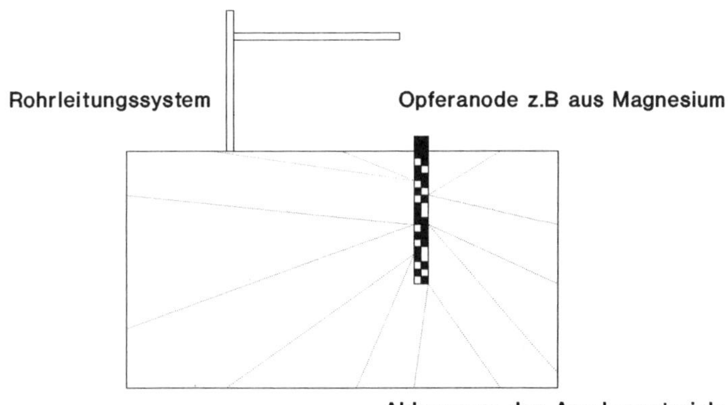

Bild 4.1.2.4-1 Korrosionsschutz durch Opfer-Anode

Magnesium, entgegenzuwirken. Statt dessen wird das sehr unedle Material in Form einer Opfer-Anode zersetzt. Da die Opfer-Anode einen begrenzten Materialvorrat darstellt, ist eine regelmäßige Überprüfung erforderlich, um die Korrosion sicher zu verhindern.

Tabelle 4.1.2.4-1:
Elektrochemische Spannungsreihe wichtiger Elemente

Werkstoff	chemisches Kurzzeichen	Potential gegen Wasserstoff
Gold	Au	+1,50 V
Platin	Pt	+0,86 V
Silber	Ag	+0,80 V
Qecksilber	Hg	+0,79 V
Kohle	C	+0,74 V
Kupfer	Cu	+0,34 V
Wismut	Bi	+0,28 V
Antimon	Sb	+0,14 V
Wasserstoff	H	+/– 0 V
Blei	Pb	–0,13 V
Zinn	Sn	–0,14 V
Nickel	Ni	–0,23 V
Kobalt	Co	–0,29 V
Cadmium	Cd	–0,40 V
Eisen	Fe	–0,44 V
Chrom	Cr	–0,56 V
Zink	Sn	–0,76 V
Mangan	Mn	–1,10 V
Aluminium	Al	–1,76 V
Magnesium	Mg	–2,40 V
Kalium	K	–2,96 V

Ein Beispiel für die Beurteilung der Korrosionsstromproblematik soll die *Tabelle 4.1.2.4-2* geben. Darin sind diejenigen Materialmengen in Gramm und Volumeneinheit angegeben, die bei einem angenommenen Korrosionsstrom von 1 mA verlagert werden. Der Nachweis hierzu läßt sich mit Hilfe der Galvanisationstechnik erbringen. Darin wird eine Verbindung zwischen dem transportierten Material, der Stromstärke und der Zeit hergestellt. Diese Ergebnisse sind in die Tabelle 4.1.2.4-2 eingeflossen.

Tabelle 4.1.2.4-2: Materialtransport durch Korrosionsströme

Material	Aufgelöste Menge pro Jahr bei einem Stromfluß von 1 mA		
Eisen	9,1 g	≙	1,2 cm^3
Kupfer	10,5 g	≙	1,2 cm^3
Blei	34,0 g	≙	3,0 cm^3
Zink	10,7 g	≙	1,5 cm^3
Aluminium	2,9 g	≙	1,1 cm^3
Magnesium	4,0 g	≙	2,3 cm^3

4.2 Maschinenbeheizung

Ebenso wie im Bereich der vorbeschriebenen Behälterbeheizungen, ist auch für die Maschinenbeheizung keine allgemeingültige Heizungsanlage beschreibbar. Vielmehr gilt auch hier die Innovation des jeweiligen Konstrukteurs, um das Problem der Erwärmung zu erfassen und dann zu lösen. Lösungsansätze ergeben sich dabei am einfachsten unter Berücksichtigung der vorhandenen Heizungselemente, die eine möglichst vielseitige Einsatzpalette aufweisen. Dabei sind sicherlich eine Reihe von Kriterien zu berücksichtigen, die in der Regel nur auf ausdrückliches Befragen des Maschinenkonstrukteurs, und somit in enger Zusammenarbeit, erfahren werden können.

Eine gehörige Portion an Erfahrung und die genaue Einarbeitung in die Gesamtproblemstellung der Maschine sind auch für den Projektanten der Beheizung erforderlich, um das Gesamtsystem zufriedenstellend funktionieren zu lassen. In vielen Fällen ist bei Versagen der Heizung nicht die Heizung schuld, sondern der Betriebsbereich, die ungenau erfaßten maximalen mechanischen Abmessungen oder auch die Unkenntnis über den genauen Leistungsbedarf. Dieser ist in vielen Fällen nur schwer abschätzbar und muß oft empirisch ermittelt werden, um das Produkt »Heizung« zu optimieren. Dabei sind z. T. langwierige Versuche erforderlich, die unter Umständen auch im Labor des Herstellers der Heizanlage unter Modellbedingungen erfolgen können. Eine direkte Rückwirkung auf die Regelung des Systems ist hierbei zu beachten. Eine zu niedrige Auslegung der Leistung läßt den Erwärmungsprozeß zu lange dauern oder die erforderliche Endtemperatur nicht erreichen. Eine zu hohe Auslegung der Leistung führt dazu, daß der Regler nicht mit der gewünschten Präzision arbeitet, ins Schwingen gerät oder flattert.

Diese Probleme können nur vermieden werden, wenn die Heizung auch regelungstechnisch auf das Gesamtsystem abgestimmt ist. Das bedeutet aber auch, daß die Regelung einen festen Bestandteil des Heizungssystems in der jeweiligen Maschine ausmacht. Eine Trennung zwischen Entwicklung der Beheizung und der Regelung, wie sie häufig vorkommt, ist demnach nicht sinnvoll. Die Zusammenarbeit zwischen Maschinenbau auf der einen Seite und Elektrotechnik und Steuerung auf der anderen Seite muß besonders in diesem Fall sehr eng sein. Der außenstehende Entwickler für das Heizungssystem muß demzufolge sofort mit beiden Parteien Kontakt aufnehmen und einen Konsens suchen.

Das Endprodukt stellt dann ein auf den jeweiligen Anwendungsfall bezogenen Lösungsansatz dar, der zwar in viele Bereiche übertragen werden kann, dessen Modellcharakter dem Entwickler jedoch immer klar sein muß, um nicht bei der nächsten Problemstellung in einer Sackgasse zu landen.

Diese hier gemachten Aussagen bestätigen noch einmal die Individualität einer Maschinenbeheizung. Ausgehend von dieser Kenntnis, sollen hier drei Möglichkeiten für den Einsatz von Flächenheizungen dargestellt werden, die hinsichtlich des Lösungsansatzes beispielhaft sind.

4.2.1 Ablaufbleche einer Emulgiermaschine

Die Aufgabe bestand darin, an einer Maschine, die zum Überziehen von Keksen mit Schokolade entwickelt wurde, den Rücktransport der nicht verwendeten Schokolade in den Vorratsbehälter zu ermöglichen.

Der entsprechende Maschinenteil besteht im wesentlichen aus einem Kettenförderer und einem darüber befindlichen Vorratsbehälter, aus dem ein Schleier an Schokolade fließt. Die zu überziehenden Kekse werden vor dem Schleier auf den Kettenförderer gebracht und danach zur weiteren Verarbeitung über ein Transportsystem abgenommen. Da die Kekse nicht flächendeckend unter dem Schleier entlanglaufen, ist unterhalb des Kettenförderers eine Auffangeinrichtung installiert. Diese sammelt an ihrem tiefsten Punkt die Schokoladenmasse. Der Rücktransport in den Vorratsbehälter erfolgt mittels einer Fördereinrichtung, so daß ein Kreislauf entsteht. Die Voraussetzung für eine zufriedenstellende Funktion, die gleichzeitig den Einsatz an Überzugsmaterial reduziert, setzt ein sauberes Ablaufen der Schokolade von den Ablaufblechen voraus. Wesentliche Anforderung an die Beheizung ist eine möglichst gleichmäßige Temperaturverteilung über das gesamte Ablaufsystem unterhalb des Kettenförderers.

Um nicht mit den ständig erforderlichen Reinigungsprozessen zu kollidieren, wurde die Beheizung unterhalb der Ablaufwannen installiert. Eine zufriedenstellende Temperaturverteilung ergab sich nach einem Testaufbau mittels einer Siliconheizmatte, die fest unter die Ablaufbleche geklebt wurde. Durch die Flexibilität der Heizelementeform konnte eine Beheizung aller in Frage kommenden Teile bis in die letzte Ecke erreicht werden. Die Temperaturverteilung auf den Innenseiten der Ablaufbleche ergab eine Welligkeit des Temperaturprofils in der Größenordnung von 0,3 K. Dies ist für den Einsatzfall ausreichend. Durch eine genaue empirische Ermittlung der Flächenleistung konnte auf eine Temperaturregelung verzichtet werden, da die thermischen Anforderungen während des Betriebs der Anlage besonders konstant sind.

Bild 4.2.1-1 Siliconheizmatten auf Ablaufblechen einer Maschinenbeheizung

4.2.2 Abfülltrichter

Es bestand die Aufgabe, einen Heiztrichter, mit dessen Hilfe zähflüssiges Material abgefüllt werden sollte, so zu beheizen, daß das Material leichter ausfließt. Der Trichter ist auf der Ablaufeinrichtung aufgeschraubt und auswechselbar.

Es ist eine Trichterinnentemperatur von ca. 45 °C, mit der Möglichkeit einer Erhöhung auf 60 °C, erforderlich. Eine hohe Anforderung an die Temperaturregelung wurde nicht gestellt. Um die nach der Aufheizung in dem Trichter und im Abfüllmaterial gespeicherte Wärme nicht zu schnell an die Umgebung abzugeben, sollte der Trichter mit einer Dämmschicht umgeben werden.

Das Problem wurde mit dem in *Bild 4.2.2-1* dargestellten Heiztrichter gelöst. Der prinzipielle Aufbau ist in *Bild 4.2.2-2* dargestellt. Um die Heizelemente zusammenzuhalten, wurden sie in ein Siliconbett eingelegt, das der Form des Abfülltrichters angepaßt war. Da der gesamte Heizmantel mit einem weiteren Trichter aus Stahlblech umgeben wurde, mußten der Temperaturregler und die Anschlußleitung der Heizelemente zu diesem Trichter geführt werden. Die Endmontage der gesamten Einrichtung erfolgte beim Hersteller der Abfülleinrichtung.

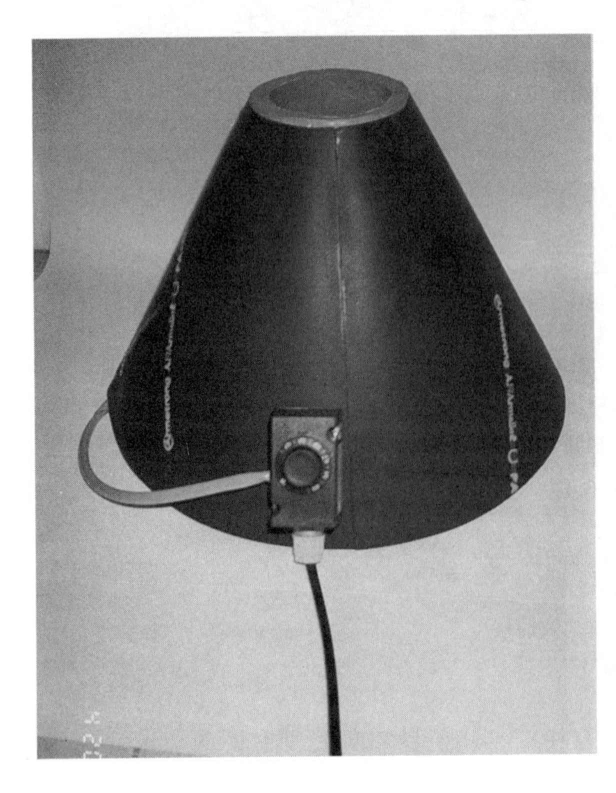

Bild 4.2.2-1 Beheizter Abfülltrichter mit Wärmedämmung

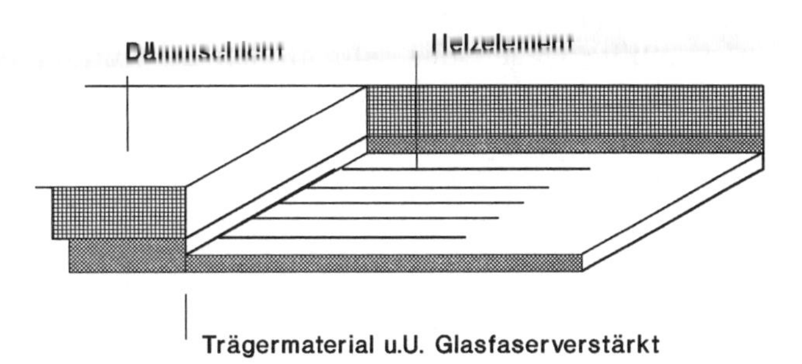

Bild 4.2.2-2 Schnitt durch einen Heizmantel

Das Prinzip der Beheizung mittels fest an die Heizelemente montierter Dämmung läßt sich über diesen Anwendungsfall hinaus auch auf eine Reihe anderer Beheizungen anwenden. Wichtig hierbei ist nur, daß die maximale Temperatur, die mit dem Heizelement erreicht werden soll, auf das Dämm-Material abgestimmt wird. Dies ist besonders wichtig, wenn es sich bei dem Dämm-Material um Kunststoffe handelt. Die Grenztemperaturen sollten in diesem Fall wesentlich unterschritten werden. Die meisten Kunststoffdämm-Materialien verlieren nach längerer Temperierung in der Nähe der oberen Grenztemperatur an Elastizität und werden damit spröde und brüchig. Das hat natürlich Konsequenzen für die Wärmeleitfähigkeit und die mechanische Festigkeit.

Zusätzlich ist das verwendete Material der Heizelemente wie auch der Dämmung auf die im Normalbetrieb der zu beheizenden Anlage entstehenden Temperaturen abzustimmen. Diese sind nicht unbedingt innerhalb der Heizelemente-Betriebstemperatur zu finden. Sie können auch erheblich darüber liegen. Als Beispiel sei die Temperierung von Kondensatleitungen angeführt, die im Betriebszustand die Kondensattemperatur erreichen und als Auskühlschutz wesentlich darunter liegen. Ebenso können sämtliche Beheizungen, die der Vorwärmung an Maschinen dienen, hier aufgeführt werden.

4.2.3 Schieberbeheizung in Abfülleinrichtungen

Das Problem der Schieberbeheizung wurde vom Kunden recht global dargestellt, als er den Autor um Lösungsmöglichkeiten bat. Bei der Abfüllung von Kies aus einer Kiesbaggerei, der in einem Silo zwischengelagert wird, entstehen durch Einfrieren des im Kies enthaltenen Wassers an der Schieberautomatik erhebliche Zeiteinbußen. Das Wasser sammelt sich genau an der Stelle im tiefsten Punkt des Silos, an dem auch der Schieber sitzt, der das Abfüllgut freigibt. Eine regelmäßige Bearbeitung der empfindlichen, mit einer Wägeeinrichtung versehenen Einrichtung wurde wegen der entstehenden Schäden bald zu teuer.

Der Vorschlag, eine elektrische Beheizung des gesamten Silos vorzunehmen, mußte wegen des sehr großen Silovolumens verworfen werden. Es ergab sich, daß das Material in der Mitte des Silos nicht einfror und in der Regel auslaufen konnte. Damit beschränkte sich die Beheizung auf den Bereich des Schiebers. Dieses Heizelement, das an der Unterseite des beweglichen Teils untergebracht werden kann, muß nun so viel Heizleistung erbringen, daß auch bei tiefsten Temperaturen eine Eisfreihaltung möglich ist. Bisher sind die eingebrachten 500 W ausreichend.

Bild 4.2.3-1 Beheizung an einem Abfüllschieber unter einem Kiessilo

Die Regelung besteht aus einer Außentemperaturerfassung, die die Heizungen bei Erreichen von Minusgraden einschaltet, und einem Temperaturbegrenzer, der die maximale Betriebstemperatur der Heizelemente überwacht und bei Bedarf abschaltet. Nach Abkühlung erfolgt eine automatische Wiedereinschaltung. Brand- und Explosionsgefahr besteht bei dieser Anlage nicht. *Bild 4.2.3-1* zeigt den beheizten Schieber. Das Heizelement ist komplett umbaut und somit im betriebsfertigen Zustand nicht zu erkennen.

4.3 Strahlungsheizungen

Strahlungsheizungen finden in vielen Bereichen der Industrie Anwendung. Wie im Kapitel 1 bereits erläutert, handelt es sich bei dieser Art von Beheizungen um ein System, das entgegen den bisher dargestellten Heizungssystemen nicht mit direkter Wärmeübertragung von den Heizelementen zum Gerät oder Wärmeempfänger arbeitet und das auch nicht die erwärmte Luft oder ein anderes Medium zum Transport nutzt. Die Wärmeenergie wird ausschließlich durch die Strahlungsanteile übertragen, die als Infrarotstrahlung und somit als elektromagnetische Wellenstrahlung bekannt ist. Der grundsätzliche Vorteil eines solchen Systems besteht darin, daß der Wärmeerzeuger und das zu erwärmende Werkstück keine Verbindung miteinander eingehen müssen. Da die Infrarotstrahlung die Umgebung nicht erwärmt, treten die sonst üblichen thermischen Belastungen der Umgebung nicht oder nur sehr reduziert ein. Besonders wichtig ist dieser Umstand, wenn die Temperaturen am Werkstück hoch sein müssen, etwa bei einer Trocknungsanlage für Farben. Eine Trocknung mit erwärmter Luft hat in solchen Fällen den großen Nachteil, daß eine gehörige Menge an Luft erwärmt werden muß. Dabei ist gleichzeitig eine gute Durchlüftung zu gewährleisten. Damit treten nicht unerhebliche Energieverluste auf. Diese werden größtenteils mit den Verfahren der Infrarottrocknung vermieden.

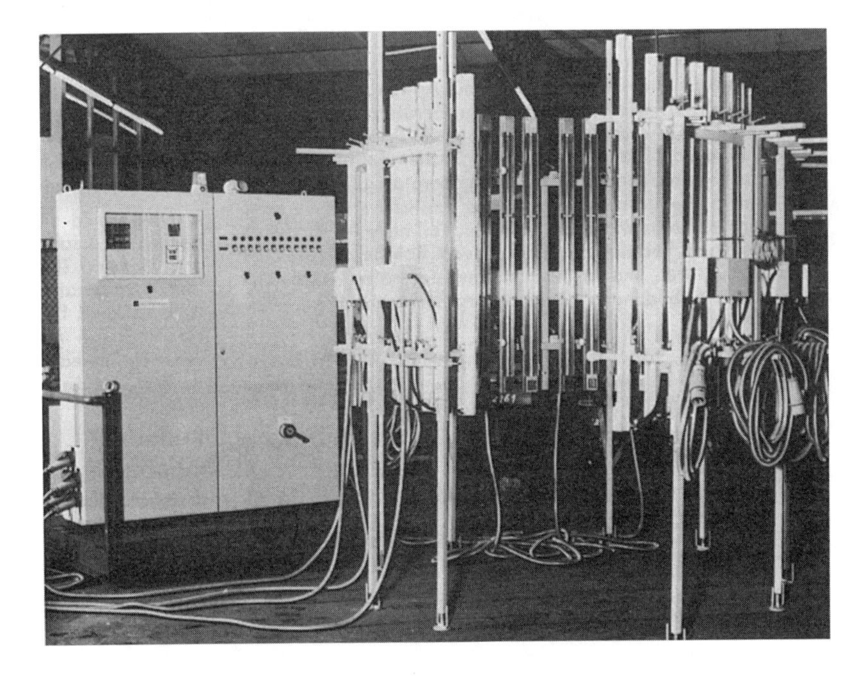

Bild 4.3-1 Infrarottrocknungsanlage (Werkbild Fa. C+F, Hanau)

Die gleichen Probleme wurden bereits bei der Arbeitsplatzbeheizung und Wohnraumbeheizung mittels Strahlungsheizungen diskutiert. Ein Beispiel für eine industrielle Trocknungsanlage ist im *Bild 4.3-1* dargestellt.

Dieses System arbeitet jedoch nicht nur bei hohen Temperaturen und Energiemengen, sondern auch mit geringen Leistungen, wie das folgende Beispiel zeigt: In der Tieraufzucht werden häufig Glühlampen mit besonders hohen Anteilen an Infrarotstrahlung zur Nesterwärmung verwendet. Diese Glühlampen haben eine sehr hohe Arbeitstemperatur und unter der derzeitigen Anwendung einen sehr ungleichmäßigen Erwärmungsbereich, der aus der Bündelung innerhalb der verwendeten Leuchten und der Bündelung durch die Glaskolbenform entsteht. Die Oberflächentemperaturen, die im Betriebszustand bis zu 230 °C betragen, bedeuten eine zusätzliche Zündquelle und Verbrennungsgefahr.

Eine Alternative zeigt *Bild 4.3-2*. Dargestellt ist ein Niedertemperatur-Wärmestrahler, der ebenfalls in der Tieraufzucht Verwendung findet und für die Ferkelaufzucht entwickelt wurde. Die maximale Oberflächentemperatur beträgt 35 °C bei normaler Umgebungstemperatur im Stall. Die Akzeptanz dieses Wärmestrahlers ist genau so groß wie bei der bisher verwendeten Infrarotlampe. Die Leistungsaufnahme liegt jedoch mit 100 W weit unter der bisher verwendeten Infrarotlampe mit 250 W.

Die Wärmeverteilung, unterhalb des Wärmestrahlers, ist dabei jedoch erheblich gleichmäßiger als bei der Infrarotlampe.

Weitere Anwendungsbeispiele für Infrarotbeheizungen ließen sich aufzeigen.

Bild 4.3-2
Wärmestrahler in der Tieraufzucht

5 Warmwasserbereitung

5.1 Versorgungsarten

Die Auswahl der Versorgungsart hängt ganz wesentlich von Faktoren ab, die sich aus der Art und der Nutzung des Gebäudes ergeben, in dem die Warmwasserversorgung installiert wird. Ziel ist, an den Zapfstellen warmes Wasser bereitzustellen. Dabei werden unterschiedliche Temperaturen benötigt. *Tabelle 5.1-1* gibt hierzu einige Beispiele.

Tabelle 5.1-1: Warmwassertemperaturen an den Zapfstellen

Zapfstelle	Temperatur in °C
Badewanne	40
Brausebad	40
Handwaschbecken	35
Spüle	50

Bei der Auswahl des Versorgungssystems ist dabei der Installationsaufwand, mit dem das Rohrsystem und die zentrale Aufbereitung errichtet werden müssen, ein wichtiges Kriterium. Dieses steht im Gegensatz zu den vielen kleinen Einzelgeräten bei der dezentralen Warmwasserbereitung. Dazu kommt, daß ebenso wie bei der Heizungsanlage die Kosten verbrauchsabhängig abgerechnet werden müssen. Damit werden dann Anlagen mit verstreut im Gebäude liegenden Verbrauchsstellen, die nur recht selten benutzt werden, wie z. B. Teeküchen und WC-Anlagen in Geschäfts- und Verwaltungsgebäuden, oftmals mit einer dezentralen Warmwasserbereitung versorgt. Diese werden an das Stromversorgungsnetz der jeweiligen Mietpartei angeschlossen. Damit ist das Problem der zusätzlichen Warmwasserverbrauchsmessung erledigt.

Darüber hinaus ist der häufige Bedarf an Warmwasser in Krankenhäusern, Hotels und Wohnungen in Wohnhäusern ein Grund für die zentrale Aufbereitung.

Eine Sonderstellung nimmt hierbei die dezentrale Gruppenversorgung ein. Diese Variante stellt jedoch nur eine Art der dezentralen Versorgung dar, die mehrere nahe zu einem Mieter gehörende Verbrauchsstellen aus einem größeren Warmwasserbereiter speist.

5.1.1 Zentralversorgung

5.1.1.1 Auslegung zentraler Warmwasserversorgungen

Die DIN 4708 beschreibt die für die Errichtung solcher Anlagen notwendigen Regeln und Verfahren. Wesentlich dabei ist die Auslegung der Warmwasserbereiter und des Leitungsnetzes. Dabei werden die Verbrauchsdaten der einzelnen Verbraucher nach der Entnahmemenge je Benutzung und dem dabei benötigten Energievolumen eingeteilt und bewertet. Es entsteht der Zapfstellenbedarf w_v nach DIN 4708 Teil 2, der diese Größen beschreibt und der der Berechnung der Speicherkapazität zugrundezulegen ist. Der Zapfstellenbedarf ist der Tabelle 5.1.1.1-1 zu entnehmen.

Tabelle 5.1.1.1-1: Zapfstellenbedarf w_v nach DIN 4708 Teil 2

Zapfstelle bzw. sanitäre Ausstattung	Entnahme je Benutzung in l	Zapfstellenbedarf w_v in Wh
Badewanne 1400 nach DIN 4471	140	5820
Badewanne 1600 nach DIN 4471	160	6510
Kleinraumwanne und Stufenwanne	120	4890
Großraumwanne	200	8720
Brausekabine Normalbrause	40	1630
Brausekabine Luxusbrause	75	3020
Brausekabine mit 1 Kopf- und 2 Seitenbrausen	100	4070
Waschtisch	17	700
Bidet	20	810
Handwaschbecken	9	350
Küchenspüle	30	1160

Die Berechnung der Speicherkapazität stellt sich für die unterschiedlichen Gebäudearten verschieden dar. Während bei einem Einfamilienhaus der Wasserbedarf durch die vorhandenen Zapfstellen leicht ermittelt werden kann, ergeben sich bei größeren Gebäuden dabei einige Probleme. Der

Verbrauch des Einfamilienhaushaltes reduziert sich wesentlich auf die vorhandene Dusche und die Badewanne, die maximal gleichzeitig betrieben werden können und somit in der Summe den Bedarf darstellen. An den anderen im Gebäude vorhandenen Zapfstellen ist die Warmwasser-Entnahme dagegen geringfügig. Ähnlich sieht es auch bei größeren Gebäuden aus. Nicht alle Zapfstellen werden gleichzeitig benutzt. Aus diesem Grund wurde die Leistungskennzahl N_L eingeführt, die die durchschnittliche Belegung der Wohnungen, die Wohnungszahl mit den in der Wohnung lebenden Personen sowie die maximale Verbrauchsstelle berücksichtigt. Dabei werden die einzelnen Wohnungstypen je Haus zusammengefaßt. N_L entspricht dabei einer Normalwohnung mit einer Badewanne und zwei weiteren Zapfstellen.

Gleichung 5.1.1.1-1:
Ermittlung der Leistungskennzahl N_L

$$N_L = \frac{\Sigma\,(n \cdot p \cdot w_v \cdot v)}{3{,}5 \cdot w_{v\ bezug}}$$

Darin bedeuten:

N_L	= Leistungskennzahl	
n	= Anzahl der Wohnungen je Typ	
p	= Anzahl der Personen pro Wohnung	
v	= Zapfstellenzahl	
w_v	= Zapfstellenbedarf	in Wh/Entnahme
$w_{v\ bezug}$	= Bezugsbedarf = 5820	in Wh/Entnahme
3,5	= Statistische Wohnungsbelegung	

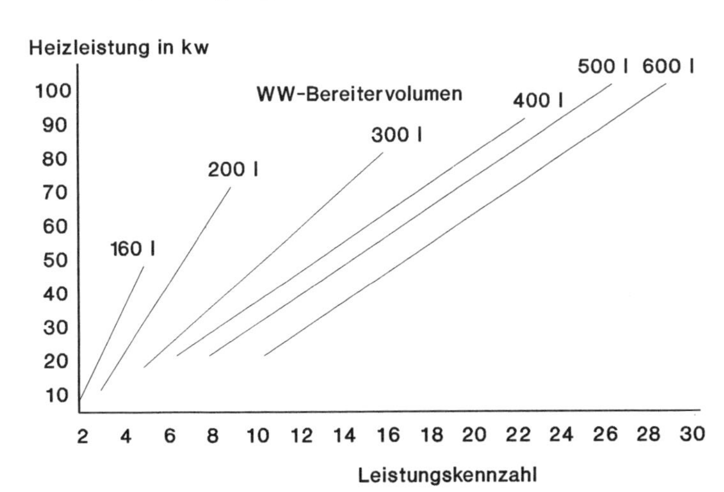

Bild 5.1.1.1-1
Leistungskennzahlfür Warmwasserspeicher in Abhängigkeit von Speichervolumen und Heizleistung.

Die Auswahl des richtigen Speichers kann dann nach der ermittelten Kennzahl erfolgen. Dazu bestehen die Auswahlkriterien hinsichtlich der Größe des Speichers und der Größe der Heizleistung. Je größer das gespeicherte Warmwasservolumen ist, desto geringer kann die Heizleistung des Warmwasserspeichers ausfallen. Das *Diagramm 5.1.1.1-1* gibt hierzu einen Hinweis. Die Auswahl des Warmwasserspeichers ist nach einer Vorauswahl mit den jeweiligen herstellerbezogenen Werten abzugleichen. Diese Werte variieren bei unterschiedlicher Brauchwassertemperatur.

5.1.1.2 Auslegung des Leitungsnetzes

Bei der Errichtung des Leitungsnetzes ist in der Regel handwerklich das Gewerk Sanitär gefordert. Die Montage geschieht zweckmäßigerweise im Zusammenhang mit dem Kaltwassernetz und dem Abwassernetz. Besonders zu berücksichtigen sind die Leitungsdimensionen, um eine hinreichende Wassermenge zu den Verbrauchern zu führen, ohne daß die Fließgeschwindigkeit in den Leitungen zu groß wird. Darüber hinaus schreibt die Heizungsanlagenverordnung vor, daß die Warmwasser-Verbrauchsleitungen zu dämmen sind. Die *Tabelle 3.1.1.2-2* gibt Aufschluß über die geforderte Dämmung. Weiter ist es wichtig, den Zapfstellen sofort nach dem Öffnen warmes Wasser zur Verfügung zu stellen. Das geschieht mit Hilfe einer Zirkulationsleitung. Damit wird das Wasser in den Leitungen bis nahe an den Zapfstellen regelmäßig umgewälzt, so daß es nur in den kurzen Zuleitungen vom Hauptstrang zu den Zapfstellen abkühlen kann. Durch dieses Verfahren reduziert sich der Warmwasserverbrauch um den Anteil, der auf »das Warten auf warmes Wasser« entfällt. Die Einschaltung der Zirkula-

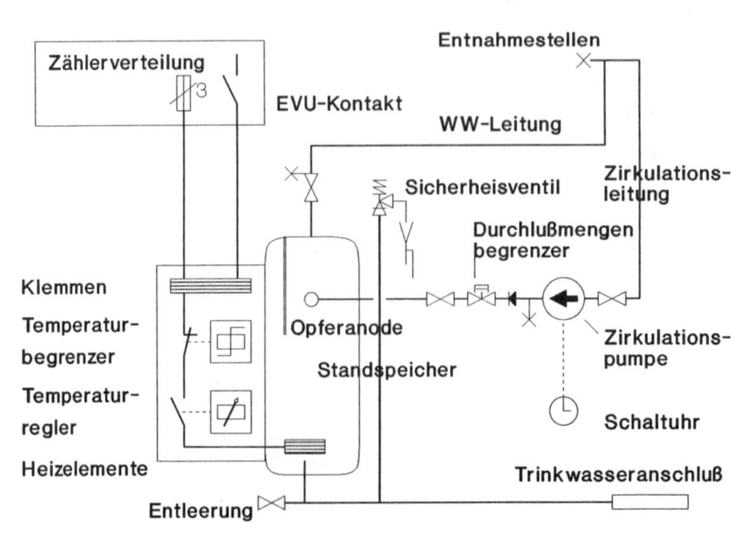

Bild 5.1.1.2-1 Laderegelung mit Zirkulationspumpe

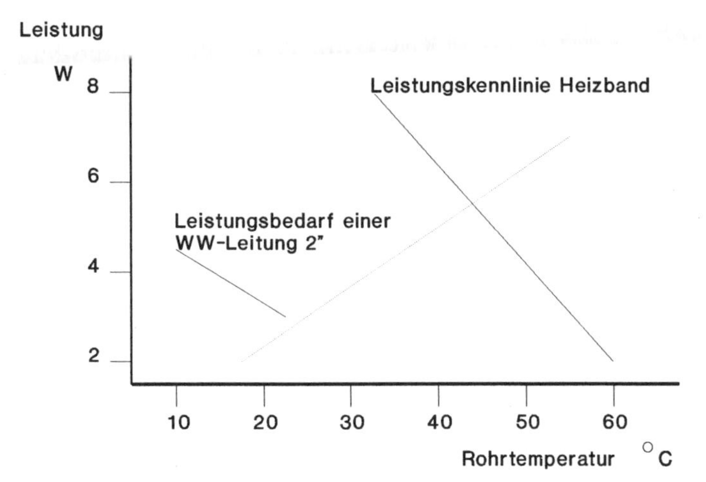

Bild 5.1.1.2-2
Rohrbegleitheizung für Zirkulationsleitungen

tionspumpe unterliegt ebenfalls der Heizungsanlagenverordnung. Eine zeitabhängige Schaltung ist hier gefordert.

Eine weitere Möglichkeit besteht in der Verwendung von Heizleitungen, die den Wärmeverlust durch die Dämmung auffangen. Hier werden vornehmlich selbstbegrenzende Heizbänder verwendet, die auf die Brauchwassertemperatur abgestimmt sind. Bei diesem Verfahren wird nur der wirklich entstehende Wärmeverlust durch die Dämmung als elektrische Energie zugeführt, während beim Einsatz einer Zirkulationspumpe zusätzliche Verluste durch die Umschichtung im Speicher und durch den Betrieb der Pumpe entstehen. Ferner kann die Zirkulationsleitung als separate Leitung mit den Wärmeverlusten entfallen.

5.1.2 Dezentralversorgung

Bei der dezentralen Versorgung entfallen gegenüber der zentralen Versorgung neben dem Zentralspeicher das gesamte Leitungsnetz und die damit verbundenen Messungen. Die Geräte werden den Warmwasserverbrauchsstellen direkt zugeordnet. Dabei ist die Versorgung der einzelnen Zapfstellen mit Speichergeräten, die auf den jeweiligen Bedarf abgestimmt sind, häufig anzutreffen. Hauptsächlich findet diese Variante bei der Versorgung von Waschtischen und Spülen Verwendung. Im Einsatz sind dabei je nach Verbrauch 5-, 10- und 12 l-Untertisch- oder Übertischgeräte als Warmwassergeräte in offener Ausführung.

Bei der Versorgung von Duschen und Badewannen ist eine Entscheidung zwischen Durchlauferhitzer und Speicher nötig. Bei einer ausreichenden Stromversorgung bildet der elektrische Durchlauferhitzer zur Versorgung von Wohnungen sicherlich eine optimale Lösung. Während das mehrmalige aufeinanderfolgende Benutzen von Badewanne oder Dusche bei einem Speicher Probleme hinsichtlich der Zwischenaufheizung bereitet, steht bei einem Durchlauferhitzer jederzeit das warme Wasser zur Verfügung.

Ebenso kann in Wohnungen auch mit einem einzigen Durchauferhitzer eine Warmwasserversorgung realisiert werden. Dazu werden alle Zapfstellen aus diesem Durchlauferhitzer versorgt. Eine kurze Leitungsführung sollte dabei angestrebt werden, um die Verluste klein zu halten. Das gilt nicht nur für die Leitungsverluste, sondern auch für die Wasserverluste, die durch Ablaufenlassen des in der Leitung abgekühlten Wassers entstehen.

5.2 Warmwassererzeuger

5.2.1 Kochendwassergeräte

Kochendwassergeräte werden oft in Kleinküchen in Büros und Gewerbebetrieben eingesetzt, um schnell und problemlos Warmwasser zur Verfügung zu haben. Es handelt sich bei diesen Geräten um offene Warmwasserbereiter. Die Temperatureinstellung des Wassers ist in der Regel von 35 °C bis zum Kochen möglich. Eine automatische Temperaturbegrenzung sorgt dafür, daß keine Überhitzung stattfinden kann. Die elektrische Leistung beträgt 2 kW bei Anschluß an 230 V. Dadurch ist der Betrieb an der normalen Schukosteckdose möglich.

Die praktischen Vorteile zeigen sich in der Geschwindigkeit, in der Wasser kocht. Bei 2 kW Anschlußleistung wird 1 l Wasser von ca. 10 °C in 3 Minuten zum Kochen gebracht.

Die Montage erfolgt wegen des Konstruktionsprinzips oberhalb der Spüle. Über eine spezielle Armatur wird der Vorratsbehälter gefüllt. Beim Auslaufen kann über diese Armatur auch Kaltwasser beigemischt werden. Die Geräte besitzen einen freien Überlauf, aus dem das Wasser bei Überfüllung oder nach Ausdehnung austreten kann. Der Überlauf sollte so ausgerichtet werden, daß das – möglicherweise sehr heiße – Wasser gefahrlos abfließt und vor Verbrühungen schützt.

5.2.2 Offene Warmwasserspeicher

Offene Speicher finden im Haushalt und im Gewerbe Anwendung, wenn eine einzelne Zapfstelle mit kleinen Mengen Warmwasser versorgt werden muß. An einen offenen Speicher kann nur jeweils eine Zapfstelle angeschlossen werden. Die Geräte besitzen Temperaturregler, die mit mehreren

Markierungen bestimmte Temperaturen zum energiesparenden Betrieb leicht anwählen lassen. Eine Frostschutzstellung ist ebenfalls vorhanden. Die Einstellbarkeit der Wassertemperatur erfolgt stufenlos von ca. 35 °C bis 85 °C. Um die Wärmeverluste des erwärmten Wassers zu begrenzen, werden Speicher mit einer Dämmung versehen. Warmes Wasser darf nur mit den dafür vorgesehenen Armaturen für einen drucklosen Speicher entnommen werden. Der Wasseranschluß erfolgt mit den an der Armatur fest angebrachten Rohrleitungen und mit Überwurfringen.

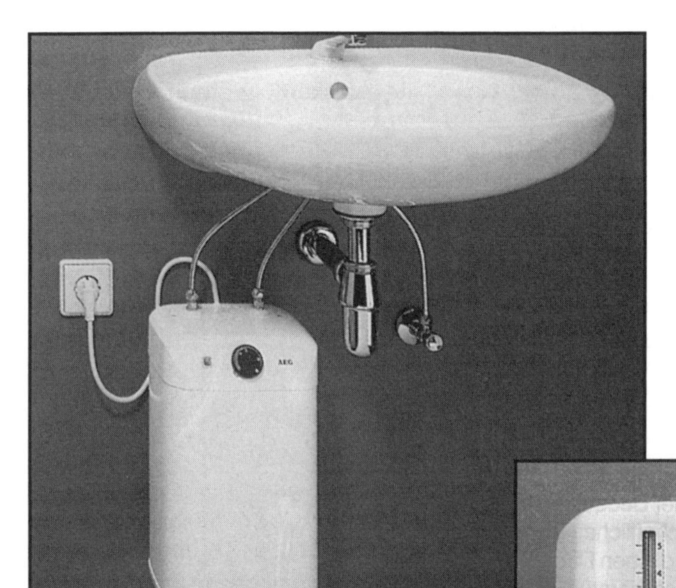

Bild 5.2.2-1 Kleinspeicher in offener Ausführung (Werkbild AEG)

Kleinspeicher Huz 5

- Kleinspeicher in Untertischausführung für individuelle Einsatzmöglichkeiten an Waschtisch und Küchenspüle
- Korrosionsfester, offener Innenbehälter aus Kunststoff, Inhalt 5 Liter, für lange Lebensdauer
- Hervorragende Wärmedämmung aus Hartschaum für energiesparenden Dauerbetrieb, Bereitschaftsstromverbrauch 0,26 kWh/24 h
- Hoher Nutzungsgrad durch große entnehmbare Mischwassermenge
- Stufenlos von ca. 35 °C bis 85 °C einstellbarer Temperaturwählregler mit Energiesparstellungen „E“ = 40 °C, „e“ = 55 °C und Frostschutzstellung für bedarfsferechte Temperaturwahl
- Separater Wandbügel zur schnellen Montage
- Zuleitung mit SCHUKO -Stecker
- Leistung mit Spannung 2 kW, 230 V ~

- Leistung und Spannung 2 kW, 230 V~

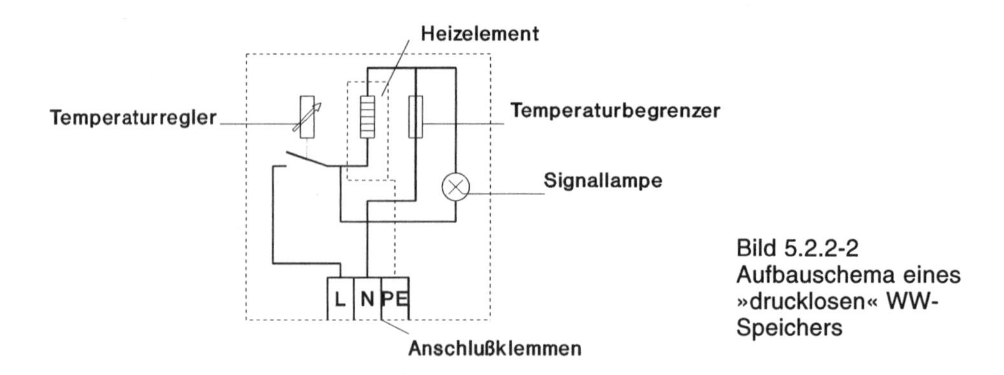

Bild 5.2.2-2 Aufbauschema eines »drucklosen« WW-Speichers

Die Stromversorgung kann dann über eine Schukosteckdose geschehen. Die Anschlußwerte liegen bei 2 kW an 230 V.

Tabelle 5.2.2-1: Leistungsklassen von offenen Warmwasserspeichern

Speicher-volumen	Elektrische Leistung	Elektrische Spannung	ca. Aufheizzeit bis 55 °C	ca. Aufheizzeit bis 85 °C
5 l	2 kW	1/N/PE 230 V	9 min	13 min
10 l	2 kW	1/N/PE 230 V	17 min	26 min
15 l	4 kW	1/N/PE 230 V	13 min	20 min
30 l	6 kW	3/N/PE 400 V	15 min	23 min
80 l	6 kW	3/N/PE 400 V	41 min	75 min

5.2.3 Geschlossene Warmwasserspeicher

Um mehrere Zapfstellen zu versorgen, ist es erforderlich, den nötigen Druck auch über den Speicher zu führen. Deshalb muß ein Speicher in diesem Fall druckfest sein. Aus technischen Gründen muß der Druck in solch einem System begrenzt werden. Dazu sind an jeden Speicher Sicherheitsventile anzuschließen. Diese öffnen einen Wasserablauf, wenn der Druck im System den voreingestellten Wert überschreitet. Diese Sicherheitsventile besitzen eine Zulassung, die in der Regel auf bestimmte Fabrikate und Warmwasserbereiter ausgestellt sind. Ein Einsatz ist nur im Rahmen dieser Zulassung erlaubt. Da aus diesem Sicherheitsventil heißes Wasser ausströmen kann, das bei Berührung zu Verletzungen führt, ist die Montageposition unter den vorgenannten Gesichtspunkten auszuwählen.

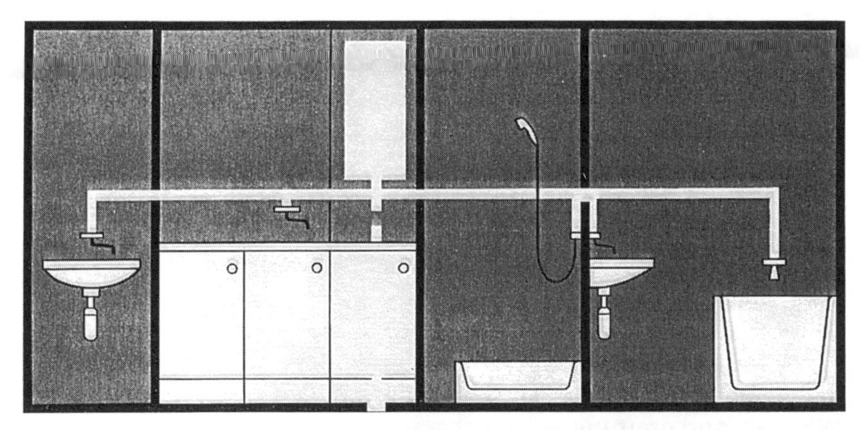

Oben: Bild 5.2.3-1 Aufbau einer Warmwasserversorgung mit Druckspeicher für mehrere Zapfstellen

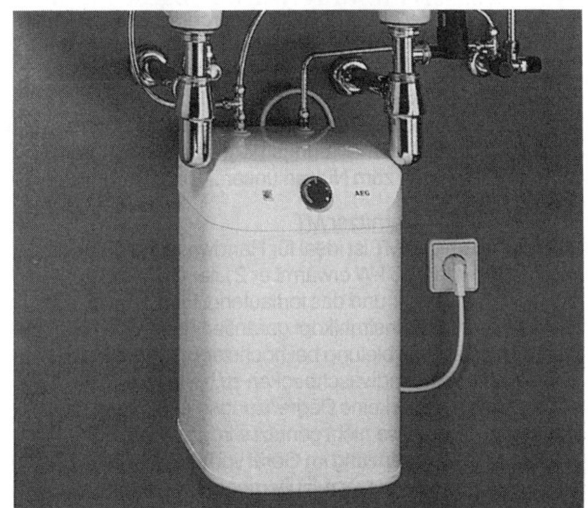

Rechts: Bild 5.2.3-2 Druckspeicher mit Armatur Werkbild AEG

Tabelle 5.2.3-1: Leistungsklassen von geschlossenen Warmwasserspeichern

Speicher-volume	Elektrische Leistung	Spannung	ca. Aufheizzeit bis 55 °C	bis 85 °C
10 l	2 kW	1/N/PE 230 V	17 min	30 min
15 l	4 kW	1/N/PE 230 V	13 min	20 min
30 l	6 kW	3/N/PE 400 V	15 min	26 min
80 l	6 kW	3/N/PE 400 V	41 min	1,2 h
100 l	6 kW	3/N/PE 400 V	52 min	1,5 h
150 l	6 kW	3/N/PE 400 V	80 min	2,5 h
200 l	2/6 kW	3/N/PE 400 V	2 h	3,5 h
300 l	3/6 kW	3/N/PE 400 V	3 h	5 h
400 l	4/9 kW	3/N/PE 400 V	4 h	7 h
600 l	9 kW	3/N/PE 400 V	4 h	7 h
1000 l	18 kW	3/N/PE 400 V	4 h	7 h

5.2.4 Durchlauferhitzer

Beim Einsatz von Durchlauferhitzern ist es möglich, auch mehrere Zapfstellen mit Warmwasser zu versorgen. Das Hauptproblem stellt in diesem Fall die Bereitstellung der Stromversorgung dar. In Gebäuden mit einer Elektroheizung stehen die Anschlußwerte meist zur Verfügung. Um das Netz nicht zu überlasten, werden mit der Einschaltung der Durchlauferhitzer andere Verbraucher, die auch eine ähnlich hohe Leistung beanspruchen, über ein Lastabwurfrelais abgeschaltet. Die Verriegelung eines Durchlauferhitzers ist nicht möglich. Er muß immer Vorrang haben. Würde ein Durchlauferhitzer nachrangig geschaltet, so könnte der Fall eintreten, daß jemand unter der Dusche steht, und die Stromversorgung für die Warmwasserbereitung würde abgeschaltet.

Durchlauferhitzer können grundsätzlich in zwei Gruppen eingeteilt werden. Eine Gruppe stellt die hydraulisch gesteuerten Durchlauferhitzer dar. Sie arbeiten nach dem Prinzip, daß bei Durchfluß von Wasser die Heizelemente eingeschaltet werden. Eine Stufenschaltung ermöglicht den Einsatz auch im Teillastbereich. Dazu ist den eingeschalteten oder vorgewählten Leistungen ein Mindestfließdruck zugeordnet, auf den die Durchflußmenge zurückzuführen ist. Wird dieser Mindestfließdruck überschritten, schalten die Heizelemente ein, und das durchfließende Wasser wird erwärmt. Dabei ist die Temperaturerhöhung, die das einströmende Wasser erfährt, abhängig von der Leistung der Heizelemente. Verändert sich der Wasserdurchfluß oder die Zulauftemperatur, so ändert sich auch die Warmwassertemperatur.

Dieses Verhalten hat bei Einsatz für ganze Gruppen natürlich Folgen, die den Komfort einer guten Warmwasserversorgung vermissen lassen. Wird eine zweite Zapfstelle geöffnet, so verändern sich die Druck- und Durchflußverhältnisse und damit die Wassertemperatur. Das kann durch eine elektronische Regelung der Heizung vermieden werden. Mit Hilfe von Temperatursensoren hinter den Heizstufen ist es möglich, die letzte Heizstufe über eine Triac-Schaltung zu regulieren. Damit kann die dem Wasser zugeführte Heizleistung praktisch stufenlos und mit einer Genauigkeit von ca. 1 K vorgewählt werden. Auch unterschiedliche Wasserzulauftemperaturen lassen sich so ausgleichen. Diese Durchlauferhitzer stellen bei unterschiedlicher Wasserentnahme, auch nach Einschalten weiterer Zapfstellen, immer die vorgegebene Wassertemperatur zur Verfügung.

Ebenso werden Durchlauferhitzer zur Verfügung gestellt, die das aus einer Solaranlage kommende Wasser auf Brauchwasserniveau bringen können. Bei diesen Geräten ist eine Regelung der Heizung unumgänglich, da sich die Zulauftemperatur stetig ändert. Ein mit konstanter Heizung ausgestatteter Durchlauferhitzer kann diese Anforderungen nicht erfüllen.

An Sicherheitseinrichtungen zum Schutz der Geräte sind Druck- und Temperaturwächter in den Geräten vorhanden. Im Wasserauslauf sollte ein

Verbrühungsschutz angeordnet sein, der die Auslauftemperatur auf etwa 65 °C begrenzt.

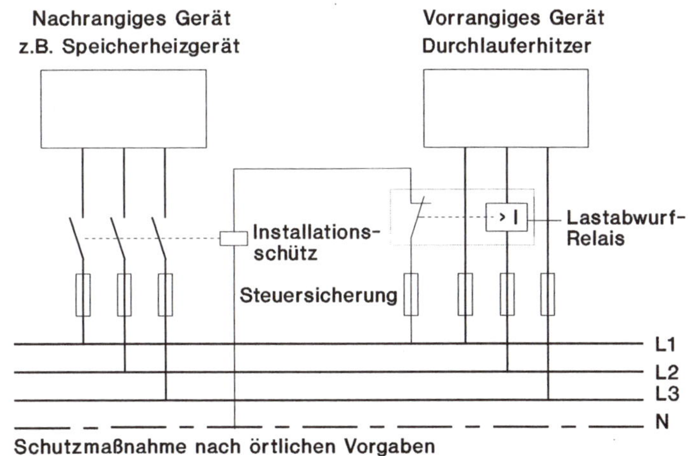

Bild 5.2.4-1
Vorrangschaltung von Durchlauf- erhitzern

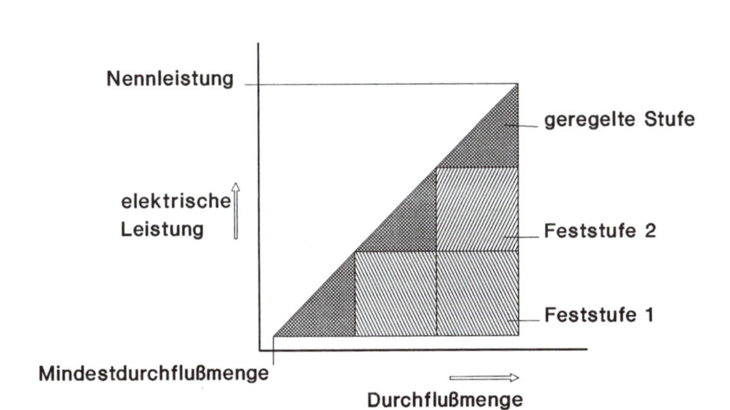

Bild 5.2.4-2
Regelverhalten eines elektronisch geregelten Durchlauferhitzers

Tabelle 5.2.4-1: Leistungsklassen von Durchlauferhitzern

Anschluß leistung in kW	Versorgungs- spannung in V	Durchfluß- menge l/min	Temperatur- erhöhung in K
3,65	1/N/PE 230	2,2	25
4,6	1/N/PE 230	2,7	25
5,75	1/N/PE 230	3,3	25
18	3/N/PE 400	6-9	46-32
21	3/N/PE 400	7-10	46-32
24	3/N/PE 400	8-12	46-32
27	3/N/PE 400	9-13	46-32

6 Anhang

6.1 Symbolliste

6.1.1 Symbole mit lateinischen Buchstaben

A	= Fläche
A_m	= mittlere Fläche in m^2
a	= Fugendurchlaßkoeffizient
a	= Wärmeübergangszahl
a_a	= Wärmeübergangszahl nach außen in W/m^2
a_{aw}	= Wärmeübergangszahl bei Windbelastung
a_k	= Wärmeübergangszahl für den Konvektionsanteil in W/m^2
a_o	= Wärmeübergangszahl Oberfläche in Luft (ca. $12 W/m^2K$)
a_s	= Wärmeübergangszahl für den Strahlungsanteil in W/m^2
b	= Wärmeeindringzahl
C	= Strahlungskonstante in $W/m^2\,K^4$
C_s	= Strahlungszahl des absolut schwarzen Körpers $5{,}67 W/m^2K^4$
c	= spez. Wärmekapazität in J/kg K
d	= Schichtdicke in m
d	= Durchmesser in mm
d_a	= Außendurchmesser
d_i	= Innendurchmesser
d_{kA}	= Außenflächenkorrektur für die k-Zahl
d_{kS}	= Sonnenkorrektur für den Wärmedurchgangs koeffizienten
d_m	= mittlerer wirksamer Durchmesser in m
d_R	= Rohrdurchmesser in m
g_l	= Gleichzeitigkeitsfaktor
H	= Hauskenngröße
I	= Strom durch den Leiter in A

k = Wärmedurchgangskoeffizient in W/m^2K
k' = mittl. Wärmedurchgangszahl durch das Erdreich
k_N = Norm-Wärmedurchgangskoeffizient in W/m^2K

---

l = Länge in m
l' = Längenänderung nach Temperaturänderung in m
l_0 = Länge vor der Temperaturänderung in m^3
$\ln$ = natürlicher Logarithmus
l_R = beheizte Rinnenlänge in m

---

m = Masse in kg
m_{sp} = Speichermasse in kg

N_L = Leistungskennzahl
n = Anzahl

P = elektrische Leistung in W
P_A = Oberflächen-Heizleistung in W/cm^2
P_{AE} = in das Erdreich abgeführte Heizleistung in W/m^2
P_{AF} = erforderliche Heizleistung je Flächeneinheit in W/m^2
P_{Ao} = über die Oberfläche abgeführte Heizleistung in W/m^2
P_{As} = Leistung zur Schneeschmelze in W/m^2
P_{AU} = über die Unterseite der Stufe abgeführte Leistung in W/m^2
p_H = spezifische Heizleistung in $W/dm^3\,K$
P_M = Leistung Beheizung je Meter in W/m
P_S = Leistung der Heizschleife in W
p = Anzahl der Personen pro Wohnung

Q = Wärmemenge in J
Q_{ab} = abgegebene Wärmemenge in W
Q_{FL} = Norm-Lüftungswärmebedarf FREIE LÜFTUNG in W
Q_{FLi} = Lüftungswärmebedarf der einzelnen Räume in W
Q_L = Norm-Lüftungswärmebedarf
Q_{Lmin} = Norm-Lüftungswärmebedarf Mindestwert in W
Q_N = Norm-Wärmebedarf in W
Q_{RLT} = Lüftungswärmebedarf des Gebäudes für Zwangslüftung in W
Q_{RLTi} = Lüftungswärmebedarf der einzelnen Anlagen in W
Q_{Spges} = die zu speichernde Wärmeenergie in W
Q_T = Transmissionswärmebedarf in W
Q_{wirk} = die zur Temperaturänderung wirkende Wärmeenergie in W
Q_{ZL} = Wärmebedarf durch Zwangslüftung in W
Q_{zu} = die zugeführte Wärmeenergie in W
q = Schmelzwärme von Schnee 93 Wh/kg

R_{20} = Widerstand bei 20 °C
R_a = äußerer Wärmeübergangswiderstand in m^2 K/W
R_i = innerer Wärmeübergangswiderstand in m^2 K/W
R_k = Wärmedurchgangswiderstand durch das Bauteil in m^2 K/W
R_λ = Wärmedurchgangswiderstand durch eine Schicht in m^2K/W
R_w = Widerstand nach der Erwärmung in Ω
r = Raumkenngröße

---

s = Dämmstoffdicke in m

T = absolute Temperatur in K
T_0 = absoluter Nullpunkt der Temperatur
t_1 = Anfangs / Oberflächen-Temperatur in °C
t_2 = Endtemperatur in °C
t_a = Außentemperatur in °C
t_E = mittlere Temperatur im Erdreich (ca. 10 °C)
t_F = Temperatur in °Fahrenheit (°F)
t_i = Innentemperatur in °C
t_L = Lufttemperatur in °C
t_M = Medientemperatur in °C
t_m = mittlere Temperatur in °C
t_m = Mischungstemperatur in °C
t_{max} = Maximaltemperatur in °C
t_{min} = Mindesttemperatur in °C
t_o = Oberflächentemperatur in °C

U = Spannung in V
U_Q = Spannungsfall am Leiter im Bereich der Wärmeabgabe in W

V = Volumen in dm^3
V' = Volumenänderung nach Temperaturänderung in m^3
V_R = Raumvolumen in m^3
V_{ZL} = Luftvolumen durch Zwangslüftung in m^3

---

w = umströmende Luftgeschwindigkeit in m/s
w_v = Zapfstellenbedarf in Wh/Entnahme

6.1.2 Symbole mit griechischen Buchstaben

α = Temperaturkoeffizient in 1/K
α = Längenausdehnungskoeffizient in 1/K
β_{min} = Mindestluftwechselzahl in 1/h
Δ_R = Widerstandsänderung im def. Temperaturbereich in Ω
Δ_∂ = Temperaturänderung in K
E = Emmissionsgrad der Oberfläche
ε = Korrekturfaktor für E nach Tabelle 2.1.3.2-2
η = Wirkungsgrad
η_{min} = Mindestluftwechselzahl 1/h
λ = Wärmeleitfähigkeit W/m k
Φ = Wärmestrom in W
π = 3,14
ρ = Dichte in Kg/dm^3
ρ_t = spez. Widerstand b. Betriebstemperatur in Ω cm

6.1.3 Bezeichnung der griechischen Buchstaben

α alpha
β beta
γ gamma
Δ Delta
ϑ theta
E Epsilon
ε epsilon
η eta
λ lambda
Ω Omega
ω omega
Φ Phi
φ phi

6.2 Formelsammlung

Gleichung 1.1.1-1:
Temperatur in Celsiusgraden aus der absoluten Temperaturangabe

$$t\,(°C) = T - T_0 = 273{,}15\ K$$

Gleichung 1.1.1-2:
Absolute Temperaturangabe aus der Temperaturangaben in Celsiusgraden

$$T = t\,(°C) + T_0 = 20 + 273\ K = 293\ K$$

Gleichung 1.1.1-3:
Umrechnung der Temperaturangaben Celsiusgrade in Fahrenheitgrade

$$t_F = 32 + 1{,}8\ t_C$$

$$t_C = \frac{5}{9}\,(t_F - 32)$$

Darin bedeuten:

t_F = Temperatur in Grad Fahrenheit
t_C = Temperatur in Grad Celsius

Gleichung 1.1.2-1: Wärmeenergie in einem Material

$$Q = m \cdot c \cdot (t_2 - t_1)$$

Darin bedeuten:

Q	= die zur Temperaturerhöhung erforderliche Energie	in J
m	= die zu erwärmende Masse	in g
c	= die spezifische Wärmekapazität der Masse	in J/g K
t_1	= die Anfangstemperatur	in °C
t_2	= die Endtemperatur	in °C

Gleichung 1.1.3.1-1: Wärmestrom durch eine Materialschicht

$$\Phi = \frac{\lambda}{d}\,(t_1 - t_2)$$

Darin bedeuten:

Φ	= Wärmestrom	in W
d	= Dicke der Wand	in m
A	= Fläche	in m^2
λ	= Wärmeleitfähigkeit	in W/K m
t_1	= Temp. d. wärmeren Fläche	in °C
t_2	= Temp. d. kälteren Fläche	in °C

Gleichung 1.1.3.1-2: Wärmeeindringzahl

$$b = \sqrt{\lambda \cdot c \cdot \rho}$$

Darin bedeuten:

b	= Wärmeeindringzahl	in $kJ/m^2s^{0,5}$
c	= spez. Wärmekapazität	in J/kgK
λ	= Wärmeleitfähigkeit	in W/mK
ρ	= Dichte	in kg/m^3

Gleichung 1.1.3.1-3: Kontakttemperatur

$$t_a = \frac{b_1 \cdot t_1 + b_2 \cdot t_2}{b_1 + b_2}$$

Darin bedeuten:

t_a	= Kontakttemperatur zwischen zwei Flächen	in °C
b_1	= Wärmeeindringzahl der Fläche 1	in $kJ/m^2s^{0,5}$
t_1	= Temperatur der Fläche 1	in °C
b_2	= Wärmeeindringzahl der Fläche 2	in $kJ/m^2s^{0,5}$
t_2	= Temperatur der Fläche 2	in °C

Gleichung 1.1.3.2-1:
Wärmestrom einer Fläche (z. B. aus einer Wand in die Luft)

$$\Phi = a \cdot A \cdot (t_1 - t_2)$$

Darin bedeuten:

Φ	= Wärmestrom	in W
d	= Dicke der Wand	in m
A	= Fläche	in m^2
t_1	= Temp. d. festen Körpers	in °C
t_2	= Temp. d. Mediums	in °C
a	= Wärmeübergangszahl	in W/m^2 K

Gleichung 1.1.3.2-2:

Wärmeübergangs-Strömung von Luft gegen ein einzelnes Rohr, nach *Schrack.*

$$a = 4{,}8 \, \frac{w_0^{0,61}}{d^{0,39}} \quad \text{in W / m}^2 \text{ K}$$

Darin bedeuten:

d	= Rohrdurchmesser	in m
w	= umströmende Luftgeschwindigkeit	in m/s
T	= Temperatur der umströmenden Luft	in K

Gleichung 1.1.3.2-3: Wärmeübergangszahl bei senkrechten Wänden in turbulenter Luftströmung , nach *Jakob:*

$$ak = 9{,}7 \sqrt[3]{\frac{t_1 - t_2}{T_0}} \text{ in W / m}^2\text{ K}$$

Darin bedeuten:

t_1	= Oberflächentemperatur	in °C
t_2	= Medientemperatur	in °C

Gleichung 1.1.3.2-4 :

Wärmeübergang bei turbulenter Strömung in Wasser,nach *M. Jakob.*

$$a_k = (110 + 3{,}1\, t_m) \cdot \sqrt[3]{(t_1 - t_2)} \text{ in W/m}^2\text{ K}$$

Darin bedeuten:

$t_m = \frac{t_1 - t_2}{2}$, die mittlere Temperatur <100 °C

Gleichung 1.1.3.2-5:

Wärmeübergangszahl bei waagerechten Wänden ohne Strahlung an die Luft von unten nach oben, nach *Nusselt-Hencky.*

$$ak = 2{,}7 \ldots 3{,}3 \sqrt[4]{(t_1 - t_2)} \text{ in W/m}^2\text{ K}$$

Gleichung 1.1.3.2-6:

Wärmeübergangszahl bei waagerechten Wänden ohne Strahlung an die Luft von oben nach unten, nach *Nusselt-Hencky.*

$$ak = 0{,}6 \ldots 1{,}3 \sqrt[4]{(t_1 - t_2)} \text{ in W/m}^2\text{ K}$$

Gleichung 1.1.3.2-7:

Wärmeübergangszahl bei Rohren im Wasser bei laminarer Strömung, nach *McAdams.*

$$a_k = \left(18{,}6 + 20 \sqrt[4]{t_m} \right) \sqrt[4]{\frac{t_1 - t_2}{d}} \quad \text{in W/m}^2\text{ K}$$

Gleichung 1.1.3.3-1:
Ermittlung der Strahlungsenergie eines Körpers

$$E = C \left(\frac{T}{100} \right)^4$$

Darin bedeuten:

E	= Strahlungsenergie des Körpers	in W / m^2
C	= Strahlungskonstante	in $W / m^2 K^4$
T	= absolute Temperatur	in K

Gleichung 1.1.3.3-2: Strahlungskonstante

$$C = \varepsilon \cdot C_s$$

Darin bedeuten:

C = Strahlungskonstante in $W / m^2 K^4$
C_s = Strahlungszahl des absolut schwarzen Körpers
C_s = 5,67 $W / m^2 K^4$
ε = Emmissionsgrad der Oberfläche

Gleichung 1.1.4.1-1:
Längenänderung durch Temperatureinwirkung

$$l' = l_0 \cdot \alpha \cdot (t_2 - t_1)$$

Darin bedeuten:

l'	= Längenänderung nach Temperaturänderung	in m
l_0	= Länge vor der Temperaturänderung	in m
t_1	= Anfangstemperatur	
t_2	= Endtemperatur	
α	= Längenausdehnungskoeffizient	in 1/K

Gleichung 1.1.4.2-1:
Volumenänderung durch Temperatureinwirkung

$$V' = V_0 \cdot 3 \cdot \alpha \cdot (t_2 - t_1)$$

Darin bedeuten:

V'	= Volumenänderung nach Temperaturänderung	in m^3
V_0	= Länge vor der Temperaturänderung	in m^3
t_1	= Anfangstemperatur	
t_2	= Endtemperatur	
α	= Längenausdehnungskoeffizient	in 1/K

Gleichung 1.1.5-1:
Mischung zweier unterschiedlicher Stoffe

$$Q_{ab} = Q_{zu}$$

Darin bedeuten:
Q_{ab} = abgegebene Wärmemenge
Q_{zu} = aufgenommene Wärmemenge

Für die Mischungstemperatur zweier unterschiedlicher Stoffe gilt

$$t_m = \frac{m_1 \cdot c_1 \cdot t_1 + m_2 \cdot c_2 \cdot t_2}{m_1 \cdot c_1 + m_2 \cdot c_2}$$

Darin bedeuten:
t_m = Mischungstemperatur
t_1 = Temperatur der Masse m_1 mit c_1
t_2 = Temperatur der Masse m_2 mit c_2

Gleichung 1.1.5-2:
Mischungstemperatur zweier gleicher Stoffe

$$t_m = \frac{m_1 \cdot t_1 + m_2 \cdot t_2}{m_1 + m_2}$$

Gleichung 1.1.6-1: Wirkungsgrad

$$Q_{wirk} = \eta \cdot Q_{zu}$$

Darin bedeuten:
η = der Wirkungsgrad
Q_{zu} = die zugeführte Wärmeenergie
Q_{wirk} = die zur Temperaturänderung wirkende Wärmeenergie

Gleichung 1.1.7-1: Normwärmebedarf nach DIN 4701

$$Q_N = Q_T + Q_L$$

Darin bedeuten:
Q_N = Norm-Wärmebedarf
Q_T = Norm-Transmissionswärmebedarf
Q_L = Norm-Lüftungswärmebedarf

Gleichung 1.1.7.2-1:
Norm-Transmissionswärmebedarf durch ein Bauteil

$$Q_T = \frac{\lambda}{d} \cdot A \cdot (t_i - t_a)$$

Darin bedeuten:

Q_T	= Norm-Transmissionswärmebedarf	in W
d	= Schichtdicke	in m
A	= Bauteilfläche	in m^2
t_i	= Innentemperatur	in °C
t_a	= Außentemperatur	in °C
λ	= Wärmeleitfähigkeit der Schicht	in W/mK

Für den Wert λ /d kann auch der Wärmedurchgangskoeffizient eingesetzt werden.

Gleichung 1.1.7.2-2:
Bestimmung des Wärmeleitwiderstandes einer einzelnen Schicht

$$R_\lambda = \frac{d}{\lambda}$$

Darin bedeuten:

R_λ	= Wärmedurchgangskoeffizient der Schicht	in m^2K/W
λ	= Wärmeleitfähigkeit der Schicht	in W/mK
d	= Schichtdicke	in m

Gleichung 1.1.7.2-3:
Wärmeleitwiderstand durch ein einschichtiges Bauteil

$$R_k = R_i + R_\lambda + R_a$$

Darin bedeuten:

R_k	= Wärmeleitwiderstand durch das Bauteil	in m^2 K/W
R_i	= innerer Wärmeübergangswiderstand	in m^2 K/W
R_λ	= Wärmeleitwiderstand der Schicht	in m^2 K/W
R_a	= äußerer Wärmeübergangswiderstand	in m^2 K/W

Gleichung 1.1.7.2-4:
k-Zahl eines Bauteils allgemein

$$k = \frac{1}{R_k}$$

Gleichung 1.1.7.2-5:
Transmissionswärmebedarf durch ein Bauteil

$Q_T = K \cdot A \cdot (t_i - t_a)$

Darin bedeuten:

Q_T	= Transmissionswärmebedarf durch ein Bauteil	in W
K	= Wärmeduchgangskoeffizient des Bauteils (k-Zahl)	inW/m²K
A	= Fläche des Bauteils	in m²
t_i	= Innentemperatur	in °C
t_a	= Außentemperatur	in °C

Gleichung 1.1.7.2-6:
k-Zahl eines mehrschichtigen Bauteils

$$R_k = R_i + R_{l1} + R_{l2} + \ldots + R_{ln} + R_a$$

$$k = \frac{1}{R_k}$$

Gleichung 1.1.7.2-7:
Norm-k-Zahl unter Berücksichtigung von Korrekturfaktoren

$$k_N = k + dk_A + dk_S$$

Darin bedeuten:

k_N	= Norm-Wärmedurchgangskoeffizient	in W/m²K
k	= Wärmedurchgangskoeffizient	
dk_A	= Außenflächenkorrektur für den Wärmedurchgangskoeffizienten	
dk_S	= Sonnenkorrektur für den Wärmedurchgangskoeffizienten	

Gleichung 1.1.7.3-1:
Lüftungswärmebedarf durch freie Lüftung

$$Q_{FL} = \Sigma\,(a \cdot l)_A \cdot H \cdot r\,(t_i - t_a)$$

Darin bedeuten:

QFL	= Norm Lüftungswärmebedarf FREIE LÜFTUNG	in W
a	= Fugendurchlaßkoeffizient	in $m^3/(mhPa^{2/3})$
l	= Fugenlänge	in m
$\Sigma(a \cdot l)_A$	= Luftdurchlässigkeit aller Fugen der windangeströmten Seite	in m^4 /(mhPa$^{2/3}$

H = Hauskenngröße in $Wh\,Pa^{2/3}/m^3K$
[illegible] = Raumkenngröße
t_i = Norm-Innentemperatur in °C
t_a = Norm-Außentemperatur in °C

Gleichung 1.1.7.3-2 :
Mindest-Lüftungswärmebedarf von Räumen

$$Q_{Lmin} = \beta_{min} \cdot V_R \cdot c \cdot (t_i - t_a)$$

Darin bedeuten:
Q_{Lmin} = Norm Lüftungswärmebedarf Mindestwert in W
β_{min} = Mindestluftwechselzahl in 1/h
V_R = Raumvolumen in m^3
c = spezifische Wärmekapazität der Luft in $0{,}36 Wh/m^3K$
t_i = Norm-Innentemperatur in °C
t_a = Norm-Außentemperatur in °C

Gleichung 1.1.7.3-3:
Lüftungswärmebedarf bei Zwangslüftung

$$Q_{ZL} = V_{ZL} \cdot (t_i - t_a)$$

Darin bedeuten:
Q_{ZL} = Wärmebedarf bei Zwangslüftung in W
V_{ZL} = Luftvolumen durch mechanische Lüftung in m^3
c = spezifische Wärmekapazität der Luft = 0,36 Wh/m^3K
t_i = Norm-Innentemperatur in °C
t_a = Norm-Außentemperatur in °C

Gleichung 1.2.1-1:
Wärmeleistung durch elektrischen Strom in einem Leiter

$$P = U_Q \cdot I$$

Darin bedeuten:
P = umgewandelte elektrische Leistung in Wärme in W
U_Q = Spannungsfall am Leiter im Bereich der Wärmeabgabe in V
I = Strom durch den Leiter in A

Gleichung 1.2.1.1-1:
Heizleistung in Abhängigkeit von Stromfluß und Material

$$P = \frac{I^2 \cdot \rho \cdot l \cdot 4}{\pi \cdot d^2}$$

Gleichung 1.2.1.1-2:

Flächenheizleistung eines Leiters normiert auf cm^2

$$P_A = \frac{I^2 \cdot \rho_t \cdot 0{,}04053}{d^3}$$

Darin bedeuten:

P_A	= Oberflächen-Heizleistung	in W/cm^2
I_2	= Strom durch den Heizleiter	in A
ρ_t	= spez. Widerstand bei Betriebstemperatur	in Ω/cm
d	= Durchmesser des Heizleiters	in mm

Gleichung 1.2.1.2-1:

Widerstandsänderung durch Erwärmung

$$\Delta R = R_{20} \cdot \alpha \cdot \Delta t$$

Darin bedeuten:

ΔR	= Widerstandsänderung im definierten Temperaturbereich	in Ω
R_{20}	= Widerstand bei 20 °C	in Ω
α	= Temperaturkoeffizient	in 1/K
Δt	= Temperaturänderung	in K

Gleichung 1.2.1.2-2:

Warmwiderstand nach Temperaturerhöhung

$$R_w = R_{20} (1 + \alpha \cdot \Delta t)$$

Darin bedeutet:

R_w = Widerstand nach der Erwärmung in Ω

Gleichung 2.1.3.2-3: Ermittlung des Normwärmebedarfs

$$Q_N = \Sigma Q_T + \varepsilon \cdot \Sigma Q_{FL}$$

Darin bedeuten:

Q_N	= Gesamtwärmebedarf eines Gebäudes	in W
Q_T	= Transmissionswärmebedarf der einzelnen Räume	in W
Q_{FL}	= Lüftungswärmebedarf der einzelnen Räume durch freie Lüftung	in W
ε	= Korrekturfaktor nach Tabelle 2.1.3.2-2	

Gleichung 2.1.3.2-4 :
Berechnung des gesamten Lüftungswärmebedarfs bei raumlufttechnischen Anlagen für ein Gebäude

$$Q_{ZL} = g_l \cdot \Sigma Q_{ZLi}$$

Darin bedeuten:
Q_{ZL} = Lüftungswärmebedarf des Gebäudes für Zwangslüftung in W
g_l = Gleichzeitigkeitsfaktor
Q_{ZLi} = Lüftungswärmebedarf der einzelnen Anlagen in W

Gleichung 2.3.1.1.2-1:
Ermittlung der Speichermasse bei Warmwasserzentralspeichern

$$m_{sp} = \frac{Q_{Spges}}{c \cdot (t_{max} - t_{min})}$$

Darin bedeuten:
m_{sp} = die Speichermasse in Kg
Q_{Spges} = die zu speichernde Wärmeenergie in J
c = die spezifische Wärmekapazität der Speichermasse inJ/kgK
t_{max} = die Speicherladetemperatur in K
t_{min} = die Speicherentladetemperatur in K

Gleichung 3.1.1-1:
Mittlerer wirksamer Durchmesser von runden Dämmungen

$$d_m = \frac{d_a - d_i}{\ln \frac{d_i}{d_a}}$$

Darin bedeuten:
d_m = mittlerer wirksamer Durchmesser
d_i = Innendurchmesser
d_a = Außendurchmesser

Gleichung 3.1.1-2:
Mittlere wirksame Fläche von runden Dämmungen

$$A_m = \frac{d_a - d_i}{\ln \frac{d_a}{d_i}} \cdot \pi \cdot l$$

Darin bedeuten:

A_m = mittlere Fläche in m^2
d_i = Innendurchmesser der Dämmung in m
d_a = Außendurchmesser der Dämmung in m
l = Länge der Rohrleitung in m

Gleichung 3.1.1-3:
Wärmeübergangszahl für Rohrleitungen

$$a_a = a_k + a_s$$

Darin bedeuten:

a_a = Wärmeübergangszahl nach außen in W/m^2
a_k = Wärmeübergangszahl für den Konvektionsanteil in W/m^2
a_s = Wärmeübergangszahl für den Strahlungsanteil in W/m^2

Gleichung 3.1.1-4:
Wärmeübergang von Rohrleitungen durch Strahlung

$$a_s = 4 + 0{,}33\ t_a$$

Darin bedeuten:

a_s = Wärmeübergangszahl durch Strahlung
t_a = Rohraußentemperatur

Gleichung 3.1.1-5:
Wärmeübergang von Rohrleitungen durch Konvektion

$$a_a = 9{,}4 + 0{,}052\ (t_i - t_a)\ W/m^2$$

Darin bedeuten:

a_a = Wärmeübergangszahl nach außen in W/m^2
t_i = Medientemperatur in °C
t_a = Umgebungstemperatur in °C

Gleichung 3.1.1-6:
Wärmeleitwiderstand durch die Dämmung

$$R = \frac{1}{a_i} + \frac{s}{\lambda} + \frac{1}{a_a}$$

Darin bedeutet:

$$s = \frac{d_i - d_a}{2}$$ Dämmstoffdicke in m

Gleichung 3.1.1-7:
Wärmeleitwiderstand einer Rohrdämmung

$$R = \frac{1}{a_i} + \frac{(d_a - d_i)}{2 \cdot \lambda} + \frac{1}{a_a}$$

Gleichung 3.1.1-8:
k-Zahl einer Rohrdämmung

$$k = \frac{1}{\frac{1}{a_i} + \frac{d_a - d_i}{2 \cdot \lambda} + \frac{1}{a_a}}$$

Gleichung 3.1.1-9:
Leistungsverlust einer gedämmten Rohrleitung

$$P = \frac{\pi \cdot (t_i - t_a) \cdot (d_a - d_i)}{\left(\frac{\frac{d_a}{d_i}}{2 \cdot \lambda} + \frac{1}{[9{,}4 + 0{,}052\,(t_i - t_a)]} \right) \cdot \ln \frac{d_a}{d_i}}$$

Darin bedeuten:

P = durch die Anordnung gehende Leistung in W
d_a = Außendurchmesser der Dämmung in m
d_i = Innendurchmesser der Dämmung in m
l = Rohrleitungslänge in m
$t_i - t_a$ = Temperaturdifferenz zwischen Medium und Umgebung in K
λ = Wärmeleitfähigkeit der Dämmung in W/m K
ln = natürlicher Logarithmus
π = 3,14

Gleichung 3.1.1-10:
Wärmeübergangskoeffizient bei Windbelastung

$$a_{aw} = 7 + 2{,}25\,w$$

Darin bedeuten:

a_{aw} = Wärmeübergangszahl bei Windbelastung in W / m^2 K
w = Windgeschwindigkeit in m/s

Gleichung 3.2.1.1-1:
Erforderliche Leistung zum Ausgleich des Wärmeverlustes über die Oberfläche von Freiflächenheizungen

$$P_{Ao} = \alpha_o (t_o - t_L)$$

Darin bedeuten:

P_{Ao}	= über die Oberfläche abgeführte Heizleistung	in W/m^2
α_o	= Wärmeübergangszahl Oberfläche in die Luft	(ca. 12 W/m^2K)
t_o	= Oberflächentemperatur	in °C
t_L	= Lufttemperatur	in °C

Gleichung 3.2.1.2-1:
Erforderliche Leistung zum Ausgleich des Wärmeverlustes in das Erdreich bei Freiflächenheizungen

$$P_{AE} = k' (t_m - t_E)$$

Darin bedeuten:

P_{AE}	= die in das Erdreich abgeführte Heizleistung	in W/m^2
k'	= mittl. Wärmedurchgangszahl d. d. Erdreich	(ca. 1,2 W/m^2K)
t_m	= Temperatur in der Heizebene	
t_E	= mittlere Temperatur im Erdreich	(ca. 10 °C)

Gleichung 3.2.1.3-1:
Erforderliche Leistung zur Schneeschmelze

$$P_{As} = m \cdot q$$

Darin bedeuten:

P_{As} = erforderliche Leistung zur Schneeschmelze in W/m^2
m = Schneemasse bei Schneefall 1 cm/m^2h bei 125 kg/m^3
q = Schmelzwärme von Schnee 335 kJ/kg oder 93 Wh/kg

Gleichung 3.2.1.4-1:
Heizleistung einer Freiflächenheizung

$$P_{AF} = P_{Ao} + P_{AE} + P_{As}$$

Darin bedeuten:

P_{AF}	= erforderliche Heizleistung je Flächeneinheit	in W/m^2
P_{Ao}	= über die Oberfläche abgeführte Heizleistung	in W/m^2
P_{AE}	= in das Erdreich abgeführte Heizleistung	in W/m^2
P_{As}	= Leistung zur Schneeschmelze	in W/m^2

Gleichung 3.2.3.4-1:
Erforderliche Leistung zum Ausgleich der nach unten abgestrahlten Wärme bei Freitreppen

$$P_{AU} = \alpha\,(t_o - t_L)$$

Darin bedeuten:

P_{AU}	= über die Unterseite der Stufe abgeführte Heizleistung	in W/m^2
α	= Wärmeübergangszahl	in W/m^2K
t_o	= Oberflächentemperatur	
t_L	= Mindestlufttemperatur	

Gleichung 3.3.1.3-1: Leistung einer Heizschleife

$$P_S = l_R \cdot P_M$$

Darin bedeuten:

P_S	= Leistung der Heizschleife	in W
P_M	= Leistung Beheizung je Meter	in W/m
l_R	= beheizte Rinnenlänge	in m

Gleichung 4.1.2.2-1: Heizleistung für Hydrauliköltanks

$$P = V \cdot p_H \cdot (t_M - t_a)$$

Darin bedeuten:

P	= erforderliche Heizleistung der Beheizung	in W
V	= Volumen des zu beheizenden Hydrauliköls	in dm^3
p_H	= spezifische Heizleistung von Hydrauliköl	100 W/dm^3 K
t_M	= Medientemperatur	in °C
t_a	= Außentemperatur	in °C

Gleichung 5.1.1.1-1: Ermittlung der Leistungskennzahl N_L

$$N_L = \frac{\sum (n \cdot p \cdot \omega_v \cdot v)}{3{,}5 \cdot w_{v\,bezug}}$$

Darin bedeuten:

N_L	= Leistungskennzahl	
n	= Anzahl der Wohnungen je Typ	
p	= Anzahl der Personen pro Wohnung	
v	= Zapfstellenzahl	
ω_v	= Zapfstellenbedarf	inWh/Entnahme
5820	= Bezugsbedarf	inWh/Entnahme
3,5	= Statistische Wohnungsbelegung	

6.3 Wichtige Normen, Verordnungen, Regeln, Richtlinien, Verbandsempfehlungen

Bezeichnung	Nummer/ Datum	Teil	Inhalt
bvf		**Bundesverband Flächenheizungen e.V.**	
bvf	MB Nr. 11		Heizleitungen für Elektro-Freiflächenheizungen
bvf	MB Nr. 15		Elektrische Freiflächenheizungen
DIN		**Deutsches Institut für Normung**	
DIN	18 164		Schaumkunststoffe als Dämmstoff für die Wärmedämmung
DIN	18 165		Faserdämmstoffe für das Bauwesen
DIN	18 202		Maßtoleranzen im Hochbau
DIN	18 353		VOB T. C
DIN	18 354		VOB Teil C Ausführung von Leistungen im Hochbau
DIN	18 380		Heizungs- und zentrale Brauchwasseranlagen
DIN	18 560	Teil 1-6	Estriche im Bauwesen
DIN	19 266 1.54		Regelungstechnik, Benennung und Begriffe
DIN	1988		Technische Regeln für Trinkwasserinstallation
DIN	4108		Wärmeschutz im Hochbau
DIN	4109		Schallschutz im Hochbau
DIN	44 567 3.70	Blatt 1-3	Elektrische Raumheizgeräte, Direktheizgeräte, Strahlungsheizgeräte

Bezeichnung	Nummern/ Datum	Teil	Inhalt
DIN	44 568 3.70	Blatt 1-3	Elektrische Raumheiz geräte,Direktheizgeräte, Konvektionsheizgräte mit natürlicher Konvektion
DIN	44 569 3.70	Blatt 1-3	Elektrische Raumheizgeräte, Direktheizgeräte Konvektionsheizgeräte mit erzwungener Konvektion
DIN	44 570 5.76	Blatt 1-3	Elektrische Raumheizgeräte, Speicherheizgeräte mit nichtsteuerbarer Wärmeabgabe
DIN	44 572 4.73	Blatt 1-4	Elektrische Raumheizgeräte, Speicherheizgeräte mit steuerbarer Wärmeabgabe
DIN	44 573 1.66		Elektrische Raumheizgeräte, Begriffe
DIN	44 573 1.82		Elektrische Raumheizgeräte, Anlagen mit Speicherheizung, Begriffe und Klemmbezeichnungen
DIN	44 574 11.81	Teil 1,2,4,6	Elektrische Raumheizgeräte, Aufladesteuerung für Speicherheizungen, Gebrauchseigenschaften
DIN	44 576 1.80	Teil 1-4	Elektrische Raumheizgeräte, Fußbodenspeicherheizung
DIN	4701		Regeln für die Berechnung des Wärmebedarfs von Gebäuden
DIN	4708	Teil 1.3	Zentrale Warmwasserversorgungsanlagen

Bezeichnung	Nummern/ Datum	Teil	Inhalt
DIN/VDE		**Verband deutscher Elektrotechniker e.V.**	
DIN/VDE	0100		Installation von el. Anlagen bis 1000 V DIN/VDE
	0100	Teil 520 A3	Auswahl elektrischer Betriebsmittel
DIN/VDE	0253	1.80	Isolierte Heizleitungen
DIN/VDE	0700	Teil 1/2.81	Sicherheit elektrischer Geräte für den Hausgebrauch und ähnliche Zwecke
DIN/VDE	0700	Teil 241/3.87	Flächenheizelemente konfektioniert
DIN/VDE	0720	Teil 9	Sondervorschriften für Raumheizgeräte mit Wärmespeicher
Ges./VO		**Gesetze und Verordnungen**	
Ges./VO	HeizAnlV 2.82		Heizungsanlagen-Verordnung
Ges./VO	2.82		Wärmeschutzverordnung
Ges./VO	9.78		Heizungsbetriebsverordnung
Ges./VO	2.81		Verordnung über Heizkostenabrechnung
Ges./VO	AbfG		Abfallbeseitigungsgesetz TRGS 519
Ges.	EnEG 6.80		Energieeinsparungsgesetz

Bezeichnung	Nummern/ Datum	Teil	Inhalt
VDEW		**Verband der Elektrizitätsunternehmen**	
VDEW		6.05	VDEW-Empfehlungen für die Errichtung von Elektro-Fußbodenheizungsanlagen
VDI	2067	6.05	Berechnung der Kosten von Wärmeversorgungsanlagen, betriebstechnische und wirtschaftliche Grundlagen
VdS	div. Merkblätter	**Verband der Sachversicherer**	

Sachverzeichnis

A

B

C

D

E

F

V

W

Z